U0728245

全国中医药行业高等教育"十四五"规划教材
全国高等中医药院校规划教材（第十一版）

大学计算机基础教程

（新世纪第二版）

（供中医学、中药学、针灸推拿学、护理学、
药学等专业用）

主 编 叶 青

中国中医药出版社
· 北 京 ·

图书在版编目（CIP）数据

大学计算机基础教程 / 叶青主编 . —2 版 . —北京：
中国中医药出版社，2023.8（2025.1 重印）
全国中医药行业高等教育"十四五"规划教材
ISBN 978-7-5132-8160-7

Ⅰ . ①大…　Ⅱ . ①叶…　Ⅲ . ①电子计算机—中医学院—教材
Ⅳ . ① TP3

中国国家版本馆 CIP 数据核字（2023）第 084008 号

融合出版数字化资源服务说明

全国中医药行业高等教育"十四五"规划教材为融合教材，各教材相关数字化资源（电子教材、PPT 课件、视频、复习思考题等）在全国中医药行业教育云平台"医开讲"发布。

资源访问说明

扫描右方二维码下载"医开讲 APP"或到"医开讲网站"（网址：www.e-lesson.cn）注册登录，输入封底"序列号"进行账号绑定后即可访问相关数字化资源（注意：序列号只可绑定一个账号，为避免不必要的损失，请您刮开序列号立即进行账号绑定激活）。

资源下载说明

本书有配套 PPT 课件，供教师下载使用，请到"医开讲网站"（网址：www.e-lesson.cn）认证教师身份后，搜索书名进入具体图书页面实现下载。

中国中医药出版社出版

北京经济技术开发区科创十三街 31 号院二区 8 号楼
邮政编码　100176
传真　010-64405721
山东华立印务有限公司印刷
各地新华书店经销

开本 889×1194　1/16　印张 16　字数 417 千字
2023 年 8 月第 2 版　2025 年 1 月第 3 次印刷
书号　ISBN 978-7-5132-8160-7

定价　63.00 元
网址　www.cptcm.com

服 务 热 线　010-64405510　　微信服务号　zgzyycbs
购 书 热 线　010-89535836　　微商城网址　https://kdt.im/LIdUGr
维 权 打 假　010-64405753　　天猫旗舰店网址　https://zgzyycbs.tmall.com

如有印装质量问题请与本社出版部联系（010-64405510）
版权专有　侵权必究

全国中医药行业高等教育"十四五"规划教材
全国高等中医药院校规划教材（第十一版）

《大学计算机基础教程》
编 委 会

主 编

叶　青（江西中医药大学）

副主编

肖二钢（天津中医药大学）　　　　徐海利（黑龙江中医药大学佳木斯学院）

李力恒（黑龙江中医药大学）　　　李　燕（甘肃中医药大学）

刘青萍（湖南中医药大学）　　　　杨雪梅（福建中医药大学）

编 委（以姓氏笔画为序）

马金刚（山东中医药大学）　　　　王金虹（山西中医药大学）

印志鸿（南京中医药大学）　　　　朱　林（西藏藏医药大学）

向荣成（云南中医药大学）　　　　宋　娟（江西中医药大学）

张　毅（成都医学院）　　　　　　张未未（北京中医药大学）

金　智（长沙医学院）　　　　　　姜　姗（河南中医药大学）

高　翔（广西中医药大学）　　　　曾　萍（贵州中医药大学）

学术秘书

黄　强（江西中医药大学）

《大学计算机基础教程》
融合出版数字化资源编创委员会

全国中医药行业高等教育"十四五"规划教材
全国高等中医药院校规划教材（第十一版）

主　编

叶　青（江西中医药大学）

副主编

肖二钢（天津中医药大学）　　　　齐　峰（黑龙江中医药大学佳木斯学院）

李力恒（黑龙江中医药大学）　　　李　燕（甘肃中医药大学）

刘青萍（湖南中医药大学）　　　　杨雪梅（福建中医药大学）

编　委（以姓氏笔画为序）

马金刚（山东中医药大学）　　　　王金虹（山西中医药大学）

印志鸿（南京中医药大学）　　　　朱　林（西藏藏医药大学）

向荣成（云南中医药大学）　　　　宋　娟（江西中医药大学）

张　毅（成都医学院）　　　　　　张未未（北京中医药大学）

金　智（长沙医学院）　　　　　　姜　姗（河南中医药大学）

高　翔（广西中医药大学）　　　　曾　萍（贵州中医药大学）

学术秘书

黄　强（江西中医药大学）

全国中医药行业高等教育"十四五"规划教材
全国高等中医药院校规划教材（第十一版）

专家指导委员会

名誉主任委员

余艳红（国家卫生健康委员会党组成员，国家中医药管理局党组书记、局长）

王永炎（中国中医科学院名誉院长、中国工程院院士）

陈可冀（中国中医科学院研究员、中国科学院院士、国医大师）

主任委员

张伯礼（天津中医药大学教授、中国工程院院士、国医大师）

秦怀金（国家中医药管理局副局长、党组成员）

副主任委员

王　琦（北京中医药大学教授、中国工程院院士、国医大师）

黄璐琦（中国中医科学院院长、中国工程院院士）

严世芸（上海中医药大学教授、国医大师）

高　斌（教育部高等教育司副司长）

陆建伟（国家中医药管理局人事教育司司长）

委　员（以姓氏笔画为序）

丁中涛（云南中医药大学校长）

王　伟（广州中医药大学校长）

王东生（中南大学中西医结合研究所所长）

王维民（北京大学医学部副主任、教育部临床医学专业认证工作委员会主任委员）

王耀献（河南中医药大学校长）

牛　阳（宁夏医科大学党委副书记）

方祝元（江苏省中医院党委书记）

石学敏（天津中医药大学教授、中国工程院院士）

田金洲（北京中医药大学教授、中国工程院院士）

仝小林（中国中医科学院研究员、中国科学院院士）

宁　光（上海交通大学医学院附属瑞金医院院长、中国工程院院士）

匡海学（黑龙江中医药大学教授、教育部高等学校中药学类专业教学指导委员会主任委员）

吕志平（南方医科大学教授、全国名中医）

吕晓东（辽宁中医药大学党委书记）

朱卫丰（江西中医药大学校长）

朱兆云（云南中医药大学教授、中国工程院院士）

刘　良（广州中医药大学教授、中国工程院院士）

刘松林（湖北中医药大学校长）

刘叔文（南方医科大学副校长）

刘清泉（首都医科大学附属北京中医医院院长）

李可建（山东中医药大学校长）

李灿东（福建中医药大学校长）

杨　柱（贵州中医药大学党委书记）

杨晓航（陕西中医药大学校长）

肖　伟（南京中医药大学教授、中国工程院院士）

吴以岭（河北中医药大学名誉校长、中国工程院院士）

余曙光（成都中医药大学校长）

谷晓红（北京中医药大学教授、教育部高等学校中医学类专业教学指导委员会主任委员）

冷向阳（长春中医药大学校长）

张忠德（广东省中医院院长）

陆付耳（华中科技大学同济医学院教授）

阿吉艾克拜尔·艾萨（新疆医科大学校长）

陈　忠（浙江中医药大学校长）

陈凯先（中国科学院上海药物研究所研究员、中国科学院院士）

陈香美（解放军总医院教授、中国工程院院士）

易刚强（湖南中医药大学校长）

季　光（上海中医药大学校长）

周建军（重庆中医药学院院长）

赵继荣（甘肃中医药大学校长）

郝慧琴（山西中医药大学党委书记）

胡　刚（江苏省政协副主席、南京中医药大学教授）

侯卫伟（中国中医药出版社有限公司董事长）

姚　春（广西中医药大学校长）

徐安龙（北京中医药大学校长、教育部高等学校中西医结合类专业教学指导委员会主任委员）

高秀梅（天津中医药大学校长）

高维娟（河北中医药大学校长）

郭宏伟（黑龙江中医药大学校长）

唐志书（中国中医科学院副院长、研究生院院长）

彭代银（安徽中医药大学校长）

董竞成（复旦大学中西医结合研究院院长）

韩晶岩（北京大学医学部基础医学院中西医结合教研室主任）

程海波（南京中医药大学校长）

鲁海文（内蒙古医科大学副校长）

翟理祥（广东药科大学校长）

秘书长（兼）

陆建伟（国家中医药管理局人事教育司司长）

侯卫伟（中国中医药出版社有限公司董事长）

办公室主任

周景玉（国家中医药管理局人事教育司副司长）

李秀明（中国中医药出版社有限公司总编辑）

办公室成员

陈令轩（国家中医药管理局人事教育司综合协调处处长）

李占永（中国中医药出版社有限公司副总编辑）

张岠宇（中国中医药出版社有限公司副总经理）

芮立新（中国中医药出版社有限公司副总编辑）

沈承玲（中国中医药出版社有限公司教材中心主任）

编审专家组

全国中医药行业高等教育"十四五"规划教材
全国高等中医药院校规划教材（第十一版）

组　长

余艳红（国家卫生健康委员会党组成员，国家中医药管理局党组书记、局长）

副组长

张伯礼（天津中医药大学教授、中国工程院院士、国医大师）

秦怀金（国家中医药管理局副局长、党组成员）

组　员

陆建伟（国家中医药管理局人事教育司司长）

严世芸（上海中医药大学教授、国医大师）

吴勉华（南京中医药大学教授）

匡海学（黑龙江中医药大学教授）

刘红宁（江西中医药大学教授）

翟双庆（北京中医药大学教授）

胡鸿毅（上海中医药大学教授）

余曙光（成都中医药大学教授）

周桂桐（天津中医药大学教授）

石　岩（辽宁中医药大学教授）

黄必胜（湖北中医药大学教授）

前　言

为全面贯彻《中共中央 国务院关于促进中医药传承创新发展的意见》和全国中医药大会精神，落实《国务院办公厅关于加快医学教育创新发展的指导意见》《教育部 国家卫生健康委 国家中医药管理局关于深化医教协同进一步推动中医药教育改革与高质量发展的实施意见》，紧密对接新医科建设对中医药教育改革的新要求和中医药传承创新发展对人才培养的新需求，国家中医药管理局教材办公室（以下简称"教材办"）、中国中医药出版社在国家中医药管理局领导下，在教育部高等学校中医学类、中药学类、中西医结合类专业教学指导委员会及全国中医药行业高等教育规划教材专家指导委员会指导下，对全国中医药行业高等教育"十三五"规划教材进行综合评价，研究制定《全国中医药行业高等教育"十四五"规划教材建设方案》，并全面组织实施。鉴于全国中医药行业主管部门主持编写的全国高等中医药院校规划教材目前已出版十版，为体现其系统性和传承性，本套教材称为第十一版。

本套教材建设，坚持问题导向、目标导向、需求导向，结合"十三五"规划教材综合评价中发现的问题和收集的意见建议，对教材建设知识体系、结构安排等进行系统整体优化，进一步加强顶层设计和组织管理，坚持立德树人根本任务，力求构建适应中医药教育教学改革需求的教材体系，更好地服务院校人才培养和学科专业建设，促进中医药教育创新发展。

本套教材建设过程中，教材办聘请中医学、中药学、针灸推拿学三个专业的权威专家组成编审专家组，参与主编确定，提出指导意见，审查编写质量。特别是对核心示范教材建设加强了组织管理，成立了专门评价专家组，全程指导教材建设，确保教材质量。

本套教材具有以下特点：

1.坚持立德树人，融入课程思政内容

将党的二十大精神进教材，把立德树人贯穿教材建设全过程、各方面，体现课程思政建设新要求，发挥中医药文化育人优势，促进中医药人文教育与专业教育有机融合，指导学生树立正确世界观、人生观、价值观，帮助学生立大志、明大德、成大才、担大任，坚定信念信心，努力成为堪当民族复兴重任的时代新人。

2.优化知识结构，强化中医思维培养

在"十三五"规划教材知识架构基础上，进一步整合优化学科知识结构体系，减少不同学科教材间相同知识内容交叉重复，增强教材知识结构的系统性、完整性。强化中医思维培养，突出中医思维在教材编写中的主导作用，注重中医经典内容编写，在《内经》《伤寒论》等经典课程中更加突出重点，同时更加强化经典与临床的融合，增强中医经典的临床运用，帮助学生筑牢中医经典基础，逐步形成中医思维。

3.突出"三基五性"，注重内容严谨准确

坚持"以本为本"，更加突出教材的"三基五性"，即基本知识、基本理论、基本技能，思想性、科学性、先进性、启发性、适用性。注重名词术语统一，概念准确，表述科学严谨，知识点结合完备，内容精炼完整。教材编写综合考虑学科的分化、交叉，既充分体现不同学科自身特点，又注意各学科之间的有机衔接；注重理论与临床实践结合，与医师规范化培训、医师资格考试接轨。

4.强化精品意识，建设行业示范教材

遴选行业权威专家，吸纳一线优秀教师，组建经验丰富、专业精湛、治学严谨、作风扎实的高水平编写团队，将精品意识和质量意识贯穿教材建设始终，严格编审把关，确保教材编写质量。特别是对32门核心示范教材建设，更加强调知识体系架构建设，紧密结合国家精品课程、一流学科、一流专业建设，提高编写标准和要求，着力推出一批高质量的核心示范教材。

5.加强数字化建设，丰富拓展教材内容

为适应新型出版业态，充分借助现代信息技术，在纸质教材基础上，强化数字化教材开发建设，对全国中医药行业教育云平台"医开讲"进行了升级改造，融入了更多更实用的数字化教学素材，如精品视频、复习思考题、AR/VR等，对纸质教材内容进行拓展和延伸，更好地服务教师线上教学和学生线下自主学习，满足中医药教育教学需要。

本套教材的建设，凝聚了全国中医药行业高等教育工作者的集体智慧，体现了中医药行业齐心协力、求真务实、精益求精的工作作风，谨此向有关单位和个人致以衷心的感谢！

尽管所有组织者与编写者竭尽心智，精益求精，本套教材仍有进一步提升空间，敬请广大师生提出宝贵意见和建议，以便不断修订完善。

国家中医药管理局教材办公室
中国中医药出版社有限公司
2023年6月

编写说明

　　大学计算机基础教程是全国中医药高等院校公共基础课或通识课。随着计算机、信息科学和信息技术的飞速发展及计算机应用领域的不断扩大，系统地学习和掌握计算机知识、具备较强的计算机应用能力已成为信息社会对大学生的基本要求。本教材的编写顺应信息技术发展的趋势，在上一版的基础上适当更新了相关内容，并注重计算机技术的实用性和可操作性，以培养和提高大学生计算机理论方面的素养和实际操作能力。

　　本教材坚持以习近平新时代中国特色社会主义思想为指导，以习近平教育思想为引领，把握新时代要求，结合中医药的专业背景，应用信息时代的新技术和新工具来进行医药学研究，提高使用信息技术解决医学领域实际问题的能力，从而促进学生信息素养能力的提升。

　　本教材以提高计算机应用能力为主线，以案例导向、融合医学、面向应用、注重实用为特色，强调计算机基本原理、基础知识、操作技能三者的有机结合。全书共6个部分，包括计算机基础知识、计算机系统、文字处理软件 Word、电子表格处理软件 Excel、演示文稿制作软件 PowerPoint、计算机网络基础知识与应用。本教材力求做到语言简洁，层次清晰，图文并茂；既注重计算机操作技能，又注重基础理论；既通俗易懂，又突出案例导向，特别是医学应用的案例。通过案例导向，使学生在案例实现过程中加深对知识点的理解和掌握，提高使用计算机解决实际问题的能力。

　　本教材内容广泛，涵盖高等院校非计算机专业计算机基础课的基本内容，并配有相关知识测试和思考题。为满足教学要求，强化知识的巩固和实际操作技能，本教材配有教学课件、上机实践题和相关素材文件。

　　本教材由来自17所高等院校的21位具有丰富教学经验的教师编写而成，编写分工如下：计算机基础知识由肖二钢、王金虹、张未未编写；计算机系统由李燕、马金刚、宋娟编写；文字处理软件 Word 由徐海利、姜姗、高翔编写；电子表格处理软件 Excel 由刘青萍、印志鸿、金智编写；演示文稿制作软件 PowerPoint 由杨雪梅、曾萍、向荣成编写；计算机网络基础知识与应用由李力恒、张毅、朱林编写。数字资源部分由齐峰负责。叶青、黄强对全书进行统稿。

　　由于信息技术发展迅速，内容更新快，加之编者水平所限，书中难免有错误与不妥之处，欢迎广大读者提出宝贵建议，以便再版时修订完善。

《大学计算机基础教程》编委会

2023 年 4 月

扫一扫，查阅
本书数字资源

1 计算机基础知识

扫一扫，查阅本章数字资源，含PPT、音视频、图片等

1.1 计算机概述

计算机是 20 世纪人类最伟大的发明之一，是一种现代化的信息处理工具。它对信息进行处理并提供结果，其结果（输出）取决于所接收的信息（输入）及相应的处理算法。它远不只是一种计算工具，与多媒体技术、通信网络相结合，已渗透到国民经济和生活的各个领域，极大地改变着人们的生活和工作方式，成为社会进步的巨大推动力和衡量一个国家数字化、信息化水平的重要标志。

1.1.1 计算机的发展

1. 计算机的发展简史

（1）计算机的起源　世界上第一台电子计算机 ENIAC（electronic numerical integrator and computer）（图 1–1）于 1946 年 2 月诞生在美国宾夕法尼亚大学莫尔学院。ENIAC 的研制者是以美籍匈牙利人冯·诺依曼（J.Von Neumann，图 1–2）为领导的研制小组，他为这台计算机的成功研制提供了理论基础和指导。

图 1–1　世界上第一台电子计算机 ENIAC　　图 1–2　冯·诺依曼（1903—1957）

　　1945 年 6 月，冯·诺依曼与戈德斯坦、勃克斯等人联名发表了一篇长达 101 页洋洋万言的报告，即计算机史上著名的"101 页报告"。这份报告奠定了现代电脑体系的结构根基，直到今天，仍被认为是现代电脑科学发展的里程碑式文献。报告明确规定了计算机的五大部件，并用二进制替代十进制运算，大大方便了机器的电路设计。埃德瓦克方案的革命意义在于"存储程序"，即程序也被当作数据存进了机器内部，以便电脑能自动依程序执行指令，再也不必接通什么线

路。后来人们把根据这一方案思想设计的机器统称为"诺依曼机"。

但学术界公认的电子计算机理论和模型是由英国数学家阿兰·图灵（Alan Mathison Turing，图 1-3）于 1936 年发表的一篇名为《论可计算数及其在判定问题中的应用》的论文奠定的。因此，当美国计算机协会（Association of Computing Machinery，ACM）在 1966 年纪念电子计算机诞生 20 周年（即图灵论文发表 30 周年）之际，决定设立计算机界的第一个奖项——"图灵奖"，以纪念这位计算机科学理论的奠基人。"图灵奖"也被称为计算机界的"诺贝尔奖"。

图 1-3　阿兰·图灵（1912—1954）

（2）计算机的发展阶段　现今距 ENIAC 的诞生已经有 70 多年。在这段时期，计算机以惊人的速度发展。根据计算机所使用的电子元器件不同，计算机的发展经历了传统意义上的 4 个时代。

①第一代：电子管计算机（1946 ～ 1957）。1946 年 2 月 14 日，标志现代计算机诞生的 ENIAC 在费城公之于世。ENIAC 是计算机发展史的里程碑，通过不同部分之间的重新接线编程，拥有并行计算能力。ENIAC 使用了 18000 个电子管、70000 个电阻器，有 500 万个焊接点，耗电 160 千瓦，其运算速度比 Mark Ⅰ快 1000 倍，是第一台普通用途计算机。

与此同时，美国数学家冯·诺依曼提出了现代计算机的基本原理——存储程序控制原理。1949 年，冯·诺依曼和莫尔根据存储程序控制原理造出的新计算机 EDSAC（electronic delay storage automatic calculator）在英国剑桥大学投入运行。EDSAC 是世界上第一台存储程序计算机，是所有现代计算机的原型和范本。

②第二代：晶体管计算机（1958 ～ 1964）。1956 年，晶体管在计算机中使用，晶体管和磁芯存储器推动了第二代计算机的产生。第二代计算机体积小、速度快、功耗低、性能更稳定。在这一时期出现了高级语言 COBOL 和 FORTRAN，以单词、语句和数学公式代替了含混的二进制机器码，使计算机编程更容易。新的职业（如程序员、分析员和计算机系统专家）和整个软件产业由此诞生。

③第三代：中小规模集成电路计算机（1965 ～ 1970）。虽然晶体管相比于电子管是一个明显的进步，但晶体管依然会产生大量热量，损害计算机内部零件的敏感部分。1958 年，德州仪器的工程师 Jack Kilby 发明了集成电路（integrated circuit，IC），将 3 种电子元件结合到一片小小的硅片上，由此才将计算机变得更小，功耗更低，速度更快。这一时期的发展还包括开始使用操作系统，使得计算机在中心程序的控制协调下可以同时运行许多不同的程序。

④第四代：大规模、超大规模集成电路计算机（1971 年至今）。集成电路出现以后，扩大规模成为计算机唯一的发展方向。大规模集成电路（large-scale integration，LSI）可以在一个芯片上容纳几百个元件。到 20 世纪 80 年代，超大规模集成电路（very-large-scale integration，VLSI）

在芯片上容纳了几十万个元件，后来的 ULSI 将数字扩充到百万级。硬币大小的芯片可以容纳如此数量的元件，使得计算机的体积和价格不断下降，而功能和可靠性不断增强。2009 年 Intel 公司推出酷睿 i 系列，采用了领先的 32 纳米工艺，下一代 14 纳米工艺正在研发（图 1-4）。

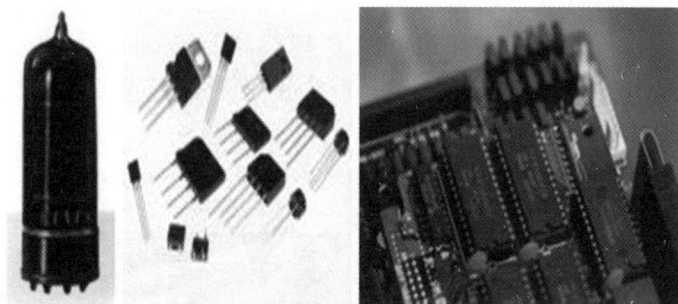

图 1-4　电子管、晶体管、集成电路

计算机发展阶段如表 1-1 所示。

表 1-1　计算机发展阶段

项目	起止年代	主要元件	速度（次/秒）	特点与应用领域
第一代	1946～1957	电子管	5千～1万	计算机发展的初级阶段，体积巨大，运算速度较低，耗电量大，存储容量小。主要用来进行科学计算
第二代	1958～1964	晶体管	几万～几十万	体积减小，耗电较少，运算速度较高，价格下降，不仅用于科学计算，还用于数据和事物处理及工业控制
第三代	1965～1970	中小规模集成电路	几十万～几百万	体积和功耗进一步减少，可靠性和速度进一步提高。应用领域扩展到文字处理、企业管理、自动控制等
第四代	1971至今	大规模、超大规模集成电路	几千万～千百亿	性能大幅度提高，价格大幅度降低，广泛用于社会生活的各个领域。例如，已经进入办公室和家庭。在办公自动化、电子编辑排版、数据库管理、图像和语音识别、专家系统等领域大显身手

（3）计算机的发展趋势　自第一台计算机产生至今的半个多世纪里，计算机的应用得到不断拓展，计算机类型不断分化，这就决定计算机的发展也朝着不同的方向延伸。当今计算机技术正朝着巨型化、微型化、网络化和智能化方向发展。

①巨型化：指计算机具有极高的运算速度、大容量的存储空间、更加强大和完善的功能，主要用于航空航天、军事、气象、人工智能、生物工程等领域。目前，我国在巨型机的研究领域处于世界先进水平，主要机型有"天河"系列和"曙光"系列。

②微型化：这是大规模及超大规模集成电路发展的必然。从第一块微处理器芯片问世以来，其发展速度与日俱增。计算机芯片的集成度每 18 个月翻一番，而价格则减一半，这就是信息技术发展功能与价格比的摩尔定律。计算机芯片集成度越来越高，可实现的功能越来越强，使计算机微型化进程越来越快，普及率越来越广。目前，笔记本计算机、掌上电脑、手表电脑和智能型移动通信终端设备等正在快速发展，逐步改变着人们的生活方式。

③网络化：网络化是计算机技术和通信技术紧密结合的产物。20 世纪 90 年代以来，随着 Internet 的飞速发展，计算机网络已广泛应用于政府、学校、企业、科研、家庭等领域，越来越多的人接触并了解到计算机网络的概念。计算机网络将不同地理位置上具有独立功能的不同计算机通过通信设备和传输介质互连起来，在通信软件的支持下，实现网络中的计算机之间的资源共

享、信息交换、协同工作。计算机网络的发展水平已成为衡量国家现代化程度的重要指标，在社会经济发展中发挥着极其重要的作用。

④多媒体化：现代计算机不仅用来进行计算，还能处理声音、图像、文字、视频和音频信号。

⑤智能化：计算机人工智能的研究建立在现代科学基础之上。智能化是计算机发展的一个重要方向。新一代计算机将可以模拟人的感觉、行为和思维过程的机理，进行"看""听""说""想""做"，具有逻辑推理、学习与证明的能力。智能化是让计算机具有模拟人的感觉和思维过程的能力。图 1-5 为采用虚拟现实技术的汽车驾驶模拟器。

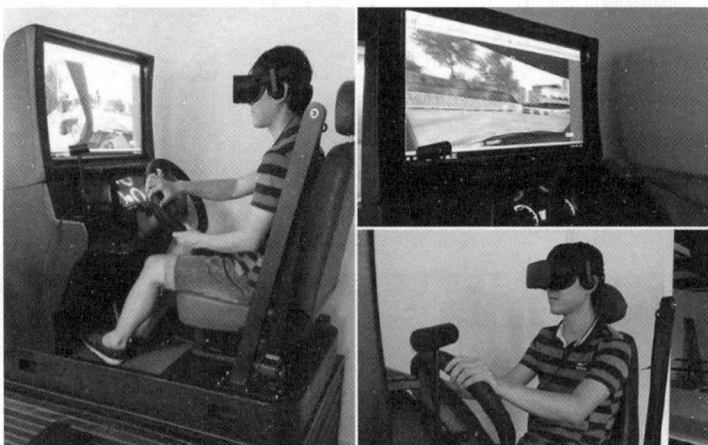

图 1-5　采用虚拟现实技术的汽车驾驶模拟器

2. 未来的计算机　迄今为止，无论计算机如何更新换代，几乎都遵循冯·诺依曼结构。按照摩尔定律，每 18 个月微处理器硅片上晶体管的数量就会翻一番。随着大规模集成电路工艺的发展，芯片的集成度越来越高，但也越来越接近工艺甚至物理的极限。人们意识到，在传统计算机的基础上大幅度提高计算机的性能必将遇到难以逾越的障碍，从基本原理上寻找计算机发展的突破口才是正确的道路。很多专家把目光投向了最基本的物理原理。过去几百年，物理学原理的应用导致了一系列应用技术的革命，未来以超导、光子、量子、分子和纳米计算机为代表的第五代计算机将推动新一轮计算技术的革命。

（1）超导计算机　所谓超导，是指在接近绝对零度的温度下，电流在某些介质中传输时所受阻力为零的现象。1962 年，英国物理学家约瑟夫逊提出了"超导隧道效应"，即由超导体－绝缘体－超导体组成的器件（约瑟夫逊元件），当对其两端加电压时，电子就会像通过隧道一样无阻挡地从绝缘介质中穿过，形成微小电流，而该器件的两端电压为零。目前制成的超导开关器件的开关速度已达到几微微秒（0.000000000001 秒）的高水平，这是当今所有电子、半导体、光电器件都无法比拟的，比集成电路要快几百倍。超导计算机运算速度比现在的电子计算机快 100 倍，而电能消耗仅是电子计算机的千分之一。目前如果一台大中型计算机每小时耗电 10 千瓦，那么同样运算能力的超导计算机只需一节干电池就可以工作了。

（2）光子计算机　光子计算机利用光子取代电子进行数据运算、传输和存储。在光子计算机中，不同波长的光代表不同的数据，这远胜于电子计算机中通过电子"0""1"状态变化进行的二进制运算。光的并行、高速性质决定了光子计算机的并行处理能力很强，具有超高运算速度。光子在光介质中传输所造成的信息畸变和失真极小，光传输、转换时能量消耗和热量散发极低，对使用环境条件的要求比电子计算机低得多。

人类利用光缆传输数据已经有二十多年的历史，用光信号来存储信息的光盘技术也已广泛应用。然而想要制造真正的光子计算机，需要开发出可以用一条光束来控制另一条光束变化的光学晶体管这一基础元件。以现在的技术手段，科学家虽然可以制造出这样的装置，但尚难进入实用阶段。

1990 年初，美国贝尔实验室成功研制了一台光学数字处理器，向光子计算机的研制迈进了一大步。二十几年来，光子计算机的关键技术如光存储技术、光互联技术、光集成器件等方面的研究都已取得突破性进展，为光子计算机的研制、开发和应用奠定了基础。

（3）量子计算机　把量子力学和计算机结合起来的可能性是在 1982 年由美国著名物理学家理查德·费因曼首次提出的。随后，英国牛津大学物理学家戴维·多伊奇于 1985 年初步阐述了量子计算机的概念，并指出量子并行处理技术会使量子计算机比传统的图灵计算机功能更强大。

量子计算机是根据原子所具有的量子学特性来工作的，是运用量子信息学，基于量子效应构建的一个完全以量子位为基础的计算机。它利用一种链状分子聚合物的特性来表示开与关的状态，利用激光脉冲来改变分子的状态，使信息沿着聚合物移动，从而进行运算。

量子计算机有自身独特的优点和广阔的发展前景。首先，量子计算机能够进行量子并行计算，理论上可达每秒 10000 亿次，足够让物理学家去模拟原子爆炸等复杂的物理过程。其次，量子计算机用量子位存储数据。再次，量子计算机具有与大脑类似的容错性，当系统的某部分发生故障时，输入的原始数据会自动绕过损坏或出错部分进行正常运算，并不影响最终的计算结果。量子计算机不仅运算速度快、存储量大、功耗低，而且高度微型化和集成化。

2007 年，加拿大计算机公司 D-Wave 展示了全球首台量子计算机"Orion"，这是世界上第一台成型的量子计算机，实现了人类在量子计算机上零的突破。2009 年，第一台可编程的通用量子计算机在美国问世。

我国在量子计算机研究领域处于世界领先水平。2017 年，世界上第一台超越早期经典计算机的光量子计算机在中国诞生。2020 年，中国科学技术大学潘建伟、陆朝阳等学者研制的 76 个光子的量子计算原型机"九章"，其 200 秒的"量子算力"相当于目前"最强超算" 6 亿年的计算能力，推动全球量子计算的前沿研究达到了一个新高度。据专家预见，再过 30 年左右，量子计算机将普及，量子计算设备将可以嵌入任何物体当中。

（4）分子计算机　脱氧核糖核酸（DNA）分子计算机，也称生物计算机，主要由生物工程技术产生的蛋白质分子组成的生物芯片构成，通过控制 DNA 分子间的生化反应来完成运算。运算过程就是蛋白质分子与周围物理化学介质相互作用的过程。其转换开关由酶来充当，而程序则在酶合成系统本身和蛋白质的结构中明显表示出来。20 世纪 70 年代，人们发现 DNA 处于不同状态时可以表示信息的有或无。DNA 分子中的遗传密码相当于存储的数据，DNA 分子间通过生化反应，从一种基因代码转变为另一种基因代码。反应前的基因代码相当于输入数据，反应后的基因代码相当于输出数据。只要能控制这一反应过程，就可以制成 DNA 计算机。

美国计算机科学家伦纳德·艾德曼已成功研制出一台 DNA 计算机。DNA 分子本质上就是数学式，用它来代表信息是非常方便的，试管中的 DNA 分子在某种酶的作用下迅速完成生物化学反应。28.3gDNA 的运行速度超过现代超级计算机的 10 万倍。

（5）纳米计算机　即通过纳米技术全新研发的一种高性能新型计算机。纳米技术最早始于 20 世纪 80 年代，是科研领域迅速研发而来的前沿技术。此项技术的应用可以让人类按照意愿对某单个原子进行直接操控，从而完成具备特定功用的产品制造。当今的纳米技术起步于 MEMS（微电子机械系统），是将电动机、传感器及各类处理器整合起来，并植入一个特定硅芯片内，从而达到系统运作的目的。

面对传统计算机使用的硅芯片已经达到物理极限，体积无法进一步缩小，通电和断电的频率无法再提高，耗电量也无法再降低的局限，科学家认为，解决这个问题的途径是研制"纳米晶体管"，并用这种纳米晶体管来制作"纳米计算机"。应用纳米技术研制的计算机内存芯片，其体积不过数百个原子大小，相当于人的头发丝直径的千分之一，但质地异常坚固，超强导电性为其最大亮点。纳米芯片替代硅芯片来制造计算机不仅几乎不需要耗费任何能源，而且其性能要比硅芯片计算机强大许多倍，制造成本也会大大降低。

2013 年，人类首台基于碳纳米晶体管技术的计算机在美国斯坦福大学成功测试运行。该项实验的成功证明了人类有望在不远的将来，摆脱当前硅晶体技术以生产新型电脑设备。

虽然以超导、光子、量子、分子和纳米技术为代表的第五代计算机还主要处于实验研究阶段，但由于它们具有很高的应用价值，中国、美国、欧洲各国和日本政府一直投入巨资资助相关研究。预计在未来几十年内，这几种新型计算机可取得突破性进展。

1.1.2 计算机的分类

计算机发展到今天，种类已经非常繁多。了解计算机所属的类型，能指导我们最大限度发挥计算机的潜力。

1. 根据数据处理类型分类　根据信息的数据处理类型可以将计算机分为模拟计算机（analog computer）和数字计算机（digital computer）两种。

（1）模拟计算机　是用连续变化的模拟量表示数据并实现其运算功能。模拟量是以电信号的幅值来模拟数值或某物理量的大小，如电压、电流、温度等都是模拟量。模拟计算机所接受的模拟数据经过处理后仍以连续的数据输出。一般来说，模拟计算机解题速度快，但不如数字计算机精确，且通用性差。模拟计算机一般用于过程控制和模拟处理。

（2）数字计算机　所处理的数据都是以"0"和"1"表示的二进制数字，是不连续的数字量。数字计算机的优点是精度高、存储量大、通用性强。通常所说的"计算机"一般都是指电子数字计算机。

2. 根据使用范围分类　根据使用范围可以将计算机分为通用计算机和专用计算机。

（1）通用计算机　功能齐全，通用性强，能适用于一般科技计算、学术研究、工程设计和数据处理等广泛用途的计算。通常所说的计算机均指通用计算机。

（2）专用计算机　功能单一，结构简单，成本较低，专门用来解决某类特定问题或专门与某些设备配套使用。例如，飞机自动驾驶仪和坦克火控系统中使用的计算机等，都属于专用计算机。

3. 根据性能分类　这是常规的分类方法，所依据的性能主要包括存储容量、运算速度等方面。根据这些性能可以将计算机分为巨型计算机、大型计算机、小型计算机和微型计算机。

（1）巨型计算机　巨型计算机（图 1-6）实际上是一个巨大的计算机系统，主要用来承担重大科学研究、国防尖端技术和国民经济领域的大型计算课题及数据处理任务。如大范围天气预报，整理卫星照片，原子核的探索，研究洲际导弹、宇宙飞船等，制定国民经济的发展计划。这类任务项目繁多，时间性强，要综合考虑各种各样的因素，依靠巨型计算机才能较顺利地完成。2010年 11 月 6 日，国际"Top500"在美国新奥尔良州正式发布第 36 届最新全球超级计算机 500 强排行榜，中国的"天河一号"以峰值速度 4700 万亿次、持续速度 2566 万亿次 / 秒浮点运算的优异性能位居榜首，使中国成为继美国之后世界上第二个能够自主研制千万亿次超级计算机的国家。

图1–6　巨型计算机

（2）大型计算机　大型计算机一般配备在大中型机构中使用，并采用以它为中心的多终端工作模式。这类机器通常用于大型企业、商业管理或大型数据库管理系统中，也可用作大型计算机网络中的主机。在大型计算机的研发、销售方面，美国 IBM 公司占据领导地位，其生产的大型计算机广泛应用于金融、证券等行业（图1–7）。

图1–7　IBM mainframe z10

（3）小型计算机　小型计算机是指采用 8 ～ 32 个处理器，性能和价格介于 PC 服务器和大型主机之间的一种高性能 64 位计算机。一般而言，小型机具有高运算处理能力、高可靠性、高服务性、高可用性四大特点。现在生产 UNIX 服务器的厂商主要有 IBM、HP 和已经并入甲骨文的 SUN 公司。典型机器如 IBM 曾经生产的 RS/6000 等。

（4）微型计算机　微型计算机是以微处理器为核心，最主要的特点是小巧、灵活、便宜，通常一次只能供一个用户使用。

微型计算机是为满足个人需要而设计的计算机，一般以微处理器为核心，最主要的特点是小巧、灵活、便宜，也称为个人计算机（personal computer，PC），通常一次只能供一个用户使用。微型计算机一般分为台式计算机、笔记本电脑和平板电脑三大类。

台式计算机可放置在桌面上，使用墙壁上的电源供电。台式计算机按照主机箱的摆放角度不同可以分为卧式计算机和立式计算机两种。现在的办公室、学校和家庭使用的计算机基本都是台式计算机。

笔记本电脑是一种体积小、质量轻，将屏幕、键盘、存储器和处理器合为一个整体的个人计算机。笔记本电脑可以使用交流电和充电电池供电，适合外出使用，在室外、机场或教室中均可使用，性能与台式计算机相当，但价格相对较高。

平板电脑是带有手写板或绘图板的触控式屏幕的笔记本电脑，没有键盘，以屏幕代替键盘。平板电脑需要安装手写输入应用软件才能更好地使用。

1.1.3 计算机的应用

1. 科学计算 科学计算亦称数值计算，是指用计算机完成科学研究和工程技术中所提出的数学问题的计算，是计算机最早的应用领域。由于计算机具有计算速度快、计算精度高的特点，能够承担运算量大、精度要求高、时效性强的数值计算课题，在天文、地质、生物、数学等基础科学研究，以及空间技术、新材料研制、原子能研究等高新技术领域都占有重要的地位。

云计算（cloud computing）是分布式计算技术的一种，最基本的概念是透过网络将庞大的计算处理程序自动拆分成无数个较小的子程序，再交由多部服务器所组成的庞大系统经搜寻、计算分析之后将处理结果回传给用户。透过这项技术，网络服务提供者可以在数秒之内处理数以千万计甚至亿计的信息，达到和"超级计算机"同样强大的效能。

云计算的基本原理是通过使计算分布在大量的分布式计算机上，而非本地计算机或远程服务器中，从而使企业数据中心的运行与互联网相似。这使得企业能够将资源切换到需要的应用上，根据需求访问计算机和存储系统。这是一种革命性的举措，就好像是从单台发电机模式转向了电厂集中供电的模式。它意味着计算能力也可以作为一种商品进行流通，就像煤气、水、电一样，取用方便，费用低廉。

2. 数据处理 数据处理是指非科技工程方面的所有计算和任何形式的数据资料的输入、分类、加工、存储及检索等。其特点是需要处理的原始数据量大。如文字、图像、声音、影像都是现代计算机的处理对象，虽然数据量大，但计算方法较为简单，结果一般以表格或文件形式存储、输出，可用于工资管理、人力资源管理、学籍成绩管理等。

数据是信息的具体表现形式，所以数据处理也称为信息处理。信息处理是现代化管理的基础，它不仅可应用于处理日常的事务，还能支持科学的管理与决策。一个企业，从市场预测、情报检索到经营决策、生产管理，无不与数据处理有关。随着信息处理应用的扩大，硬件也朝着大容量存储器和高速度、高质量输入 / 输出设备的方向发展，同时也在软件上推动了数据库管理系统、表格处理软件、绘图软件以及用于分析和预测应用的软件包的开发。信息处理是目前计算机应用最广泛的领域。

随着大数据时代的到来，使用计算机技术产生的数据信息量不断扩大，这种趋势还会随着时间的延续而不断积累。大数据环境下的计算机应用平台需要处理海量数据，且这些数据的形态和结构各异，促使计算机应用服务朝着能够处理大规模、多源异构数据的方向发展。随着农业、工业、教育等在内的社会各行各业信息化、自动化和智能化水平的快速提高，社会生产和生活中产生的海量信息被视作具有战略价值的重要资源，通过对其进行分析、挖掘和处理，可以促使隐藏在大数据背后的高价值信息显性化，进而为社会生产和生活中面临的各方面问题提供决策支持和服务支撑。

3. 过程控制 过程控制也称为实时控制，是用计算机实时采集检测数据，按最佳值迅速对控制对象进行自动控制或自动调节的过程。利用计算机进行过程控制，不仅大大提高了控制的自动化水平，而且大大提高了控制的及时性和准确性，从而能改善劳动条件，提高质量，节约能源，降低成本。过程控制系统是一种实时处理系统，对计算机的响应时间有较高的要求。实时处理系统指计算机对输入的信息以足够快的速度进行处理，并在一定时间内做出某种反应或进行某种控制。例如，在汽车工业方面，利用计算机控制机床，甚至整个装配流水线，不仅可以实现精度要求高、形状复杂的零件加工自动化，而且可以使整个车间或工厂实现自动化。

4.计算机辅助系统 计算机辅助系统指人们利用计算机运算速度快、精确度高、模拟能力强的特点，把传统的经验和计算机技术结合起来，代替人们完成复杂而繁重工作的一门技术系统，主要有计算机辅助设计（computer aided design，CAD）、计算机辅助制造（computer aided manufacturing，CAM）和计算机辅助教学（computer aided instruction，CAI）。

计算机辅助设计是利用计算机系统辅助设计人员进行工程或产品设计，以实现最佳设计效果的一种技术。它已广泛地应用于飞机、汽车、机械、电子、建筑和轻工等领域。例如，在电子计算机的设计过程中，利用CAD技术进行体系结构模拟、逻辑模拟、插件划分、自动布线等，从而大大提高了计算机设计工作的自动化程度。在建筑设计过程中，还可以利用CAD技术进行力学计算、结构计算、绘制建筑图纸等，不但提升了设计速度，而且大大提高了设计质量。

计算机辅助制造是利用计算机系统进行生产设备的管理、控制和操作的过程。例如，在产品的制造过程中，用计算机控制机器的运行，处理生产过程中所需的数据，控制和处理材料的流动以及对产品进行检测等。使用CAM技术可以提高产品质量，降低成本，缩短生产周期，提高生产率和改善劳动条件。

计算机辅助教学是指利用计算机系统使用课件来进行教学。课件可以用多媒体创作工具或高级语言来开发制作，它能使学生对学习产生兴趣，引导学生循序渐进地学习，提高学习的效率与质量。CAI的主要特色是交互式教育、因材施教和个别指导，开展计算机辅助教育使学校的教育模式发生了根本变化。

5.人工智能 人工智能（artificial intelligence）简称AI，有时也译作"智能模拟"，因为它的主要目的是用计算机来模拟人的智能活动，如判断、理解、学习、问题求解等。人工智能涉及多个学科领域，如机器学习、计算机视觉、自然语言理解、专家系统、机器翻译、智能机器人、定理自动证明等。人工智能的应用主要有机器人（robots）、专家系统（expert system）、模式识别（pattern recognition）、智能检索（intelligent search）等。

机器人可分为工业机器人和智能机器人。工业机器人由事先编好的程序控制，通常用于完成重复性的规定操作。智能机器人具有感知和识别能力，能"说话"和"回答"问题。

专家系统是用于模拟专家智能的一类软件。需要时只需由用户输入要查询的问题和有关数据，专家系统通过推理判断向用户做出解答。

模式识别的实质是抽取被识别对象的特征，即所谓模式，与事先存在于计算机中的已知对象的特征进行比较与判别，主要通过识别函数和模式校对来实现。文字识别、声音识别、邮件自动分拣、垃圾邮件筛选、指纹识别、机器人景物分析等都是模式识别的应用实例。

智能检索以文献和检索词的相关度为基础，综合考查文献的重要性等指标，对检索结果进行排序，以提供更高的检索效率。智能检索的结果排序同时考虑相关性和重要性，相关性采用各字段加权混合索引，因此相关性分析更准确，重要性指通过对文献来源的权威性分析和引用关系分析等途径实现对文献质量的评价。除存储经典数据库中代表已知"事实"外，智能数据库和知识库中还存储供推理和联想使用的"规则"，因而智能检索具有一定的推理能力。这样的结果排序更加准确，更能将与用户愿望最相关的文献排到最前面，提高检索效率。

深度学习（deep learning，DL）是机器学习（machine learning，ML）领域中一个新的研究方向，它被引入机器学习，更接近于最初的目标——人工智能。

深度学习是学习样本数据的内在规律和表示层次，在学习过程中获得的信息对诸如文字、图像和声音等数据的解释有很大帮助。它的最终目标是让机器能够像人一样具有分析学习能力，能够识别文字、图像和声音等数据。深度学习是一个复杂的机器学习算法，在语音和图像识别方面取得的效果远远超过先前相关技术。

深度学习在搜索技术、数据挖掘、机器学习、机器翻译、自然语言处理、多媒体学习、语音、推荐和个性化技术，以及其他相关领域都取得了很多成果。深度学习利用机器模仿视听和思考等人类的活动，解决了很多复杂的模式识别难题，使得人工智能相关技术取得了很大进步。

阿尔法围棋（AlphaGo）是第一个击败人类职业围棋选手、第一个战胜围棋世界冠军的人工智能程序，由谷歌（Google）旗下 DeepMind 公司开发，其主要工作原理是"深度学习"。2016年 3 月，阿尔法围棋与围棋世界冠军、职业九段棋手李世石进行围棋人机大战，以 4∶1 的总比分获胜；2016 年末至 2017 年初，该程序在中国棋类网站上以"大师"（Master）为注册账号与中日韩数十位围棋高手进行快棋对决，连续 60 局无一败绩；2017 年 5 月，在中国乌镇围棋峰会上，它与世界排名第一的棋手柯洁对战，以 3∶0 的总比分获胜。围棋界公认阿尔法围棋的棋力已经超过人类职业围棋顶尖水平。

ChatGPT，美国"开放人工智能研究中心"研发的聊天机器人程序，于 2022 年 11 月 30 日发布。ChatGPT 是人工智能技术驱动的自然语言处理工具，它能够通过学习和理解人类的语言来进行对话，还能根据聊天的上下文进行互动，真正像人类一样来聊天交流，甚至能完成撰写邮件、视频脚本、文案、翻译、代码等任务。业内对 ChatGPT 的共识是，它可能具备一定的思考力，以测试人工智能是否达到人类水平智能的图灵测试为尺度来衡量，它是最有可能通过图灵测试的 AI 模型。

6. 网络应用　计算机技术与现代通信技术的结合构成了计算机网络与因特网。计算机网络的建立不仅解决了一个单位、一个地区、一个国家中计算机与计算机之间的通信，以及各种软、硬件资源的共享，也大大促进了国际间的文字、图像、声音和视频等各类多媒体数据的传输与处理。

目前，网络实时交谈、电子邮件和网络电话已成为人们交流的重要手段。网络电视、网络游戏、网上学习、网上购物、网上证券交易和电子商务等已经成为我们生活的一部分。

电子商务（electronic commerce，EC，或 electronic business，EB）是指在计算机网络上以电子形式进行的金融交易，包括了因特网能够支持的所有形式的商业和市场营销，是因特网上最主要的应用，如网络购物、网络银行、网络股票交易和电子拍卖等。

电子商务活动主要分为企业对企业（business-to-business，B2B）、企业对消费者（business-to-consumer，B2C）、消费者对消费者（consumer-to-consumer，C2C）三种模式。B2B 模式是指一个企业从另一个企业购买商品或服务，如阿里巴巴网站等。B2C 模式是指企业为个人消费者提供商品或服务，如京东商城、亚马逊网上书店等。C2C 模式是指消费者之间相互销售商品，如淘宝网等。

7. 物联网　物联网（internet of things，IoT）是指通过信息传感器、射频识别技术、全球定位系统、红外感应器、激光扫描器等各种装置与技术，实时采集任何需要监控、连接、互动的物体或过程，采集其声、光、热、电、力学、化学、生物、位置等各种需要的信息，通过各类可能的网络接入，实现物与物、物与人的泛在连接，实现对物品和过程的智能化感知、识别和管理。

物联网是计算机技术高度发展下的产物，其驱动力是计算机技术的发展。计算机对物联网的应用主要体现在网络层，物联网的传感技术和射频识别技术将模拟信号转为数字信息传递，再借助嵌入式技术将接收到的信息加以处理分析，通过计算机将最终数据进行传递。

物联网在人们生产生活中的应用可谓方方面面，快递物流、智能家居、政府办公、数字医疗等皆可见物联网的身影。以快递物流为例，在物联网的帮助下，传统的物流运输方式产生了革命性的变化，主要表现在4个方面：①产品溯源信息化，通过对产品信息的跟踪、识别、查询、收集，保证产品的质量和安全性。②物流管理可视化，通过RFID技术、GPS、传感技术，在物流管理的全过程中，能够对运输车辆进行精确定位，对货物进行实时监测，并通过可视化、透明化、智能化的方式进行管理。③物流配送自动化，利用RFID技术和传感器技术可实现运输、装卸、包装、分拣等物流作业全过程的自动化，使物流的相关作业和内容更加省力、合理，更有效率，快速、精准、可靠地完成物流过程。④供应需求智能化，利用物联网，能够准确预测客户需求，让整个供应链更加智能化，满足客户更多需要。

8. 多媒体应用　多媒体技术是指运用计算机综合处理多种媒体信息（文本、声音、图像、动画、视频等）的技术，即利用计算机对多种媒体进行显示、表示、存储和传输，包括将多种信息建立逻辑连接，进而集成为一个具有交互性的系统等。其实质是将自然形式存在的媒体信息数字化，然后利用计算机对这些数字信息进行加工，以一种更友好的方式提供给使用者。计算机多媒体技术具有交互性、多样性、集成性、实时性和数字化等特点。

计算机多媒体技术是当今信息技术领域发展最快、最活跃的技术，在通信、教育、医疗、影视等诸多行业有着广泛应用。在通信领域中，计算机多媒体技术打破传统文字、图片进行信息交互的单一信息传输形式，利用声音、视频、动画等信息使通信过程可视化、立体化，实现通信双方的情感交流；在教育领域，多样式信息的呈现可以有效打破传统长时间、单一化理论教学的局限，且通过多媒体设备的应用，可以使教学过程呈现出多色彩、多层次、强交互的特点；在医疗领域，大部分高精密检测仪器都是利用计算机多媒体技术，通过对患者身体信息的动态化扫描，以数字化的形式输出各类生命体征，然后以立体化、可视化的形式呈现出各类数据内容；在影视后期制作中，动态图像处理技术、图像数字制作技术、三维图像处理技术以及剪辑及编辑技术均已被广泛应用，不仅可以提升影视后期制作的效率，还可有效提升影视作品的整体质量。

近些年，强调沉浸、体验的虚拟现实互动技术成为计算机多媒体应用的热点。虚拟博物馆、虚拟操作台、体感游戏等多种虚拟互动多媒体系统给社会展现了虚拟现实技术广泛的应用范围，也为计算机多媒体技术的应用提供了更广阔的发展空间。

9. 其他应用　由于计算机科学技术的迅速发展，特别是计算机网络技术的迅速发展，计算机不断应用于新的领域。其中，卫星通信技术与计算机技术的结合产生了全球卫星定位系统（GPS）和地理信息系统（GIS）。此外，随着计算机应用的日益广泛，网络与信息系统的安全防护也被越来越重视，防火墙、杀毒软件、身份认证、数据备份与恢复等软硬件设备与系统的应用在抵御网络攻击和维护信息安全方面发挥着越来越重要的作用。

1.1.4 计算机在医学领域中的应用

1. 医院信息系统　医院信息系统（hospital information system，HIS）是指利用计算机软硬件技术、网络通信技术等对医院及所属各部门的人流、物流、财流进行综合管理，对在医疗活动各阶段产生的数据进行采集、存储、处理、提取、传输、汇总、加工，从而为医院的整体运行提供全面的自动化管理及各种服务的信息系统。医院信息系统是现代化医院建设中不可缺少的基础设施与支持环境。

医院信息系统分为临床诊疗、药品管理、费用管理、综合管理与统计分析、外部接口五大部分。

（1）临床诊疗部分　临床诊疗部分（CIS）主要以患者信息为核心，将整个患者诊疗过程作为主线，医院中所有科室将沿此主线展开工作。随着患者在医院中每一步诊疗活动的进行，产生并处理与患者诊疗有关的各种诊疗数据与信息。整个诊疗活动主要由各种与诊疗有关的工作站来完成，并将这部分临床诊疗信息进行整理、处理、汇总、统计、分析等工作。此部分包括门诊医生工作站、住院医生工作站、护士工作站、临床检验系统（LIS）、医学影像系统（PACS）、手术室麻醉系统、电子病历系统（EMR）等。CIS 应该是 HIS 中主要功能和性能的精华所在，也是提高医疗质量和规范服务的关键。因此，无论是新建 HIS，还是 HIS 的升级换代，都应该把工作的重心放在 CIS 的研发和应用上。

（2）药品管理部分　药品管理部分主要包括药品的管理与临床使用。在医院中，药品从入库到出库再到患者的使用是一个比较复杂的流程，贯穿患者的整个诊疗活动。这部分主要处理的是与药品有关的所有数据与信息，共分为三部分：第一部分是基本物流管理，包括药库、药房及发药等进、销、存管理；第二部分是临床，包括合理用药的各种审核、用药咨询、教育与服务；第三部分是药价监控管理，包括药价调整、利润分析、统计报表等。

（3）费用管理部分　费用管理部分属于医院信息系统中最基本的部分，与医院中所有发生费用的部门有关，处理的是整个医院中各有关部门产生的费用数据，并将这些数据整理、汇总、传输到相关部门，供其分析、使用，并为医院的财务与经济收支情况服务，包括门急诊挂号、门急诊划价收费，住院患者的入、出、转情况，卫生材料、物资及设备，科室核算以及财务核算等费用管理。

（4）综合管理与统计分析部分　综合管理与统计分析部分主要包括病案的统计分析、管理，并将医院的所有数据汇总、分析、综合处理以供领导决策使用，包括病案管理、医疗统计、院长查询与分析、患者咨询服务等。这一部分最能反映医院现代化管理的手段和水平。全程数字化跟踪与控制是综合管理的目标，统计分析是现代化医院管理决策的基础。

（5）外部接口部分　随着社会的发展及各项改革的进行，医院信息系统已不是一个独立存在的信息系统，它必须考虑与社会相关系统的互联问题。因此，医院信息系统必须提供与医疗保险系统、社区医疗系统、远程医疗系统及上级卫生主管部门的接口。网络信息接口有许多技术问题、安全问题、管理问题、标准化问题、运行维护问题等需要认真对待和解决，如有不慎，将直接影响信息系统运行的效率，甚至引发安全方面的大问题。

2. 国家公共卫生信息系统　国家公共卫生信息系统（PHIS）是卫生行业信息系统的一个主要内容。和医院信息系统主要管理单个医院的内部信息相对，国家公共卫生信息系统主要对全国范围内的各种公共卫生信息进行管理，实现对疾病的预防控制和对公共卫生的管理，尤其是实现对突发公共卫生事件的应急管理。

国家公共卫生信息系统建设的总体目标是综合运用计算机技术、网络技术和通信技术，构建覆盖各级卫生行政部门、疾病预防控制中心、卫生监督中心、各级各类医疗卫生机构的高效、快速、通畅的信息网络系统，网络触角延伸到城市社区和农村卫生室；通过加强法制建设，规范和完善公共卫生信息的收集、整理、分析，提高信息质量；建立中央、省、市三级突发公共卫生事件预警和应急指挥系统平台，提高医疗救治、公共卫生管理、科学决策及突发公共卫生事件的应急指挥能力。

3. 医药研发领域　随着生命科学理论和计算分析方法的快速发展，计算机科学已经参与和渗入生物技术与医药研发的前期工作中，出现了生物信息学与分子动力学等一些具有巨大潜力的技术，高性能计算在生物医药产业的产品设计和研发中占据越来越重要的地位。

在生物信息学领域，基因组学研究需要利用超级计算机对大量复杂的生物和基因数据进行测序、拼接、比对等分析处理，提供基因组信息及相关数据系统，以解决生物、医学的重大问题。

在新药研发领域，需要使用超级计算机快速完成高通量药物虚拟筛选。传统情况下一种新药研制需要 10 年以上时间，平均花费约 10 亿美元，需要筛选数十万甚至上百万种化合物，依托超级计算机的高通量虚拟筛选，研发周期平均缩短 1 年半左右，投入减少上亿元。

在分子动力学模拟领域，由于实验手段的局限性，迫切需要超级计算机提供的计算能力以进行大规模的分子动力学模拟，通过模拟结果分析和验证蛋白质在分子和原子水平上的变化，弥补其他实验手段的不足。

4. 健康物联网和健康云　健康信息化是提高医疗质量和服务效率的重要手段之一。健康物联网将使健康信息化从互联网时代向物联网时代发展。健康物联网和健康云是健康信息化发展的里程碑，将对提升健康水准、生活品质和健康服务水平起到重要的作用，并将促进健康服务模式的改变。

健康服务信息系统是健康物联网与健康云在医疗卫生和健康行业中的应用。健康服务信息系统是通过健康物联网的健康传感装置智能采集人体的生理和运动信息，进行数据预处理（前端智能），经过传输网络将健康信息送达健康云，存储于健康信息决策中心，并对信息进行决策分析（后端智能），最终实现一条龙健康服务（包括健康提示、报警和紧急救援等）的智能系统。健康服务信息系统＝健康物联网（健康互联网＋健康传感网）＋健康云，通过健康服务信息系统可以实现远程医疗会诊、远程医疗监护、智能提醒服药、在线预约服务等。

5. 虚拟现实技术　虚拟现实（VR）技术是利用计算机技术建立一种逼真的虚拟环境，集成了计算机图形学、多媒体、人工智能、传感器、网络、并行处理等技术的最新发展成果。浏览者通过数字手套、立体头盔、立体眼镜和三维鼠标等传感器与计算机发生联系，最终产生一个拟人化的三维逼真的虚拟环境。

VR 技术的医学应用是指对特定的医学环境的真实再现，是从医学图像开始，发展到虚拟人体、虚拟医疗系统、虚拟实验室和药物研究。计算机仿真技术通过具体模型进行模拟操作，实现医疗操作的科学化、精确化。

6. 医学统计和数据挖掘　医学统计学（medical statistics）是以医学理论为指导，运用数理统计学原理和方法研究医学资料的搜集、整理与分析，从而掌握事物内在客观规律的一门学科。医学统计分析主要包括统计设计、资料的统计描述和总体指标的估计、假设检验、相关与回归、多因素分析、健康统计等方面知识。常用计算机医学统计分析软件有 SPSS 和 SAS。

数据挖掘是指从大量数据中获取有效的、新颖的、潜在有用的、最终可理解的模式的过程，能够发现隐含在大规模数据中的知识，从而指导决策。数据挖掘主要涉及特征化区分、关联或相关分析分类、聚类、演变分析等。常用计算机数据挖掘软件有 SPSS Modeler 和 SAS Enterprise Miner。

7. 中医药信息化　中医药知识组织系统是一种可以被计算机系统识别、读取和理解的系统。其核心是构建概念（知识）属性的形式化描述框架，以满足基于机器理解的信息处理和知识管理的功能需求，并实现不同系统之间不同层面上的互操作。系统基于中医药术语标准、中医药术语系统收录词语及《中国中医药学主题词表》《中国药典》《中医药学名词》，建立基础词库，将中医药文献标引人员或用户的自然语言转换成规范化名词术语，实现词语与术语的标准化、规范化，建立了中医药学主题词表，并由语义相关、族性相关的术语组成规范化中医临床术语系统、中医药学语言系统等。中医药学语言系统内容包含基础、针灸、中药、方剂、临床等各方面的中医药行业权威术语、标准、规范等 24 个，共有概念 11 万余条、术语 28 万余条。基于中医药知识组织系统还实现了中医文献检索系统、中医药知识服务平台、中医自动问答系统、文本分析工具等功能。

中医古籍记载了中医药学几千年来积累的丰富理论知识和临床经验，具有重要的学术和应用价值。中国中医科学院将 1912 年以前书写或印刷的具有中国古典装帧形式的中医书籍数字化，建立了中医古籍数据库、医案古籍知识库、中国历代医家传记知识库。中医古籍数据库收录了先秦至清末民国的历代典籍 1500 种。医案古籍知识库收录了 107 种古籍的医案知识提取，共计 23704 则医案、36881 诊次。中国历代医家传记知识库收录了历代史志、典籍中记载的 10000 余位古代医家传记资料。此外，中国中医科学院还建立了中医古籍标注加工系统、中医古籍术语词表管理系统、中医古籍知识挖掘系统、中医古籍知识集成检索系统，实现了中医古籍的再生性保护及中医古籍便捷的检索与阅读。

中国中医科学院中医药信息研究所对来自真实医疗环境的患者健康状态相关数据和不同来源的健康保健日常数据，采用描述性统计、关联分析、贝叶斯分类、复杂网络、社团划分、层次聚类、支持向量机、决策树、深度学习等数据挖掘方法，通过诊疗大数据的获取，基于将经验知识的量化、证据化和可视化，全面深入挖掘辨证论治规律，实现了中医传承智能化。中医药学凝聚着深邃的哲学智慧和中华民族几千年的健康养生理念及其实践经验，是中国古代科学的瑰宝，也是打开中华文明宝库的钥匙。深入研究和科学总结中医药学对丰富世界医学事业、推进生命科学研究具有积极意义。

新冠疫情对人类社会造成严重危害之际，中医药在防治疫病方面做出了重大贡献。为进一步探究考查传统中医药理论下的中药防治疫病用药规律及作用机制，中国中医科学院中医药信息研究所从知网、维普、万方、PubMed、中国生物医学文献服务系统等数据库及相关古籍中收集治疗寒疫的处方，通过高频次中药及药对分析、关联规则分析、聚类分析考查了用药规律，将分析中高频药物的抗病毒活性成分进行了挖掘，发现这些化学成分可通过抑制病毒复制、调控病毒蛋白及抗病毒信号、抑制蛋白酶活性等方式发挥抗病毒作用。该研究对攻克疾病、新药开发等意义重大。

1.2 计算机中信息的表示

数据是计算机处理的对象，有数值数据、字符数据，以及图形、图像、声音、视频等多媒体数据。数值数据用来表示数量的多少，包括整数、小数、浮点数等，它们一般都带有表示数值正负的符号位。字符数据和多媒体数据是非数值数据。这些数据在计算机内部一律采用二进制表示。计算机内部采用二进制表示信息，其主要原因有以下 4 点。①电路简单：计算机是由逻辑电路组成，逻辑电路通常只有两个状态，即开和关。这两种状态正好用来表示二进制数的两个数码 0 和 1。②工作可靠：这两个状态代表的两个数码在数字传输和处理中不容易出错，因而计算机工作的可靠性就非常高。③简化运算：二进制运算法则简单，使计算机运算器结构大为简化，控制也随之简化。④逻辑性强：计算机的工作是建立在逻辑运算基础上的，逻辑代数是逻辑运算的理论依据。二进制数的 0 和 1 两个数码可以用来代表逻辑代数中的"真"与"假"。

1.2.1 数制及相互转换

1. 数制的概念

（1）进位计数制　用数字符号排列，由低位向高位进位计数的方法称作进位计数制。一种进位计数制包含一组数码符号和两个基本因素。

①数符：一组用来表示某种数制的符号。

②基数：数制所使用的数码个数，用 R 表示，称 R 进制。进位规律是"逢 R 进一"，如十进制的基数是 10，则"逢十进一"。

③位权：某个数字在某一个固定位置上所代表的值，处在不同的位置所代表的值也是不同的。

对于任意一个具有 n 位整数和 m 位小数的 R 进制数 N，按各位的权展开表示如下。

$$(N)_R = a_{n-1}R^{n-1} + a_{n-2}R^{n-2} + \cdots + a_1R^1 + a_0R^0 + a_{-1}R^{-1} + \cdots + a_{-m}R^{-m}$$

【例 1-1】$(9578)_{10} = 9 \times 10^3 + 5 \times 10^2 + 7 \times 10^1 + 8 \times 10^0$

（2）**常用进位计数制的表示方法**　计算机中通常使用的数制有十进制、二进制、八进制和十六进制。常用的进位计数制的表示方法有圆括号下标法和字母表示法。

①圆括号下标法：将数用圆括号括起来，将基数写在右下角标。

【例 1-2】$(1101)_2$、$(167)_{16}$

②字母表示法：在数字后面加一个英文字母表示该数所用的数制。十进制用 D 表示，二进制用 B 表示，八进制用 O 表示，十六进制用 H 表示。

【例 1-3】1001B、188D、56O、167H

（3）**计算机中常用的进位计数制**

①十进制（decimal）：基数是 10，它有 10 个数字符号，即 0、1、2、3、4、5、6、7、8、9。逢十进一。

【例 1-4】$(2580)_{10} = 2 \times 10^3 + 5 \times 10^2 + 8 \times 10^1 + 0 \times 10^0$

②二进制（binary）：基数是 2，它只有两个数字符号，即 0 和 1。逢二进一。

【例 1-5】$(1010)_2 = 1 \times 2^3 + 0 \times 2^2 + 1 \times 2^1 + 0 \times 2^0 = (10)_{10}$

③八进制（octal）：基数是 8，它有 8 个数字符号，即 0、1、2、3、4、5、6、7。逢八进一。

【例 1-6】$(1007)_8 = 1 \times 8^3 + 0 \times 8^2 + 0 \times 8^1 + 7 \times 8^0 = (519)_{10}$

④十六进制（hexadecimal）：基数是 16，它有 16 个数字符号，除了十进制中的 10 个数可用外，还使用了 6 个英文字母，即 0、1、2、3、4、5、6、7、8、9、A、B、C、D、E、F。其中 A～F 分别代表十进制数的 10～15。逢十六进一。

【例 1-7】$(BAD)_{16} = 11 \times 16^2 + 10 \times 16^1 + 13 \times 16^0 = (2989)_{10}$

计算机中常用的进位计数制表示如表 1-2 所示，常用数制的对应关系如表 1-3 所示。

表 1-2　计算机中常用的进位计数制的表示

进位制	二进制	八进制	十进制	十六进制
规则	逢二进一	逢八进一	逢十进一	逢十六进一
基数	$R=2$	$R=8$	$R=10$	$R=16$
数符	0、1	0、1、2…7	0、1、2…9	0、1、2…9、A、B…F
位权	2^i	8^i	10^i	16^i
表示符	B	O	D	H

表 1-3   常用数制的对应关系

二进制	十进制	八进制	十六进制
0	0	0	0
1	1	1	1
10	2	2	2
11	3	3	3
100	4	4	4
101	5	5	5
110	6	6	6
111	7	7	7
1000	8	10	8
1001	9	11	9
1010	10	12	A
1011	11	13	B
1100	12	14	C
1101	13	15	D
1110	14	16	E
1111	15	17	F

2. 数制间的转换

（1）二进制、八进制、十六进制数据转换成十进制数据   将一个非十进制数转换成十进制数，只要将它写成按权展开的表达式，然后求出表达式的值。

【例 1-8】将二进制数 101.01 转换成十进制数。

$(101.01)_2 = 1 \times 2^2 + 0 \times 2^1 + 1 \times 2^0 + 0 \times 2^{-1} + 1 \times 2^{-2} = (5.25)_{10}$

【例 1-9】将八进制数 12.6 转换成十进制数。

$(12.6)_8 = 1 \times 8^1 + 2 \times 8^0 + 6 \times 8^{-1} = (10.75)_{10}$

【例 1-10】将十六进制数 2AB.6 转换成十进制数。

$(2AB.6)_{16} = 2 \times 16^2 + 10 \times 16^1 + 11 \times 16^0 + 6 \times 16^{-1} = (683.375)_{10}$

（2）十进制转换成二进制、八进制、十六进制

①将十进制数转换成二进制数：整数部分和小数部分分别转换，然后合并。整数部分除以 2 取余数，结果逆序输出；小数部分乘以 2 取整数，结果顺序输出。

【例 1-11】将十进制数 36.6875 转换为二进制数。首先用除 2 取余法，将整数部分 $(36)_{10}$ 转换为二进制整数。

```
2 |36        ……………  余数为0       ↑  低位
  2 |18      ……………  余数为0
    2 |9     ……………  余数为1
      2 |4   ……………  余数为0
        2 |2 ……………  余数为0
          2 |1 …………  余数为1       │  高位
            0
```

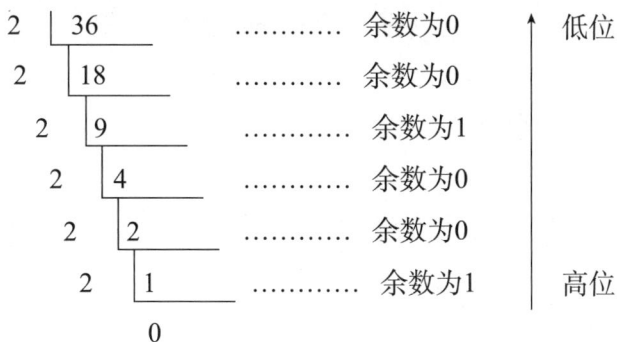

　　所转换的结果为（36）$_{10}$=（100100）$_2$。然后用乘 2 取整法，将小数部分（0.6875）$_{10}$转换为二进制形式。

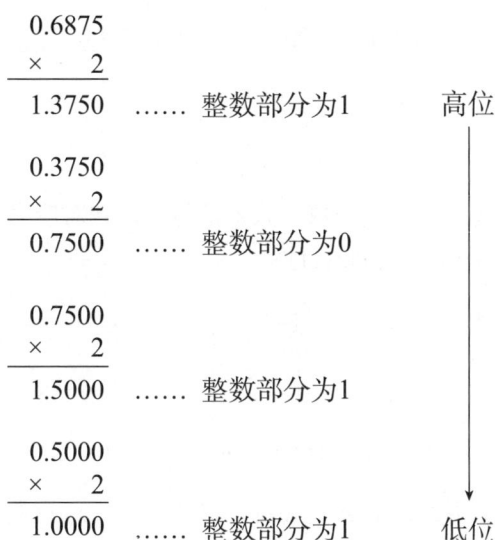

```
        0.6875
      ×     2
        1.3750   …… 整数部分为1     高位

        0.3750
      ×     2
        0.7500   …… 整数部分为0

        0.7500
      ×     2
        1.5000   …… 整数部分为1

        0.5000
      ×     2
        1.0000   …… 整数部分为1     低位
```

　　所转换的结果为（0.6875）$_{10}$=（0.1011）$_2$，因此（36.6875）$_{10}$=（100100.1011）$_2$。

　　②将十进制数转换成八进制数和十六进制数：整数部分和小数部分分别转换，然后再合并。八进制整数部分：除以 8 取余，逆序输出；小数部分：乘以 8 取整，顺序输出。同样的，十六进制是除以 16 取余，乘以 16 取整。

　　【例 1-12】将（171.71875）$_{10}$转换为八进制数。

　　（171）$_{10}$转换为八进制（253）$_8$，（0.71875）$_{10}$转换为八进制（0.56）$_8$，结果为（171.71875）$_{10}$=（253.56）$_8$。

　　（3）二进制数与八进制数相互转换　将二进制数转换成八进制数，方法为：以小数点为基准，整数部分从右向左，小数部分从左向右，每三位一组，不足三位时，整数部分在高端以 0 补齐，小数部分在低端以 0 补齐。然后，把每一组二进制数用一位相应的八进制数表示，小数点位置不变，即得到八进制数。

　　【例 1-13】（11100.1011）$_2$=（34.54）$_8$

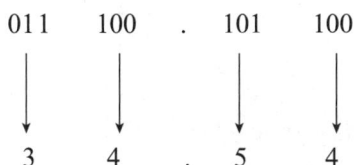

```
    011    100    .   101    100
     ↓      ↓          ↓      ↓
     3      4      .   5      4
```

将八进制数转换成二进制数的方法则是一个相反的过程，即把八进制数中的每一位数都用相应的三位二进制数来代替。

【例 1–14】$(27.16)_8 = (10111.00111)_2$

$$
\begin{array}{cccc}
2 & 7 & .\ 1 & 6 \\
\downarrow & \downarrow & \downarrow & \downarrow \\
010 & 111. & 001 & 110
\end{array}
$$

（4）二进制数与十六进制数相互转换　从二进制数转换为十六进制数，是以 4 位二进制数为一组进行转换。

【例 1–15】$(11100.10111)_2 = (1C.B8)_{16}$

$$
\begin{array}{cccc}
0001\quad 1100 & .\ 1011 & 1000 \\
\downarrow\qquad\downarrow & \downarrow & \downarrow \\
1\qquad C. & B & 8
\end{array}
$$

相反的，将十六进制数转换为二进制数，只要把每一位数对应写成 4 位二进制数即可。

【例 1–16】$(2A.1E)_{16} = (101010.0001111)_2$

$$
\begin{array}{cccc}
2 & A & .\ 1 & E \\
\downarrow & \downarrow & \downarrow & \downarrow \\
0010 & 1010. & 0001 & 1110
\end{array}
$$

（5）八进制数与十六进制数相互转换　在将八进制数与十六进制数相互转换时，可以先将要转换的数转换成二进制数，然后将二进制数转换成另一种进制数。

3. 二进制的运算规则

（1）二进制数据的算术运算　二进制的算术运算包括加法、减法、乘法和除法。

①加法：加法运算法则为：0+0=0，0+1=1，1+0=1，1+1=10（向高位进位）。

【例 1–17】计算 1101+110101，根据加法法则计算结果为 1000010。

$$
\begin{array}{r}
1101 \\
+\ 110101 \\
\hline
1000010
\end{array}
$$

②减法：减法运算法则为：0-0=0，1-1=0，1-0=1，0-1=1（向高位借 1）。

【例 1–18】计算 11011-1100，根据减法法则计算结果为 1111。

$$
\begin{array}{r}
11011 \\
-\ \ \ 1100 \\
\hline
1111
\end{array}
$$

③乘法：乘法运算法则为：$0\times0=0$，$0\times1=0$，$1\times0=0$，$1\times1=1$。

【例 1–19】计算 1011×101，得到结果为 110111。

$$
\begin{array}{r}
1011 \\
\times \quad 101 \\
\hline
1011 \\
0000 \\
1011 \\
\hline
110111
\end{array}
$$

④除法：除法运算法则为：$0 \div 1 = 0$，$1 \div 1 = 1$。

【例1-20】计算 $1100101 \div 1011$，得到的近似值为1001。

$$
\begin{array}{r}
1001 \\
1011\overline{)1100101} \\
1011 \\
\hline
1101 \\
1011 \\
\hline
\end{array}
$$

余数…………　10

（2）二进制的逻辑运算　在计算机中，逻辑量一般用于判断某一事件是否成立，成立为1（真），事件发生；不成立为0（假），事件不发生。逻辑量间的运算称为逻辑运算，结果仍为逻辑量。基本逻辑运算包括与（常用符号 ×、·、∧ 表示）、或（常用符号 +、∨ 表示）、非（常用符号 ˉ 表示）。二进制数的逻辑运算和数学运算不同，只是本位数字进行逻辑运算，不存在进位和借位。

①逻辑与：当一个事件的条件同时具备（为真）时，这一事件才会发生（为真），只要有一个条件不具备（为假），这一事件就不会发生（为假）。

逻辑与运算规则为：$0 \wedge 0 = 0$，$0 \wedge 1 = 0$，$1 \wedge 0 = 0$，$1 \wedge 1 = 1$。

②逻辑或：决定一个事件的条件中，有一个或一个以上条件具备（为真）时，这一事件就会发生（为真），只有当所有条件都不具备（为假），这一事件才不会发生（为假）。

逻辑或运算规则为：$0 \vee 0 = 0$，$0 \vee 1 = 1$，$1 \vee 0 = 1$，$1 \vee 1 = 1$。

③逻辑非：逻辑非运算表示逻辑的否定。逻辑非运算规则为：$\overline{0} = 1$，$\overline{1} = 0$。

4. 信息的计量单位　在计算机内部，数据都是以二进制的形式存储和运算的。计算机数据的表示经常使用以下几个概念。

（1）位　二进制数据中的一位（bit），音译为比特，是计算机存储数据的最小单位。一个二进制位只能表示 0 或 1 一种状态。

（2）字节　字节（byte，B）是计算机数据处理的最基本单位，主要以字节为单位解释信息。一个字节由 8 个二进制位组成，即 1B=8bit。计算机存储器容量大小是以字节数来度量的，经常使用的单位有 B、KB、MB、GB、TB。

1byte=8bit

$1KB = 2^{10}B = 1024B$

$1MB = 2^{10}KB = 2^{20}B$

$1GB = 2^{10}MB = 2^{20}KB = 2^{30}B$

$1TB = 2^{10}GB = 2^{20}MB = 2^{30}KB = 2^{40}B$

1.2.2 数值在计算机中的表示

一个正常的数含有符号位和小数点，数据存储在计算机中，一要受二进制存储空间的位数的限制，二要对符号位和小数点进行处理。符号位的处理是通过符号位的数值化来完成的，而小数点的处理是通过定点数和浮点数来体现的。

1. 机器数与真值 一个带符号的二进制数由两部分组成，即数的符号部分和数的数值部分。符号通常用 "+" 和 "–" 来表示正和负。习惯上，在计算机中用 "0" 表示 "+"，用 "1" 表示 "–"。例如，带符号的数 +1010111 可以表示为 0（符号位）1010111。这种把符号数值化了的数据表示形式称为机器数，把原来带有 "+""–" 的数据表示形式称为真值。

2. 原码反码补码 在计算机中，表示机器数的常用方法有 3 种：原码、反码和补码。在这 3 种机器数的表示形式中，符号部分的规定是相同的，不同的仅是数值部分的表示形式。不同的表示形式，运算的方式也不同。

（1）原码 数值的原码表示方法为：假设数据长度为 n 位二进制数，将最高位用作符号位，其余 $n-1$ 位代表数值本身的绝对值（以二进制形式表示）。例如，假设数据长度为 8 位，+7 的原码为 00000111，–7 的原码为 10000111。

（2）反码 一个正数的反码与原码相同。负数的反码的最高符号位为 1，其余各位为该数绝对值的原码按位取反（1 变 0、0 变 1）。例如，+7 的反码为 00000111，–7 的反码为 11111000。

（3）补码 正数的补码与原码相同。负数的补码等于它的反码加 1。例如，+7 的补码为 00000111，–7 的补码为 11111001。

补码表示法可以将加减法运算统一用加法完成，从而简化机器的运算器电路。

1.2.3 字符在计算机中的表示

文本是计算机中最常见的一种数据形式，包括字母、标点、符号、西文字符和汉字字符等。由于计算机只能直接接受、存储和处理二进制数，所以必须将各种文本信息按照规定的编码转换成二进制数代码。

1. ASCII 码 ASCII 码（American standard code for information interchange，美国标准信息交换码）是由美国国家标准局提出的一种信息交换标准代码，是目前计算机中使用最广泛的西文字符编码。ASCII 虽然是美国国家标准，但已经被国际标准化组织（ISO）认定为国际标准，在世界范围内通用。基本的 ASCII 字符集共有 128 个字符，其中有 96 个可打印字符，包括常用的字母、数字、标点符号等，另外有 32 个控制字符，如表 1-4 所示。

表 1-4　标准 ASCII 字符编码表

$d_3d_2d_1d_0$（低 4 位）	$d_7d_6d_5d_4$ 位（高 4 位）							
	0000	**0001**	**0010**	**0011**	**0100**	**0101**	**0110**	**0111**
0000	NUT	DLE	SP	0	@	P	`	p
0001	SOH	DCI	!	1	A	Q	a	q
0010	STX	DC2	"	2	B	R	b	r
0011	ETX	DC3	#	3	C	S	c	s
0100	EOT	DC4	$	4	D	T	d	t

续表

d₃d₂d₁d₀ (低 4 位)	d₇d₆d₅d₄ 位（高 4 位）							
	0000	0001	0010	0011	0100	0101	0110	0111
0101	ENQ	NAK	%	5	E	U	e	u
0110	ACK	SYN	&	6	F	V	f	v
0111	BEL	TB	,	7	G	W	g	w
1000	BS	CAN	(	8	H	X	h	x
1001	HT	EM	)	9	I	Y	i	y
1010	LF	SUB	*	:	J	Z	j	z
1011	VT	ESC	+	;	K	[	k	{
1100	FF	FS	,	<	L	\	l	|
1101	CR	GS	–	=	M	]	m	}
1110	SO	RS	.	>	N	^	n	~
1111	SI	US	/	?	O	—	o	DEL

$d_3d_2d_1d_0$ 为低 4 位，$d_7d_6d_5d_4$ 位为高 4 位。

【例 1-11】查找字母 A 的 ASCII 码。

要确定某个字符的 ASCII 码，在表中确定其位置后，根据其所在位置的相应列和行，将列中的高位码和行中的低位码合在一起就是该字符的 ASCII 码。从表 1-4 中查得字母 A 的 ASCII 码的高 4 位是 0100，低 4 位是 0001，即 01000001，用十进制表示是 65。按此方法，数字 0 的 ASCII 码是十进制数 48，数字 9 的 ASCII 码是十进制数 57 等。

其中，常用的控制字符的作用如下。

LF（line feed）：换行

SP（space）：空格

CR（carriage return）：回车

DEL（delete）：删除

从表 1-4 中可以看出，十进制码值 0 ～ 32 和 127（即 NUL-US 和 DEL）共 34 个字符称为非图形字符（又称为控制字符），其余 94 个字符称为图形字符（又称为普通字符）。在这些字符中，0 ～ 9、A ～ Z、a ～ z 都是顺序排列的，且小写比大写字母码值大 32，这有利于大、小写字母之间的编码转换。

计算机的内部存储与操作常以字节为单位，即以 8 个二进制位为单位，因此一个字符在计算机内实际是用 8 位表示。正常情况下，最高位为 0。

2. 汉字编码　计算机处理汉字信息时，由于汉字具有特殊性，汉字的输入、存储、处理及输出过程中所使用的汉字代码不同。例如，用于汉字输入的输入码，用于机内存储和处理的机内码，用于输出显示和打印的字模点阵码（或称字形码）。各种汉字编码的关系如图 1-8 所示。

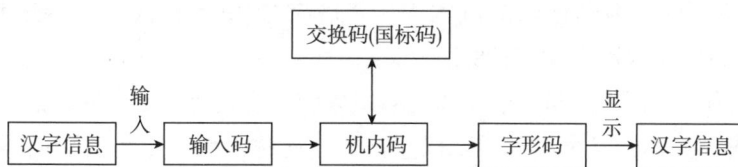

图 1-8　汉字编码的关系

（1）汉字的输入码（外码） 汉字输入码是为了利用现有的计算机键盘，将形态各异的汉字输入计算机而编制的代码，简称外码。目前在我国推出的汉字输入编码方案已多达数百种，其表示形式大多用字母、数字或符号。编码方案大致可以分为三类。

①音码：以汉字拼音为基础，按照汉字的发音进行编码的代码，如全拼码、简拼码、双拼码等。这种输入法的优点是简单易学，几乎不需要专门的训练就可以掌握；缺点是汉字的同音字太多，重码率太高，按字音输入后还要选字，影响输入速度。现在的许多输入法增加了智能组词的功能，如搜狗拼音输入法、紫光拼音输入法等，很好地弥补了这方面的缺陷。

②形码：以汉字字形的固有特点为依据，按汉字书写的形式进行编码的代码，如广泛使用的五笔字型码、郑码等。优点是见字识码，首先拆分汉字，然后对应编码进行组合，对不认识的字也能输入，速度快；缺点是比较难掌握，需专门学习并记住字根，学会拆字和编码规则。

③音形码：以汉字的基本形为主、音为辅，或者以音为主、形为辅的一种音形结合的编码，如自然码。它集中了音、形两种码的特点，取形简单，容易掌握，降低了形码的拆字难度，既具有形码的速度，又具有音码的易学优点。

基于任何一种编码的输入法都是用户输入汉字的手段，在计算机内部都是以汉字的内码表示的。

（2）汉字的国标码、区位码 《信息交换用汉字编码字符集·基本集》是我国于 1980 年制定的国家标准（GB2312-80），是国家规定的用于处理汉字信息代码的依据。GB2312-80 中规定了信息交换用的 6763 个汉字和 682 个非汉字图形符号（包括几种外文字母、数字和符号）。6763 个汉字又按使用频度、组词能力及用途大小分成一级常用汉字 3755 个、二级常用汉字 3008 个。

在此标准中，每个汉字（图形符号）用两个字节表示，每个字节只用低 7 位。由于低 7 位中有 34 种状态是用于控制字符，只有 94（128-34=94）种状态可用于汉字编码。因此，双字节的低 7 位只能表示 94×94=8836 种状态。

国标 GB2312-80 规定，全部国标汉字及符号组成 94×94 的矩阵。在该矩阵中，每一行称为一个"区"，每一列称为一个"位"。这样就组成了 94 个区（01～94 区），每个区内有 94 个位（01～94）的汉字字符集。区码和位码简单地组合在一起（即两位区码居高位，两位位码居低位）就形成了"区位码"。区位码可唯一确定某一个汉字或汉字符号，反之，一个汉字或汉字符号都对应唯一的区位码。例如，汉字"学"的区位码为"4908"（即在 49 区的第 8 位）。

所有汉字及符号的 94 个区划分成如下四个组。

①1～15 区为图形符号区，其中，1～9 区为标准区，10～15 区为自定义符号区。

②16～55 区为一级常用汉字区，共有 3755 个汉字，该区的汉字按拼音排序。

③56～87 区为二级非常用汉字区，共有 3008 个汉字，该区的汉字按部首排序。

④88～94 区为用户自定义汉字区。

汉字区位码和国标码的关系为：区位码（十进制）的两个字节分别转换为十六进制后加 20H 得到对应的国标码，国标码＝区位码的十六进制表示 +2020H。例如，汉字"学"位于 49 区 08 位，区位码为 4908，转换为国标码的过程为：将区位号 4908 转换为十六进制表示为 3108H，3108H+2020H=5128H，得到国标码 5128H。

（3）汉字的机内码 汉字的机内码是供计算机系统内部进行汉字存储、加工处理、传输统一使用的二进制代码，又称为汉字内部码或汉字内码，简称内码。正是由于内码的存在，输入汉字时可以使用不同的编码，输入计算机后再统一转换成内码，不同的系统使用的汉字内码有可能不同。目前使用最广泛的为两个字节的机内码，是将国标 GB2312-80 交换码的两个字节的最高位由 0 变为 1 而得到的，俗称变形的国标码。这种格式的机内码的最大优点是表示简单，且与交换码之间有明显的对应关系，同时也解决了中西文机内码存在二义性的问题。内码转换格式为：机内码 = 国标码 +8080H。例如，"中"的国标码为十六进制 5650，其对应的机内码为十六进制 D6D0；"国"字的国标码为 397A，其对应的机内码为 B9FA。

（4）汉字的字形码　汉字的字形码是汉字字库中存储的汉字字形的数字化信息，用于汉字的显示和打印时产生字形。目前，汉字字形码一般是点阵式字形码（图 1-9）和矢量式字形码两种。

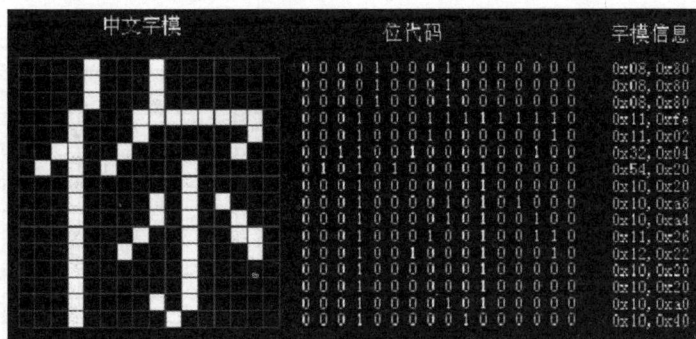

图 1-9　点阵字形

字形码是汉字的输出码，输出汉字时都采用图形方式，无论汉字的笔画多少，每个汉字都可以写在同样大小的方块中。汉字字形点阵有 16×16 点阵、24×24 点阵、48×48 点阵。一个汉字方块中行数、列数分得越多，描绘的汉字也就越精细，但占用的存储空间也就越大。例如，16×16 点阵的含义为：用 256（$16 \times 16 = 256$）个点来表示每个汉字的字形信息。每个点有黑白两种状态，分别用二进制数的 1 和 0 来表示，点阵中所有黑点组成了汉字字形。16×16 点阵的字形码需要用 32 个字节（$16 \times 16 \div 8=32$）表示；24×24 点阵的字形码需要用 72 个字节（$24 \times 24 \div 8=72$）表示。

汉字字形的矢量编码是将汉字视为由笔画组成的图形。把汉字字形分布在精密点阵上，如 256×256 点阵，抽取这个汉字每个笔画的特征作为标值，组合起来得到这个汉字字形的矢量信息。由于每个汉字的轮廓特征差异很大，所以每个汉字字形在矢量字库中所占的长度也不尽相同，从矢量汉字字库读取汉字字形信息要比点阵字库更复杂。

汉字字库是汉字字形数字化后，以二进制文件形式存储在存储器中而形成的汉字字模库。汉字字模库亦称汉字字形库，简称汉字字库。

3.Unicode　Unicode（universal multiple-octet coded character set，统一码）是由硬件及软件的多家主导厂商共同研制开发的，可以容纳全世界所有语言文字的字符编码方案。Unicode 将世界上使用的所有字符都列出来，并给每一个字符一个唯一特定数值，统一地表示世界上的主要文字。目前，Unicode 最多可以支持上百万个字符的编码，足以表示用中文、日文等语言书写的文档资料。

1.2.4 多媒体信息在计算机中的表示

1. 多媒体与多媒体技术　媒体（media）在计算机领域有两种含义：一是指传播信息的载体，如语言、文字、图像、视频、音频等；二是指存贮信息的载体，如 ROM、RAM、磁带、磁盘、光盘等（图 1-10）。目前，多媒体信息的存储载体有移动硬盘、优盘、光盘、网络存储器等。多媒体技术中的媒体主要是指信息传播媒体。

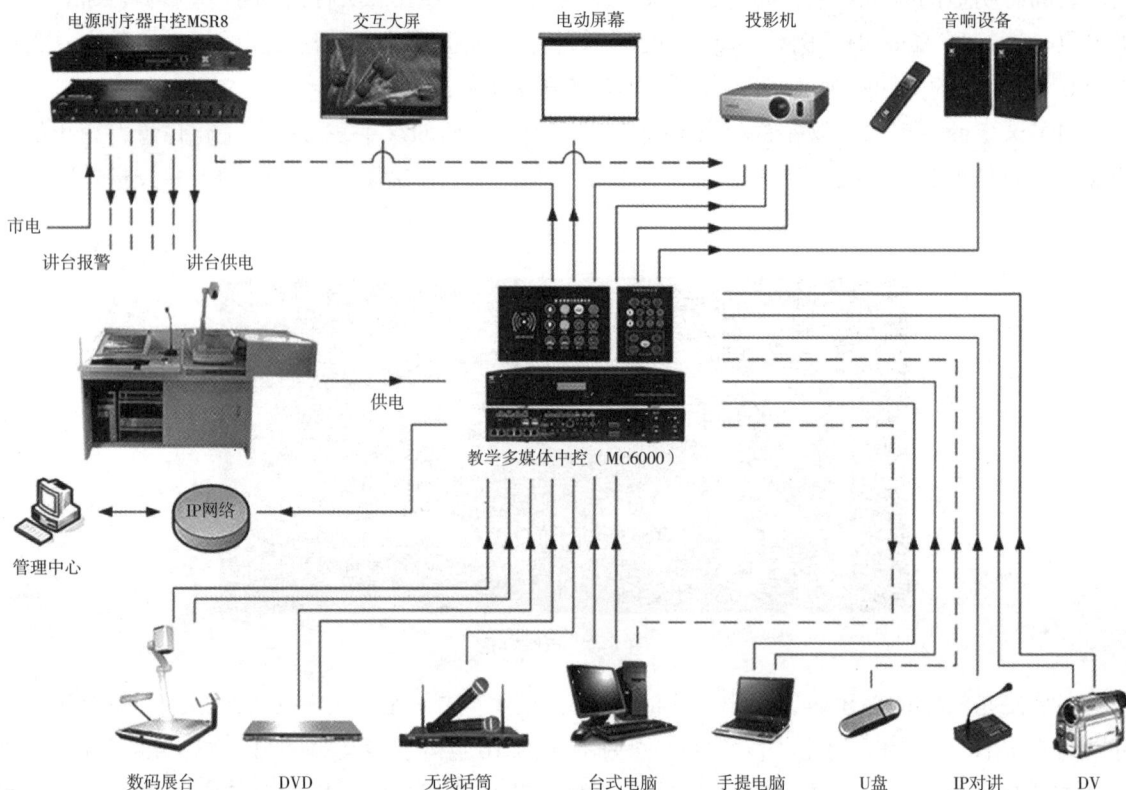

图 1–10　多媒体应用

多媒体一词源自 20 世纪 80 年代初出现的英文单词 multimedia。多媒体就是由媒体复合而成的，是融合两种以上媒体的人机交互式信息交流和传播的媒体。多媒体具有以下特征。

（1）多样性　指信息媒体的多样性，即文本、图形、图像、动画、音频及视频等多种信息。

（2）交互性　交互性指用户可以与计算机的多种信息媒体进行交互操作，从而为用户提供更加有效地控制和使用信息的手段。

（3）集成性　集成性指以计算机为中心综合处理多种媒体信息，包括信息媒体的集成和这些媒体设备的集成。这种集成包括信息的多通道统一获取，多媒体信息的统一存取、组织与合成等方面。硬件方面，具有能够处理多媒体信息的高速及并行 CPU 系统、大容量的存储、适合多媒体多通道的输入输出能力及带宽的通信接口。对软件来说，应该有集成一体化的多媒体操作系统。

（4）媒体信息的数字化　媒体信息的数字化是针对现实中的模拟信号而言的，如我们现实中看到的和听到的信息都是时间上连续的模拟信号。到目前为止，使用最为广泛的计算机依然是数字计算机，因此媒体信息在计算机中主要是以数字化形式存在。图像通过数码相机、扫描仪、绘图软件等输入计算机。常规计算机是用二进制进行信息处理的，在用计算机处理图片之前需要先进行数字化。视频信息由一连串相关的静止图像组成，组成视频的一幅图像称为一个帧，在用计算机进行视频处理时同样需要进行数字化。

（5）媒体信息的实时性　实时性是指多媒体系统对声音和视频等媒体提供实时处理的能力，是指声音、动态图像（视频）随时间变化，各种信息有机结合，同步出现。在多媒体信息远程传输中，多路多媒体信息传输的实时性尤为重要，解决的常用方案是打包、多线程机制、多内存轮流。流媒体（streaming media）是一种新兴的网络传输技术，包括流媒体数据采集、视/音频编解码、存储、传输、播放等领域。流媒体的体系构成包括：编码工具，用于创建、捕捉和编辑多媒体数据，形成流媒体格式；流媒体数据；服务器，用于存放和控制流媒体的数据；适合多媒体传输协议甚至实时传输协议的网络；播放器，供客户端浏览流媒体文件。

多媒体技术就是利用计算机把文字、图形、图像、动画、声音及视频等媒体信息数字化，并将其有机集成在一定的交互式界面上，使计算机具有交互展示不同媒体形态的功能。多媒体技术利用计算机技术把文本、图像、图形、动画、音频及视频等多种媒体综合一体化，使之建立起逻辑上的联系，并能够对它们获取、编码、编辑、处理、存储、传输、再现。

多媒体技术的出现极大地改变了人们获取信息的方式及阅读方式。多媒体技术被广泛应用于人们生产生活当中，包括咨询、图书、教育、通信、军事、金融、医疗等诸多行业，并潜移默化地改变着人们生活的面貌。

2. 多媒体信息处理技术

（1）数字压缩技术　数字化时代数据的存储容量相当庞大，这给存储器、通信干道及计算机的处理速度带来了极大的压力。为了解决这一问题，单纯靠扩大存储容量和增加传输带宽会使成本大大提高，对多媒体数据进行压缩编码是解决存储和传输问题的有效途径。采用恰当的编码算法对图像、音频和视频进行压缩，既能节省存储空间，又能提高通信介质的传输效率，同时也使计算机实时处理和播放多媒体信息成为可能。

多媒体数据的压缩技术主要分为无损压缩和有损压缩两种。

无损压缩是利用数据的统计冗余进行压缩，可完全恢复原始数据而不引起任何失真，但压缩率受到数据统计冗余度的理论限制，一般为2：1到5：1。这类方法广泛用于文本数据、程序和特殊应用场合的图像数据（如指纹图像、医学图像等）的压缩。由于压缩比的限制，仅使用无损压缩方法不可能解决所有图像和数字视频的存储和传输问题。经常使用的无损压缩方法有Shannon-fano编码、Huffman编码、游程（run-length）编码、LZW（lempel-ziv-welch）编码、算术编码等。

有损压缩利用人类对图像或声波中的某些频率成分不敏感的特性，允许压缩过程中损失一定的信息。虽然不能完全恢复原始数据，但是所损失的部分对理解原始图像的影响小，而换来的是较大的压缩比。有损压缩广泛应用于语音、图像和视频数据的压缩。在多媒体应用中，常见的压缩方法有PCM（脉冲编码调制）、预测编码、变换编码等。如多媒体中音频格式mp3、wma，图像格式jpg，视频格式rm、rmvb、wmv等采用的都是有损压缩。

（2）数字音频处理技术

1）数字音频的概念：声音是一种波，最简单的声音表现为正弦波。表述正弦波需要三个物理参数：一是振幅，即振动的大小，用于衡量声音产生的压力大小，代表声音的强度；二是周期，即振动的间隔；三是频率，用于衡量声音每秒振动的次数，声音的振幅是连续值。

多媒体技术处理的声音主要是人耳可听到的20Hz～20kHz频率范围内的音频信号。频率低于20Hz的声音叫作"次声"，高于20kHz的声音叫作"超声"。频率范围被称为"频带"或"带宽"。不同种类的声源产生的声音频带也不相同。人的说话声，即话音或语音，频带为200～3400Hz。现实世界中人可感知的其他声音，如音乐声、风雨声、汽车声等，频带为20Hz～20kHz。

数字音频信号是多媒体技术主要采用的音频形式，自然界的声音、语音和音乐都能通过数字音频信号来表达。由于数字音频信号本身可以通过计算机进行加工和处理，使得音频效果更加丰富完美，因此广泛应用于多媒体展示系统、多媒体广告、视频特技等领域。

①模拟音频与数字音频：以模拟录音等方式所获得的连续音频信号即为模拟音频信号，模拟音频信号经量化后所得到的离散数据就是数字音频信号。

②音频的数字化：将连续的模拟声音信号转换成计算机可处理的二进制数字编码的过程称为声音信号的数字化。声音的数字化过程包括采样、量化和编码三个过程。

采样是按照固定的时间间隔截取音频信号的振幅值，所以采样是把时间上连续的信号转换成时间上离散的信号。量化是把每个样本从模拟量转换成数字量。量化的是声音的幅值，即声音的大小。编码就是将量化后的整数值用二进制数来表示。为减少数据量，编码时往往要进行数据压缩，以便于计算机存储和处理及在网络上进行传输等。

2）数字音频文件格式：数字化音频文件依据编码方式的差别形成不同的格式。音频格式数不胜数，而且还在不断丰富中。为了方便用户使用和传播，主张采用符合国际统一标准或由行业权威机构制定并得到广大用户承认的格式。目前常用的声音文件有以下类型。

① WAV 格式：这是 Windows 系统存储数字声音的标准格式，主要用在 PC 上。该格式目前已成为一种通用的数字声音文件格式，几乎所有的音频处理软件都支持 WAV 格式。由于 WAV 格式存放的是未经压缩的音频数据，所以文件占用空间很大（如 1 分钟的 CD 音质需要 10MB），不适于在网络上传播。

② MIDI 格式：MIDI（musical instrument digital interface）是计算机描述乐谱的语言，是数字乐器与计算机通信的国际标准。在 MIDI 文件中存储的是一些指令，把这些指令发送给声卡，由声卡按照指令将声音合成出来。

③ CDA 格式：即 CD–DA 文件，在 Windows 环境中使用 CD 播放器播放。其采样率为 44.1kHz，每个采样值使用 16 位二进制存储。这种文件的特点是音质好，但数据量大。

④ WMA 和 ASF 格式：WMA 和 ASF 都是微软公司开发的新一代网上流式数字音频压缩技术。特点是同时兼顾了保真度和网络传输要求。这种格式在录制时可调节音质，音质堪比 CD，压缩率较高，可以用于网络传播。

⑤ RA 和 RM 格式：这两种扩展名的音频文件是 Real 公司开发的流式声音文件，可一边下载一边播放。流式文件可以随着网络带宽的不同而改变声音的质量，在保证大多数人听到流畅声音的前提下，令带宽较大的听众获得较好的音质。

⑥ VQF 格式：VQF 是日本 YAMAHA 公司购买 NTT 公司的技术而开发的一种音频压缩格式。它的压缩比高于 MP3，音质也好于 MP3。但由于 VQF 是 YAMAHA 公司的专有格式，能支持播放这种格式的播放器相当有限，所以普及程度不如 MP3。

⑦ MP3 格式：MP3 就是一种采用 MPEG–1 层 3 编码的高质量数字音乐，它能以 10 倍左右的压缩比降低高保真数字声音的存储量，码率为每秒 112 ～ 128kb（每分钟约 1MB），一张普通 CD 光盘上可以存储大约 100 首 MP3 歌曲。MP3 支持声音和数据的复合，播放音乐时，可播放或显示其他相关信息。MP3 是目前最流行的音乐格式，WinAMP 软件播放 MP3 非常出色，也可使用 MP3 随身听等来播放。

从音质角度，对常见声音的回放效果做一个简单的比较，由好至差的顺序为：MIDI+ 电子乐器 > 音乐 CD > WMA > MP3 > RA。

WAV 文件格式最为通用，能适合各种应用程序和场合；WMA 与 RA 都具有流媒体特性，适合网上实时收听，但 WMA 音质比 RA 要高很多。

（3）数字视频处理技术

1）数字视频的概念：视频信息是来源于现实世界的运动画面和伴随画面的音频信息的总称，一般可以通过摄像机拍摄而产生，各种电视画面是最常见的视频形式。与音频信号相似，按照存储与处理方式的不同，视频信号同样分为模拟视频和数字视频。模拟视频信号是以连续的模拟信号方式存储、处理和传输的视频信息，所用的存储介质、处理设备及传输网络都是模拟的。传统的电视技术即为模拟视频技术。在20世纪50年代，以模拟视频信息为基础的电视技术开始兴起，之后随着计算机技术和数字信号处理技术的飞速发展，从20世纪70年代起，数字视频技术逐步发展，到20世纪90年代以后，网络技术的发展给数字视频技术带来了新的机遇和广阔的应用领域。由于数字视频的诸多优点，目前，模拟视频正在逐步被数字视频所取代，并且应用到了许多新的领域。

2）数字视频文件格式：数字视频以文件形式保存在计算机的硬盘中。由于视频数据的来源及压缩、编码方式等方面的不同，数字视频有多种文件格式，下面介绍主要的视频文件格式。

①音频视频交错格式（audio video interleaved，AVI）：AVI格式是将语音和影像同步组合在一起的文件格式。它于1992年被Microsoft公司推出，随Windows 3.1一起被人们所熟知。AVI支持256色和RLE压缩，这种视频格式的优点是图像质量好，可以跨多个平台使用；其缺点是体积过于庞大，并且压缩标准不统一，导致高版本Windows媒体播放器播放不了采用早期编码技术的AVI格式视频，而低版本Windows媒体播放器又播放不了采用最新编码技术的AVI格式视频。因此，用户在进行一些AVI格式的视频播放时，常会出现由于视频编码问题而造成视频不能播放，或者即使能够播放，但存在不能调节播放进度和播放时只有声音没有图像等一些莫名其妙的问题。不过，这些问题可以通过下载相应的解码器来解决。

②活动图像专家组（moving picture experts group，MPEG）：MPEG是专门制定多媒体国际标准的一个组织。该组织成立于1988年，由全世界大约300名多媒体技术专家组成。该格式包括MPEG视频、MPEG音频和MPEG系统（视、音频同步）三个部分。

MPEG压缩标准是针对运动图像而设计的，基本方法：在单位时间内采集并保存第一帧信息，然后只存储其余帧相对第一帧发生的变化，以达到压缩目的。MPEG压缩标准可实现帧之间的压缩，其平均压缩比可达50∶1，压缩率比较高，且又有统一的格式，兼容性好。

③高级串流格式（advanced streaming format，ASF）：ASF是Microsoft为Windows 98所开发的串流多媒体文件格式。音频、视频、图像以及控制命令脚本等多媒体信息通过这种格式以网络数据包的形式传输，实现流式多媒体内容发布。其中，在网络上传输的内容称为ASF串流格式。ASF支持任意的压缩/解压缩编码方式，并可以使用任何一种底层网络传输协议，具有很大的灵活性。

④WMV格式：WMV格式是Microsoft推出的另一种流媒体格式，是ASF格式升级延伸出来的。在同等视频质量下，WMV格式的体积非常小，很适合在网络播放和传输。WMV文件一般同时包含视频和音频部分。视频部分使用Windows Media Video编码，音频部分使用Windows Media Audio编码。

⑤RM与RMVB格式：RealNetworks公司所制定的音频和视频压缩规范主要包含RealAudio、RealVideo和RealFlash三部分。其中RealAudio用来传输接近CD音质的音频数据，RealVideo用来传输不间断的视频数据，RealFlash是一种高压缩比的动画格式。

RM（real media）格式的主要特点：文件小，但画质仍能保持得相对良好，适于在线播放；可以根据不同的网络传输速率制定出不同的压缩比率，从而实现在低速率网络上进行影像数据实时传送和播放。

RMVB 格式是在流媒体的 RM 格式上升级延伸而来。VB 即 VBR，是 variable bit rate（可改变之比特率）的英文缩写。RMVB 打破了原先 RM 格式平均压缩采样的方式，在保证平均压缩比的基础上，设定了一般为平均采样率两倍的最大采样率值。将较高的比特率用于复杂的动态画面（歌舞、飞车、战争等），而在静态画面中则灵活地转为较低的采样率，合理地利用了比特率资源，使 RMVB 在牺牲少部分察觉不到的影片质量情况下，最大限度地压缩了影片的大小，最终拥有了近乎完美的接近于 DVD 品质的视听效果。

⑥ MOV 格式：MOV 即 QuickTime 影片格式，是 Apple 公司开发的一种音频、视频文件格式，用于存储常用数字媒体类型，如音频和视频。QuickTime 支持领先的集成压缩技术，提供150 多种视频效果，并配有提供了 200 多种 MIDI 兼容音响和设备的声音装置。无论是在本地播放还是作为视频流格式在网上传播，它都是一种优良的视频编码格式。QuickTime 采用了有损压缩方式的 MOV 格式文件，所以具有跨平台、存储空间要求小等技术特点，其画面效果较 AVI 格式要稍好一些。到目前为止，它共有 4 个版本，其中以 4.0 版本的压缩率最好。这种编码支持 16位图像深度的帧内压缩和帧间压缩，帧率每秒 10 帧以上。目前，某些非线性编辑软件可以对它进行处理，其中包括 Adobe 公司的专业级多媒体视频处理软件 Aftereffect 和 Premiere。

习题

一、选择题

1. 第二代电子计算机的主要电子元器件是（　　　）

　　A. 电子管　　　　　　　　　　　　　　B. 晶体管

　　C. 继电器　　　　　　　　　　　　　　D. 集成电路

2. 计算机可分为模拟计算机和数字计算机两种，这种分类是依据（　　　）

　　A. 信息的数据处理类型　　　　　　　　B. 使用范围

　　C. 性能　　　　　　　　　　　　　　　D. 工作模式

3. 利用计算机来模仿人的高级思维活动，如智能机器人、专家系统等，被称为（　　　）

　　A. 科学计算　　　　　　　　　　　　　B. 数据处理

　　C. 人工智能　　　　　　　　　　　　　D. 过程控制

4. 有关信息的采集、传输、处理、控制、存储的设备和系统的技术被称为（　　　）

　　A. 信息基础技术　　　　　　　　　　　B. 信息系统技术

　　C. 信息应用技术　　　　　　　　　　　D. 信息采集技术

5. 计算机内部采用二进制表示信息，其主要原因不包括（　　　）

　　A. 电路简单　　　　　　　　　　　　　B. 工作可靠

　　C. 逻辑性强　　　　　　　　　　　　　D. 符合习惯

6. 下列四组数依次为二进制、八进制和十六进制，符合要求的是（　　　）

　　A. 11，78，19　　　　　　　　　　　　B. 12，77，10

　　C. 11，77，1E　　　　　　　　　　　　D. 12，80，10

7. 在下列一组数中，数值最小的是（　　　）

　　A. 1789D　　　　　　　　　　　　　　B. 1FFH

　　C. 10100001B　　　　　　　　　　　　D. 227O

8. 计算机中存储容量的单位之间，其换算公式正确的是（　　　）

A. 1KB=1024MB   B. 1TB=220KB

C. 1MB=1024KB   D. 1MB=1024GB

9.（　　）表示法可以将加减法运算统一为用加法完成，从而简化机器的运算器电路。

A. 原码   B. 补码

C. 反码   D. ASCII 码

10. 在计算机中，对汉字进行传输、处理和存储时使用汉字的（　　　　）

A. 字形码   B. 国标码

C. 输入码   D. 机内码

11. 以下叙述正确的是（　　　　）

A. 解码后的数据与原数据不一致称为无损压缩编码

B. 编码时删除一些无关紧要数据的压缩是无损压缩

C. 解码后的数据与原数据不一致是有损压缩

D. 编码时删除一些冗余数据的方法是无损压缩

12. 以下哪种文件类型不是计算机中使用的声音文件格式（　　　　）

A.WAV   B.MP3   C.TIF   D.MID

二、填空题

1. 按应用范围可以将计算机分为_____和专用计算机。

2. 目前，主要的信息技术有计算机技术、通信技术和控制技术，合称为_____。

3. _____是反映客观事物存在方式和运动状态的记录，是信息的载体。

4. 计算机内部的所有数据均采用_____表示。

5. 将二进制数 01100100B 转换成十六进制数是_____。

6. 十进制数 237.75 的二进制表示是_____。

7. 小数在计算机中通常有定点数和_____两种表示方法。

8. _____是计算机数据处理的最基本单位。

9. 汉字"大"的区位码为 1453H，其机内码为_____H。

10. 24×24 点阵的汉字，其字形占_____字节。

11. 扩展名 ovl、gif、bat 中，代表图像文件的扩展名是_____。

12. 数据压缩算法可分无损压缩和_____压缩两种。

13. 在计算机音频处理过程中，将采样得到的数据转换成一定的数值，以进行转换和存储的过程称为_____。

三、简答题

1. 简述计算机的发展阶段及发展趋势。

2. 列举计算机在信息社会的主要应用。

3. 简述在计算机内部使用二进制数表示信息的主要原因。

4. 在汉字信息处理系统中存在哪些编码方式？

5. 计算机中常用的进位计数制有哪些？简述其各自特点。

6. 多媒体包含哪些特征？

2 计算机系统

扫一扫，查阅本章数字资源，含PPT、音视频、图片等

2.1 计算机系统概述

一个完整的计算机系统包括硬件系统和软件系统两大部分。硬件系统是计算机系统中由电子、机械和光电类器件组成的各种计算机部件和设备的总称，是组成计算机的物理装置，是计算机完成各项工作的物质基础。软件系统是在计算机硬件设备上运行的各种程序、相关文档和数据的总称。计算机硬件系统和软件系统共同构成一个完整的计算机系统，它们相辅相成，缺一不可。计算机系统的组成如图 2-1 所示。

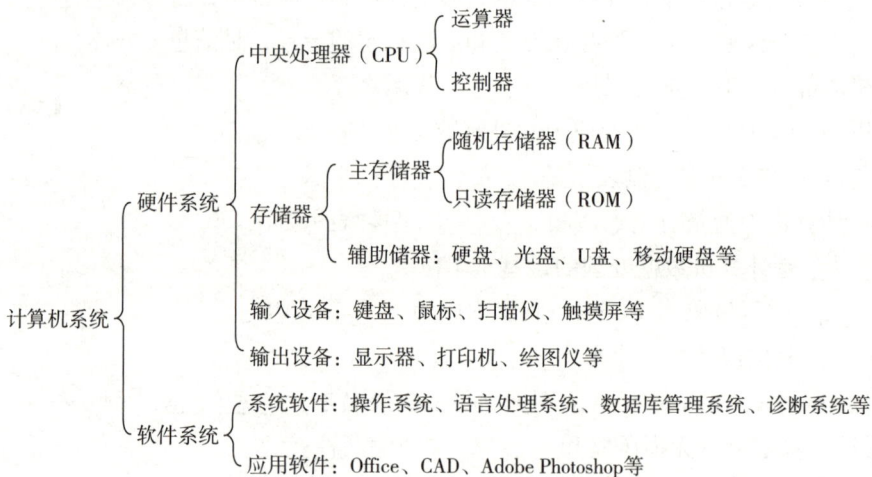

图 2-1　计算机系统的组成

2.2 计算机硬件系统

1946 年，美籍匈牙利数学家冯·诺依曼等人在题为《电子计算机结构逻辑设计的初步探讨》一文中，深入系统地阐述了以"存储程序"概念为指导的计算机逻辑设计思想（存储程序原理），勾勒出了一个完整的计算机体系结构。冯·诺依曼的这一设计思想是计算机发展史上的里程碑，标志着计算机时代的真正开始，冯·诺依曼也因此被誉为"现代计算机之父"。现代计算机虽然在结构上有多种类别，但就其本质而言，多数都是基于冯·诺依曼提出的计算机体系结构理念，因此，也被称为冯·诺依曼型计算机。

冯·诺依曼型计算机的基本思想：①计算机硬件应包括运算器、控制器、存储器、输入设备和输出设备五大基本部件。②计算机内部应采用二进制来表示指令数据。每条指令一般具有一个操作码和一个地址码。其中操作码表示运算性质，地址码表示操作数在存储器的位置。③将编好的程序和原始数据送入内存储器中，然后启动计算机工作，计算机可在不需要操作人员干预的情况下，自动逐条取出指令并执行任务。

2.2.1 计算机硬件系统组成

冯·诺依曼提出的计算机"存储程序"工作原理决定了计算机硬件系统由五大部分组成，即运算器、控制器、存储器、输入设备、输出设备，如图2-2所示。

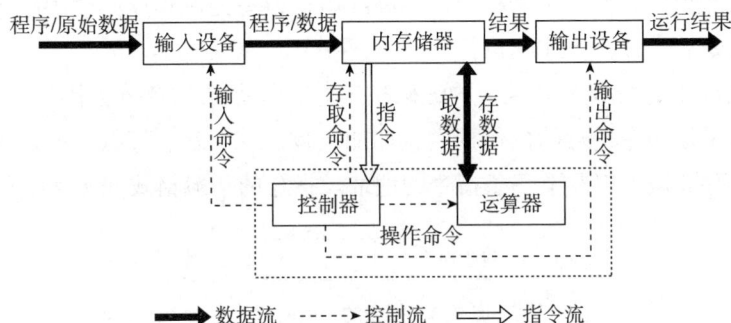

图2-2　冯·诺依曼型计算机硬件体系

1. 运算器　运算器是整个计算机系统的计算中心，主要由执行算术运算和逻辑运算的算术逻辑单元（arithmetic logic unit，ALU）、存放操作数和中间结果的寄存器及连接各部件的数据通路组成，用以完成程序指令指定的基于二进制数的加、减、乘、除等算术运算和与、或、非等基本逻辑运算。

2. 控制器　控制器是整个计算机的指挥中心，主要由程序计数器（PC）、指令寄存器（IR）、指令译码器（ID）、时序控制电路和微操作控制电路等组成。在系统运行过程中，控制器不断生成指令地址、取出指令、分析指令、向计算机的各个部件发出操作控制信号，指挥各个部件高速协调地工作。

运算器和控制器合称为中央处理器（central processing unit，CPU），是计算机的核心部件。

3. 存储器　存储器是用来存储数据和程序的部件。计算机可根据需要随时向存储器存取数据。向存储器存放数据，称为"写入"；从存储器取出数据，称为"读出"。存储器中有许多存储单元，每一个单元可以存放一个字或字节的信息。为了使计算机能识别这些单元，每个存储单元有一个编号，称为"地址"。存储器的工作方式就是根据存储单元的地址来实现对所要存储的字或字节进行存（写入）和取（读出），通常称为按地址访问存储器。地址是识别存储器中不同存储单元的唯一标志。存储在计算机中的信息都是以二进制代码形式表示的，必须使用具有两种稳定状态的物理器件来存储信息。这些物理器件包括磁芯、半导体器件、磁表面器件等。

4. 输入设备　输入设备用于输入人们要求计算机处理的数据、字符、文字、图形、图像、声音等信息，以及处理这些信息所必需的程序，并将它们转换成计算机能接受的形式（二进制代码）。

5. 输出设备　输出设备用于将计算机处理结果或中间结果以人们可识别的形式（如显示、打印、绘图等）表达出来。

2.2.2 计算机工作原理

按照冯·诺依曼型计算机体系结构，数据和程序存放在存储器中，控制器根据程序中的指令序列进行工作，简单地说，计算机的工作过程就是运行程序指令的过程。

1. 计算机指令　指令是能被计算机识别并执行的二进制代码，它规定了计算机能完成的某一种操作。例如，加、减、乘、除、存数、取数等都是一个基本操作，分别用一条指令来完成。一台计算机所能执行的全部指令的集合称为该计算机的指令系统。

计算机硬件只能识别并执行机器指令，用高级语言编写的源程序必须由程序语言翻译系统把它们翻译为机器指令后，计算机才能执行。

计算机指令系统中的命令都有规定的编码格式。一般一条指令分为操作码和地址码两部分。其中，操作码规定了该指令进行的操作种类，如加、减、乘、除、存数、取数等；地址码给出了操作数地址、结果存放地址以及下一条指令的地址。指令的一般格式如图 2-3 所示。

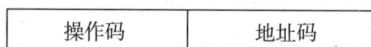

操作码	地址码

图 2-3　指令的一般格式

2. 计算机的工作原理　计算机在工作过程中主要有两种信息流：数据信息和指令控制信息。数据信息指的是原始数据、中间数据和结果数据等，这些信息从存储器进入运算器进行运算，所得的运算结果再存入存储器或传递到输出设备等。指令控制信息是由控制器对指令进行分析、解释后向各部件发出的控制命令，指挥各部件协调地工作。

指令的执行过程可分为以下步骤。

（1）取指令。即按照指令计数器中的地址从内存储器中取出指令，并送往指令寄存器中。

（2）分析指令。即对指令寄存器中存放的指令进行分析，由操作码确定执行什么操作，由地址码确定操作数的地址。

（3）执行指令。即根据分析的结果，由控制器发出完成该操作所需要的一系列控制信息，完成该指令所要求的操作。

（4）执行指令的同时，指令计数器加 1，为执行下一条指令做好准备。

2.2.3 计算机的性能指标

计算机是由多个组成部分构成的一个复杂系统。计算机的性能涉及体系结构、软硬件配置、指令系统等多种因素，技术指标繁多，涉及面广，需要结合多种因素综合分析，通常主要有下列技术指标。

1. 主频　主频是指计算机中 CPU 的时钟频率（CPU clock speed），也就是 CPU 运算时的工作频率。一般来说，主频越高，一个时钟周期里完成的指令数也越多，CPU 的速度也就越快。由于微处理器发展迅速，微型计算机（简称"微型机""微机"）的主频也在不断提高，目前流行的 CPU 时钟频率的单位是 GHz。

2. 字长　字长是指计算机运算一次能同时处理的二进制数据的位数。计算机的字长越长，计算机处理信息的效率就越高，计算机的运算精度就越高，计算机所能识别的指令数量就越多，功能也就越强。通常，字长是 8 位的整倍数，如 8 位、16 位、32 位、64 位等。

3. 存储容量　存储容量是衡量计算机存储能力的一个指标，包括内存容量和外存容量，这里主要指内存的容量。显然，内存容量越大，机器所能运行的程序就越大，处理能力就越强。微机所配置的内存容量不断提高，从早期的 640KB 增加到目前的 8GB、16GB，甚至更大。

4. 存取周期 存取周期是存储器进行一次完整的操作（读或写）所需要的全部时间，是存储器进行两次连续、独立的操作之间所需的最小间隔时间，是影响整个计算机系统性能的主要指标之一。存取周期越短，则存取速度越快，但对存储元件及工艺的要求也越高。

5. 运算速度 计算机的运算速度通常是指每秒钟所能执行加法的指令数目，常用百万次/秒（MIPS）来表示。这个指标能更直观地反映计算机的运算速度。影响机器运算速度的因素很多，一般来说，主频越高，运算速度越快；字长越长，运算速度越快；内存容量越大，运算速度越快；存取周期越小，运算速度越快。

衡量一台计算机性能的指标很多，除上面列举的五项主要指标外，还应考虑 CPU 的核心数和线程数，机器的外设扩展能力和兼容性，系统的可靠性（平均无故障工作时间 MTBF）、系统的可维护性（平均修复时间 MTTR）等。另外，性能价格比也是一项综合评价计算机性能的指标。

2.2.4 微型计算机硬件系统

微型计算机又称为个人电脑（PC），属于第四代计算机。微机的一个突出特点是利用大规模集成电路和超大规模集成电路技术，将运算器和控制器制作在一个集成电路芯片上（微处理器，即 CPU）。微机具有体积小、重量轻、功耗少、可靠性高、对使用环境要求低、价格便宜、易于批量生产等特点，从而得以迅速普及、深入到社会的各个领域，是计算机发展史中又一个里程碑。图 2-4 是微型计算机（台式机、笔记本）的外形。

图 2-4 微型计算机外形

1. 微型计算机的基本结构 微型计算机硬件的系统结构与冯·诺依曼型计算机在结构上无本质的差异，微处理器、主存储器、输入/输出接口之间采用总线连接，如图 2-5 所示。

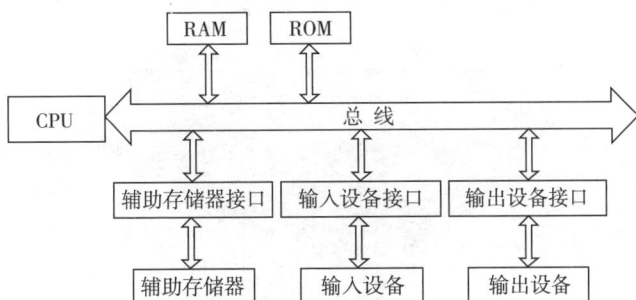

图 2-5 微型计算机的结构示意图

总线是将计算机各个部件联系起来的一组公共信号线。计算机采用总线结构形式，具有系统结构简单、系统扩展及更新容易、可靠性高等优点，但由于必须在部件之间采用分时传送操作，降低了系统的工作速度。微型机中总线一般有内部总线、系统总线和外部总线之分。内部总线指芯片内部连接各元件的总线。系统总线指连接微处理器、存储器和各种输入输出模块等主要部件的总线。外部总线则是微型机和外部设备之间的总线。

系统总线根据传送的信号类型可分为数据总线、地址总线和控制总线。

（1）数据总线（data bus，DB）　用于传送数据信息。数据的含义是广义的，可以是真正的数据，也可以是指令代码或状态信息，有时甚至是一个控制信息。数据总线的宽度（根数）决定了每次能同时传输信息的位数，是决定计算机性能的一个重要指标。目前，微型计算机的数据总线大多是 32 位或 64 位。

（2）地址总线（address bus，AB）　是专门用来传送地址信息的。地址总线的宽度决定了微处理器能访问的内存空间大小。一般来说，若地址总线为 n 位，则可寻址空间为 2^n 字节，如某款微处理器有 32 根地址线，则最多能访问 4GB（2^{32}B）的内存空间。

（3）控制总线（control bus，CB）　用于传输控制信息，进而控制对内存和输入输出设备的访问。

2. 微型计算机的硬件组成　从外观上看，一套基本的微机硬件由主机箱、显示器、键盘、鼠标组成，还可增加一些外部设备，如打印机、扫描仪、音视频设备等。在主机箱内部，包括主板、CPU、内存、硬盘、光盘驱动器、各种接口卡（适配卡）、电源等。对于计算机硬件的选购，不能只追求高配置、高性能，应根据用途考虑合理的性能价格比。如一般的办公应用，选用主流标准配置即可；音乐编辑创作，则要考虑选择高性能的音频处理部件；图像影视编辑制作，则要考虑选择图形处理器、大容量存储器、高端显示器、高性能显示卡等部件。

（1）主板　主板（main board）又称为系统板、母板或电脑板，是微机的核心连接部件，是其他部件组装和工作的基础。主板的主要功能有三个：一是传输各种电子信号，部分芯片也负责初步处理一些外围数据；二是提供插接微处理器、内存条和各种功能卡的插槽，部分主板甚至将一些功能卡（如显卡、声卡、网卡等）集成在主板上；三是为各种常用外部设备，如键盘、鼠标、显示器、打印机、扫描仪、硬盘、U 盘等提供通用接口。主板采用了开放式结构，主板上大都有 6 ~ 15 个扩展插槽，供外部设备的控制卡（适配器）插接。微机硬件系统的其他部件都是直接或间接通过主板相连接，主板实物如图 2-6 所示。

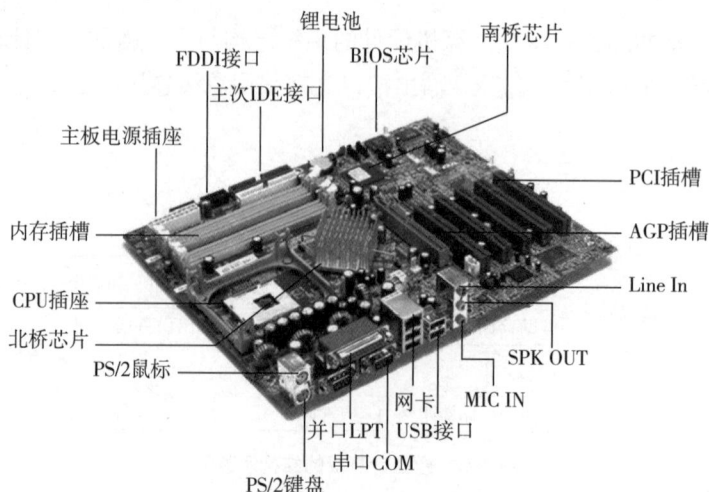

图 2-6　电脑主板实物

主板由以下几部分组成。

①主板芯片组：主板芯片组（chipset）是主板的核心组成部分，联系 CPU 和其他周边设备的运作。对于主板而言，芯片组几乎决定了这块主板的功能，进而影响整个电脑系统性能的发挥，芯片组是主板的灵魂。芯片组性能的优劣决定了主板性能的好坏与级别的高低。主板芯片组通常包含北桥芯片和南桥芯片。北桥芯片主要负责 CPU、内存和显卡三者间的通信，南桥芯片则负责硬盘等存储设备和 PCI 总线接口之间的通信。

②BIOS 芯片：基本输入输出系统（basic input/output system，BIOS）芯片保存着计算机系统中的基本输入输出程序、系统设置信息、自检程序和系统启动自举程序等。现在主板的 BIOS还具有电源管理、CPU 参数调整、系统监控和病毒防护等功能。BIOS 为计算机提供最基本、最直接的硬件控制功能。

③CMOS 芯片：互补金属氧化物半导体（complementary metal oxide semiconductor，CMOS）芯片用来存放系统硬件配置和一些用户设定的参数，如计算机是从硬盘启动还是从光盘启动等。若参数丢失，系统将不能正常启动，必须对其重新设置。设置方法是系统启动时按设置键（通常是 Del 或 F2 键）进入 BIOS 设置窗口，在窗口内进行 CMOS 的设置。CMOS 开机时由系统电源供电，关机时靠主板上的电池供电。在电池正常工作的前提下，即使关机，CMOS 中的数据也不会丢失。

④CPU 插槽和内存插槽：主板上的 CPU 插槽是一个方形的插座，用来安装 CPU，不同型号的主板，其 CPU 接口的规格不同，接入的 CPU 类型也不同。从连接方式来看，有对应于 CPU的 PGA（针栅阵列）和 LGA（栅格阵列）封装方式两种主流接口类型。内存插槽是指主板上用来插内存条的插槽，主板所支持的内存种类和容量都由内存插槽来决定。

⑤硬盘接口：硬盘接口可分为 IDE（integrated drive electronics，电子集成驱动器）接口和SATA（serial advanced technology attachment，串行高级技术附件）接口。在型号较老的主板上，一般集成 2 个接口，可以插接两个 IDE 硬盘。而新型主板上，IDE 接口代之以 SATA 接口，主要用作硬盘接口，提高了硬盘的读写速度。

⑥扩展插槽：扩展插槽是主板上用于固定扩展卡并将其连接到系统总线上的插槽。扩展槽是一种添加或增强电脑特性及功能的方法。常见扩展插槽的种类有 PCI、AGP、PCI Express 等。PCI 插槽可以插接声卡、网卡和多功能卡等设备。AGP 插槽主要针对图形显示进行优化，在 PCIExpress 出现之前，AGP 显卡较为流行，其传输速度最高可达到每秒 2.1GB。PCI Express（ peripheralcomponent interconnect express）是一种高速串行计算机扩展总线标准，是由英特尔在 2001 年提出的，旨在替代旧的 PCI、PCI-X 和 AGP 总线标准，未来的主流扩展插槽是 PCI Express 插槽。

⑦外部接口：主板的外部接口也是主板上非常重要的组成部分，通常位于主板的侧面，通过外部接口可以将电脑的外部设备与主机连接起来。常见的外部接口包括 USB 接口、音频输入输出接口、PS/2 键鼠接口、RJ45 接口（网口）、HDMI、VGA 等。部分接口专门用于连接特定的设备，多数端口具有通用性，可以连接多种外部设备。

（2）CPU 控制器和运算器合称为 CPU（central processing unit，中央处理器）。CPU 是计算机系统中必备的核心部件，在微机系统中特指微处理器芯片，由运算器、控制器、寄存器、高速缓存及实现它们之间联系的内部总线构成。

寄存器是 CPU 内部的临时存储单元，是最靠近 CPU 的控制单元和逻辑计算单元的存储器。

高速缓存的出现主要是为了解决 CPU 运算速度与内存读写速度不匹配的矛盾。随着 CPU 主频的不断提高，它的处理速度也越来越快，其他设备根本赶不上 CPU 的速度，没办法及时将需要处理的数据交给 CPU，于是高速缓存便出现在 CPU 上。当 CPU 在处理数据时，高速缓存就用来存储一些常用或即将用到的数据或指令，当 CPU 需要这些数据或指令的时候直接从高速缓存中读取，而不用再到内存甚至硬盘中去读取，如此一来可以大幅提升 CPU 的处理速度。缓存（cache）可分一级缓存（L1 cache）和二级缓存（L2 cache），部分高端 CPU 还具有三级缓存（L3 cache），从而大大提高 CPU 的处理速度。

目前主流 CPU 一般是由 Intel 和 AMD 两个厂家生产的，在设计技术、工艺标准和参数指标上存在差异，但都能满足微机的运行需求。CPU 的外观如图 2-7 所示。

图 2-7　Intel 酷睿 i7 和 AMD Athlon 正反面

（3）存储器　存储器（memory）是计算机的重要组成部件，使计算机系统具有极强的"记忆"能力，能够把大量计算机程序和数据存储起来。有了它，计算机才能"记住"信息，并按程序的规定自动运行。

存储器按功能可分为主存储器（简称主存）和辅助存储器（简称辅存）。主存是相对存取速度快而容量小的一类存储器，辅存则是相对存取速度慢而容量大的一类存储器。

主存储器也称为内存储器（简称内存），内存直接与 CPU 相连接，是计算机中主要的工作存储器，当前运行的程序与数据存放在内存中。内存是电脑中的主要部件，它是相对于外存而言的。我们平常使用的程序，如 Windows 操作系统、聊天软件、游戏软件等，一般都是安装在硬盘等外存上的，但仅此是不能使用其功能的，必须把它们调入内存中运行，才能真正使用其功能。内存的特点是存取速度快，通常我们把要永久保存的、大量的数据存储在外存上，而把一些临时的或少量的数据和程序放在内存上。内存的好坏会直接影响计算机的运行速度。

辅助存储器也称为外存储器（简称外存）。计算机执行程序和加工处理数据时，外存中的信息按信息块或信息组先送入内存后才能使用，即计算机通过外存与内存不断交换数据的方式使用外存中的信息。

一个存储器所包含的字节数称为该存储器的容量，简称存储容量。存储容量通常用 KB、MB、GB 或 TB 表示，换算关系为 1KB=1024B，1MB=1024KB，1GB=1024MB，1TB=1024GB。

随着 CPU 速度的不断提高和软件体量的不断扩大，人们希望存储器能同时满足速度快、容量大、价格低的要求。实际上这一点很难办到，解决这一问题的较好方法是设计一个快慢搭配、具有层次结构的存储系统。图 2-8 显示了微机存储系统的层次结构，它呈现金字塔形结构，越往上存储器件的速度越快，CPU 的访问频度越高；同时，每位存储容量的价格也越高，系统的拥有量越小。从图 2-8 中可以看到，CPU 中的寄存器位于该塔的顶端，有最快的存取速度，但数量极为有限；向下依次是高速缓存、主存储器、辅助存储器；位于塔底的存储设备容量最大，单位存储容量的价格最低，但速度可能也是较慢或最慢的。

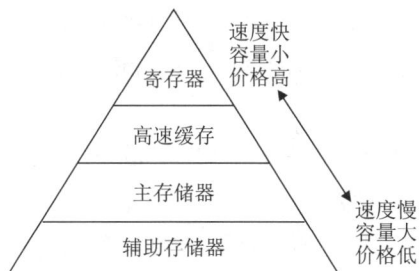

图 2-8　微机存储系统的层次结构

　　现代微型计算机中的内存储器一般使用半导体存储器，而外存储器主要采用硬磁盘、光盘、磁带等。

　　1）内存储器：由于半导体存储器具有存取速度快、集成度高、体积小、功耗低、应用方便等优点，一般广泛地用作微型计算机的内存储器。按存取方式分类，可以分为随机存取存储器（random access memory，RAM）和只读存储器（read only memory，ROM）两大类。

　　①随机存取存储器：RAM 也称读 / 写存储器，即 CPU 在运行过程中能随时进行数据的读出和写入。这种存储器用于存放用户装入的程序、数据及部分系统信息（如操作系统、各种应用软件、输入数据、输出数据、中间计算结果以及与外存交换的信息等）。由于 RAM 用半导体器件组成，依赖电容器存储数据，一旦断电，信息就会丢失，所以不能永久保留。通常人们所说的微机内存容量就是指 RAM 存储器的容量，一款 DDR3 内存条的正面和反面如图 2-9 所示，内存在主板上固定好后的效果如图 2-10 所示。

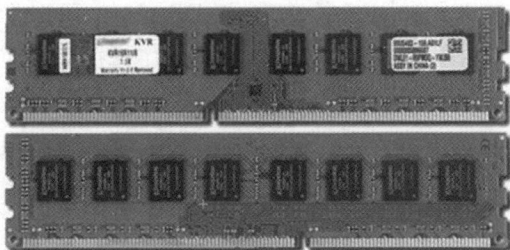

图 2-9　一款 DDR3 内存条的正面和反面

图 2-10　内存在主板上固定好后的效果

　　②只读存储器：ROM 是只能读出而不能随意写入信息的存储器。ROM 中的内容是由厂家制造时用特殊方法写入的，或者要利用特殊的写入器才能写入。ROM 中的信息只能被 CPU 随机读取，而不能由 CPU 任意写入。当计算机断电后，ROM 中的信息不会丢失。当计算机重新被加电

后，其中的信息保持不变，仍可被读出。ROM 适宜那些固定不变、不需修改的程序和数据，如存放计算机启动的引导程序、启动后的检测程序、系统最基本的输入输出程序、时钟控制程序以及计算机的系统配置和磁盘参数等重要信息。

2）外存储器：微机常用的外存储器是软磁盘（简称软盘）、硬磁盘（简称硬盘）、固态硬盘和光盘，下面介绍常用的几种外存储器。

①软盘：计算机常用的软盘按尺寸划分有 5.25 英寸盘（简称 5 寸盘）和 3.5 英寸盘（简称 3 寸盘），软盘使用塑料盘片，因其容量小、易损坏，现已被淘汰。

②硬盘：从数据存储原理和存储格式上看，硬盘与软盘完全相同。但硬盘的磁性材料是涂在金属、陶瓷或玻璃制成的硬盘基片上，而软盘的基片是塑料的。硬盘相对软盘来说，存储空间较大，现在的硬盘容量可以达到 1TB 以上。硬盘的外观及内部构造如图 2-11 所示。

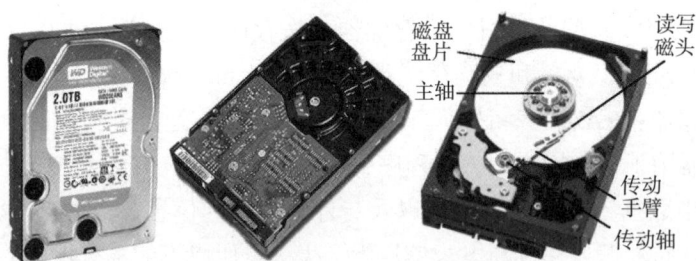

图 2-11 硬盘的外观及内部构造

③固态硬盘：固态硬盘（solid state disk 或 solid state drive，SSD）也称作电子硬盘或者固态电子盘（图 2-12），是由控制单元和固态存储单元（DRAM 或 Flash 芯片）组成的硬盘。固态硬盘的存储介质分为两种，一种是采用闪存（Flash 芯片）作为存储介质，另一种是采用 DRAM 作为存储介质，目前绝大多数固态硬盘采用的是闪存介质。存储单元负责存储数据，控制单元负责读取、写入数据。由于固态硬盘没有普通硬盘的机械结构，也不存在机械硬盘的寻道问题，因此系统能够在低于 1 毫秒的时间内对任意位置存储单元完成输入 / 输出操作。

图 2-12 固态硬盘

固态硬盘相比机械硬盘具有以下优点。

优点一：存取速度快。固态硬盘没有磁头，采用快速随机读取，延迟极小，无论是启动系统还是运行大型软件，固态硬盘的速度相比主流机械硬盘都有了质的飞跃。

优点二：防震抗摔。固态硬盘内部不存在任何机械活动部件，不会发生机械故障，也不怕碰撞、冲击、振动，即使在高速移动甚至伴随翻转倾斜的情况下也不会影响正常使用，在笔记本电脑发生意外掉落或与硬物碰撞时能够将数据丢失的可能性降到最小。

优点三：发热低、零噪声。由于没有机械马达，闪存芯片发热量小，工作时噪声值为 0 分贝。

优点四：体积小。相比传统的机械硬盘，固态硬盘体积更小，重量更轻，更方便携带。

固态硬盘的缺点如下。

缺点一：成本高，容量小。相比机械硬盘，一般的固态硬盘容量小得多，价格方面也较昂贵，目前一个固态硬盘的价格是机械硬盘的 3 ～ 5 倍。

缺点二：寿命相对短。一般闪存的固态硬盘写入寿命为 1 万～ 10 万次，特制的可达 100 万～ 500 万次，但固态硬盘在系统的写入上会很容易超过这个数量。

缺点三：可靠性相对低。固态硬盘数据损坏后是难以修复的，目前的数据修复技术基本不可能在损坏的芯片中恢复数据，而在机械硬盘中还能挽回一些数据。

随着用户对固态硬盘需求的扩大和闪存芯片制作工艺的提升与技术的成熟，硬盘价格会逐步降低，寿命也会大大增加。在未来一段时间，固态硬盘将与机械硬盘共存，但最终固态硬盘会取代机械硬盘。

④光盘：与磁盘相比，光盘是通过光盘驱动器中的光学头用激光束来读写的。用于计算机系统的光盘主要有只读光盘（CD-ROM）、一次写入光盘 CD-R（CD-recorder 或 CD-recordable）、可擦写光盘 CD-RW（CD-rewritable）、DVD 光盘和蓝光光盘（blue-ray disc）。光盘与光盘驱动器如图 2-13 所示。

图 2-13　光盘与光盘驱动器

光驱依靠激光的投射与反射原理来实现数据的存储与读取。光驱的主要技术指标是倍速。光驱信息读取的速率标准是 150kB/s，光驱的读写速率 = 速率 × 速率倍速系数，如 40 倍速光驱是指光驱的读取速率为 150kB/s × 40=6000kB/s。目前常用的光驱倍速是 8 倍速、16 倍速、24 倍速、40 倍速、48 倍速、52 倍速。

刻录机用光盘可分为 CD-R 光盘和 CD-RW 光盘两种。CD-R 只能一次写入资料，CD-RW 盘片可以反复多次刻录资料，但擦写次数一般都是有限的。CD-R 刻录机的读取速度一般为 40 倍速、48 倍速、52 倍速或更高，而写入速度通常为 16 倍速或 40 倍速。

DVD 技术在标准确认之初的全名为 digital video disc，因 DVD 的涵盖规模已超过当初设定的视频播映范围，因此后来有人提出了新的名称：digital versatile disc，即用途广泛的数字化存储光盘媒体，可译为 "数字多功能光盘" 或 "数字多用途光盘"。它集计算机技术、光学记录技术和影视技术等为一体，目的是满足人们对大存储容量、高性能存储媒体的需求。DVD 光盘不仅已在音 / 视频领域得到广泛应用，而且将会带动出版、广播、通信等行业的发展。

⑤移动存储器：移动存储器体积小、容量大、读写速度快、操作简单，不需要专门的驱动器，使用方便。常见的移动存储器有闪速存储器（flash memory，简称 U 盘）和移动硬盘两种，

如图 2-14 所示。

U 盘：也称为优盘或闪盘，存储量从 2GB 到 256GB 之间，通过微机的 USB 接口连接，可以带电热插拔。U 盘中无任何机械式装置，抗震性能极强。因其具有操作简单、携带方便、容量大、用途广泛的优点，正在成为最便携的存储器件。

移动硬盘：体积稍大，携带方便，而且容量比 U 盘更大，一般在数百 GB 到数 TB，可以满足大量数据的存储和备份，也逐渐成为重要的数据存储设备。

图 2-14　移动存储器

（4）输入设备　输入设备是向计算机输入数据和信息的设备，是用户和计算机系统之间进行信息交换的主要装置之一。计算机能够接收各种各样的数据，既可以是数值型的数据，也可以是各种非数值型的数据，如图形、图像、声音等都可以通过不同类型的输入设备输入到计算机中。输入设备有鼠标、摄像头、扫描仪、手写笔、游戏杆、语音输入装置等。

①键盘：键盘是字符和数字的输入装置，是一种最基本的输入设备。键盘的种类繁多，目前常见的有 101 键、102 键和 104 键的键盘，键盘的基本形状如图 2-15 所示。键盘可划分为主键盘区、功能键区、光标控制键区、小键盘数字区。有些厂家还增加一些特殊的功能键，比如上网键、关机键等。

主键盘区：也称为打字键区，一般与通常的英文打字机键相似，包括字母键、数字键、符号键和控制键等。其中，控制键又由 "Shift" 键、字母锁定键 "CapsLock"、制表键 "Tab"、退格键 "Backspace"、回车键 "Enter"、空格键、换码键 "Esc"、控制组合键 "Ctrl" 和 "Alt"、Windows 徽标键等组成。

功能键区：功能键 F1 ～ F12 也称可编程序键，可以编制一段程序来设定每个功能键的功能，不同的软件可赋予功能键不同的功能。

光标控制键区：也称编辑控制键区，包括删除键 "Delete"、插入键 "Insert"、暂停键 "Pause"、屏幕复制键 "PrintScreen" 等。

小键盘数字区：主要用于数字的连续输入和其他的控制操作。

图 2-15　键盘

②鼠标：鼠标是一种流行的输入设备，它可以方便准确地移动光标进行定位，因其外形酷似老鼠而得名。

目前常用的鼠标为光电式鼠标。其对光标进行控制的是鼠标底部的两个平行光源，当鼠标在特殊的光电板上移动时，光源发出的光经反射后转化为移动信息，控制光标移动。光电鼠标不容易磨损，能在大部分的物体表面上工作。

比较新颖的鼠标有无线鼠标和3D振动鼠标。无线鼠标使用户摆脱了电线的束缚，操作空间更加自由，只要无线鼠标和主机的距离在有效距离（数米）之内即可正常工作。无线鼠标如图2-16所示。3D振动鼠标是一种新型的鼠标器，它不仅可以当作普通鼠标器使用，而且具有全方位立体控制能力和振动功能，即触觉回馈功能。

图 2-16　无线鼠标外观

常用的有双键和三键鼠标，还有的在双键鼠标两键中间设置了一个或两个（水平、垂直）滚轮，滑动滚轮为快速浏览屏幕窗口信息提供了方便。

③扫描仪：扫描仪是一种计算机外部仪器设备，是通过捕获图像并将之转换成计算机可以显示、编辑、存储和输出的数字化输入设备，如图2-17所示。

图 2-17　扫描仪

扫描仪对目标进行光学扫描，然后将光学图像传送到光电转换器中变为模拟电信号，又将模拟电信号变换成数字电信号，最后通过计算机接口送至计算机中。在扫描仪获取图像的过程中有两个元件起到关键作用，一个是电荷耦合器件（charge coupled device，CCD），它将光信号转换成电信号；另一个是模数（A/D）变换器，它将模拟电信号转换成数字电信号。这两个元件的性能直接影响扫描仪的整体性能。

分辨率是扫描仪最主要的技术指标，它表示扫描仪对图像细节的表现能力，即决定了扫描仪所记录图像的细致度，其单位为 PPI（pixels per inch），通常用每英寸长度上扫描图像所含有像素点的个数来表示。目前大多数扫描仪的分辨率在 300～2400PPI。PPI 数值越大，扫描的分辨率越高，在一定范围内，扫描图像的品质越高。

灰度级表示图像的亮度层次范围。级数越多，扫描仪图像亮度范围越大，层次越丰富，目前多数扫描仪的灰度为 256 级。

色彩位数表示彩色扫描仪所能产生颜色的范围，通常用表示每个像素点颜色的数据位数即比特（bit）表示，越多的比特位数可以表现越复杂的图像信息。

此外，扫描速度也能体现扫描仪的性能差异。扫描速度与分辨率、内存容量、存取速度以及显示时间、图像大小有关，通常用指定分辨率和图像尺寸下的扫描时间来表示。

④手写笔：手写笔一般由两部分组成，一部分是与电脑相连的写字板，另一部分是在写字板上写字的笔。手写板上有连接线，接在电脑的串口，有些还要使用键盘孔获得电源，即将其上面的键盘口的一头接键盘，另一头接电脑的 PS/2 输入口。现在的手写笔内安装了电池，并采用了一些特殊技术，不需要连接到写字板，称为无线手写笔。

因为不需要学习输入法，手写笔对于不喜欢使用键盘或者不习惯使用中文输入法的人来说是非常有用的。手写笔还可以用于精确制图，例如可用于电路设计、CAD 设计、图形设计、自由绘画等。

⑤数码相机：数码相机（图 2-18）是一种利用电子传感器把光学影像转换成电子数据的照相机，它的出现改变了以往将图像输送到计算机的方法，拍摄的照片自动存储在相机内部的芯片或者存储卡中，然后通过一根串口缆线、USB 缆线或者存储媒介本身输入计算机中。

数码相机的主要技术指标有 CCD 最大像素、变焦、镜头孔径和存储卡容量等。

⑥数码摄像机：简单地说，数码摄像机（图 2-19）工作的基本原理就是光 - 电 - 数字信号的转变与传输，即通过感光元件将光信号转变成电流，再将模拟电信号转变成数字信号，由专门的芯片进行处理和过滤后得到的信息还原出来就是我们看到的动态画面了。

图 2-18　数码相机　　　　　　　　图 2-19　数码摄像机

数码摄像机按照用途可分为广播级机型、专业级机型、消费级机型，按照存储介质可分为磁带式、光盘式、硬盘式、存储卡式。

此外，触摸屏、麦克风、摄像头等也作为输入设备被广泛应用于计算机。

（5）输出设备　输出设备是计算机的终端设备，用于把各种计算结果数据或信息以数字、字符、图像、声音等形式表示出来。常见的有显示器、打印机、绘图仪、影像输出系统、语音输出系统、磁记录设备等。

1）显示器和显示适配卡：显示器又称监视器（monitor），是计算机系统最常用的输出设备。

它的类型很多，根据显像管的不同可分为三种类型：阴极射线管（CRT）显示器、液晶（LCD）显示器和发光二极管（LED）显示器。显示器的外观如图 2-20 所示。

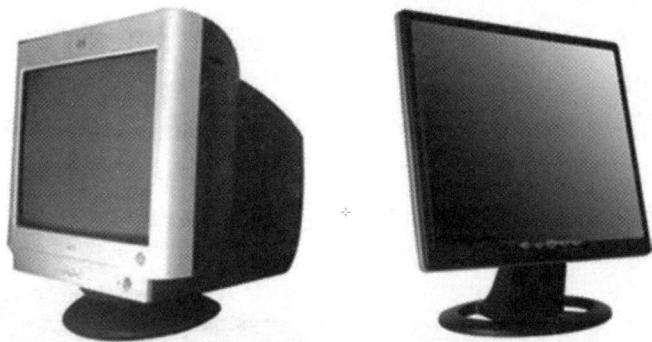

图 2-20　阴极射线管（CRT）显示器（左）和液晶（LCD）显示器（右）外观

目前常用的显示器是 LCD 显示器，即液晶显示器，优点是机身薄、占地小、辐射小。在显示器内部有很多液晶粒子，它们有规律地排列成一定的形状，并且它们每一面的颜色都不同，分为红色、黄色、蓝色。这三原色能还原成任意其他颜色，当显示器收到显示数据的时候，控制每个液晶粒子转动到不同颜色的面以组合成不同的颜色和图像。

此外，随着技术的发展，新一代 LED 显示器正在迅速崛起，它是一种通过控制半导体发光二极管的方式来显示各种信息的显示屏幕。LED 显示器以色彩鲜艳、动态范围广、亮度高、寿命长、工作稳定可靠等优点成为更具优势的新一代显示媒体。

衡量显示器的好坏主要有两个重要指标：一个是像素点距，另一个是分辨率。

①点距：点距是相邻像素中两个颜色相同的磷光体间的距离。点距越小，显示出来的图像越细腻。

②分辨率：即屏幕图像的精密度，是指显示器所能显示的像素的多少。我们可以把显示器想象成一个大型的棋盘，而分辨率的表示方式就是每一条水平线的数据乘上垂直线的数据。以 1024×768 的分辨率来说，指在水平方向上有 1024 个像素，在垂直方向上有 768 个像素。乘积越大，分辨率就越高，图像就越清晰。常用的分辨率有 1024×768、1280×1024 等。

显示适配卡简称显示卡或显卡，是微机与显示器之间的一种接口卡。显示器必须配置正确的显卡才能构成完整的显示系统。显卡主要用于处理图形数据并传输给显示器而控制显示器的数据组织方式。显卡的性能决定显示器的成像速度和效果。

图 2-21 所示为一款某型号显卡的外观。

图 2-21　显卡的外观

目前主流的显卡是具有 2D、3D 图形处理功能的 AGP 接口或 PCI-E 接口的显卡，由图形加速芯片（graphics processing unit，GPU，图形处理单元）、随机存取存储器（显存或显示卡内存）、数据转换器、时钟合成器以及基本输入 / 输出系统五大部分组成。

显示内存（简称显存）是待处理的图形数据和处理后的图形信息的暂存空间，当前常见的显存容量有 512MB、2GB、4GB、8GB 等。

2）声频卡与音响：声频卡（sound card 或 audio frequency interface）也叫声卡。它是计算机进行声音处理的适配器，功能是把电脑的数字信号转换成我们能听到的模拟信号。音响主要用于声音的输出，让用户可以听到声音效果。声卡和音响的外观如图 2-22 所示。

图 2-22　声卡和音响的外观

声卡有 3 个基本功能：一是音乐合成发音功能；二是混音器（mixer）功能和数字声音效果处理器（DSP）功能；三是模拟声音信号的输入和输出功能。声卡处理的声音信息在计算机中以文件的形式存储。声卡工作时应有相应的软件支持，包括驱动程序、混频程序（mixer）和播放程序等。

3）打印机：打印机也是计算机系统中常用的输出设备，可以分为撞针式（击打式）和非撞针式（非击打式）两种。

目前我们常用的打印机有点阵打印机、喷墨打印机和激光打印机 3 种。

①点阵打印机：又称为针式打印机，有 9 针、12 针和 24 针三种。针数越多，针距越密，打印出来的字就越美观。目前针式打印机主要应用于银行、税务、商店等票据打印。

②喷墨打印机：它是通过喷墨管将墨水喷射到普通打印纸上而实现字符或图形的输出，优点是打印精度较高、噪声低、价格便宜，缺点是打印速度慢，墨水消耗量大，日常维护费较高。

③激光打印机：激光打印机具有精度高、打印速度快、噪声低等优点，已成为办公自动化的主流产品。激光打印机的一个重要指标是 DPI（每英寸点数），即分辨率。分辨率越高，打印机的输出质量越好。

衡量打印机优劣的指标有三项：打印分辨率、打印速度和噪声。常见的打印机如图 2-23 所示。

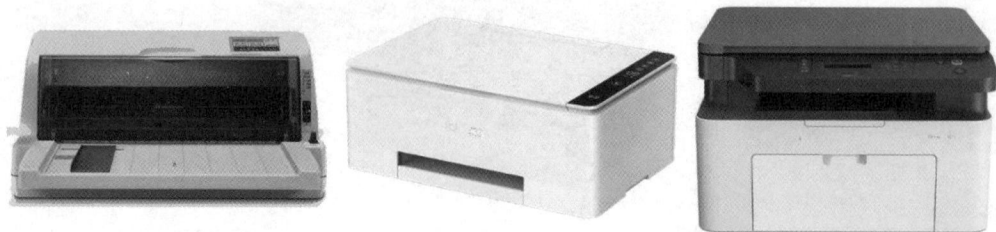

图 2-23　针式打印机（左）、喷墨打印机（中）、激光打印机（右）外观

4）3D打印机：3D打印（3D printing）其实是一种快速成形技术，以数字模型文件为基础，运用粉末状塑料、树脂、陶瓷、金属等可黏合材料，通过逐层打印的方式来构造物体。

每一层的打印过程分为两步。首先在需要成形的区域喷洒一层液态黏合剂，然后喷洒一层均匀的粉末，粉末遇到黏合剂会迅速固化黏结，这样在一层液态黏合剂一层粉末的交替下，实物被逐渐打印成形。也可以采用基于激光烧结技术的打印方式：按形状先喷洒一层粉末，然后通过激光高温烧结后，再喷洒一层粉末，再通过激光高温烧结，层层累加，打印出实物。

基于3D打印技术，完成3D打印工作的设备称为3D打印机（3D printer）。最早的3D打印机出现在20世纪80年代，近几年得到了广泛关注和快速发展。从长远来看，3D打印将会冲击基于车床、钻头、冲压机、制模机等工具的传统制造业。但从目前看，由于受到打印材料、打印性能、打印成本和打印速度等因素的制约，主要还是用于产品模型、设计样品、玩具、装饰品等的打印，还难以规模化打印实用产品。图2-24为某型号3D打印机。

图2-24　3D打印机外观

5）绘图仪：绘图仪也是常用的输出设备。绘图仪在绘图软件的支持下可以在绘图纸上绘制精确度较高的图形，是各种计算机辅助设计与辅助制造不可缺少的工具。绘图仪一般是由驱动电机、插补器、控制电路、绘图台、笔架、机械传动等部分组成。绘图仪除了必要的硬设备外，还必须配备丰富的绘图软件。只有软件与硬件结合起来，才能实现自动绘图。绘图仪的性能指标主要有绘图笔数、图纸尺寸、分辨率、接口形式及绘图语言等。目前常见的绘图仪有笔架绘图仪、喷墨绘图仪和激光绘图仪等。

需要注意的是，辅助存储器（外存储器）可以将存储的信息输入到主机，主机处理后的数据也可以存储到辅助存储器（外存储器）中，因此辅助存储器（外存储器）设备既可以作为输入设备，也可以作为输出设备。

2.3 计算机软件系统

计算机软件是计算机的灵魂，它可以对硬件进行管理、控制和维护，只有硬件没有软件的计算机称为"裸机"。软件是用户与硬件之间的接口界面，用户主要是通过软件与计算机进行交流，软件是计算机系统设计的重要依据。

为了方便用户，使计算机系统具有较高的总体效用，在设计计算机系统时，必须全局考虑软件与硬件的结合，以及用户要求和软件要求。计算机软件由程序、数据和有关的文档组成。程序是指令序列符号的表示，文档是软件开发过程中建立的技术资料，程序是软件的主体。现在人们使用的计算机都配备了各式各样的软件，软件的功能越强，使用起来越方便。

软件系统一般由系统软件和应用软件组成（图2-25）。系统软件更为通用，通常是独立于应用的，用来处理以计算机为中心的任务，支持基本的计算机功能，如操作系统。应用软件主要用来完成面向用户的某些特定应用，如股票和超市收银系统等。

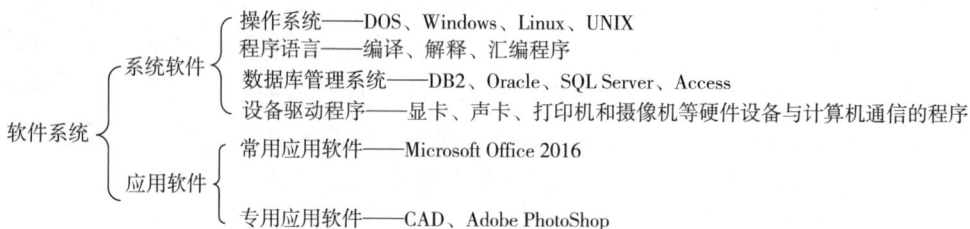

```
                      ┌ 操作系统——DOS、Windows、Linux、UNIX
             系统软件 ┤ 程序语言——编译、解释、汇编程序
                      │ 数据库管理系统——DB2、Oracle、SQL Server、Access
软件系统 ┤            └ 设备驱动程序——显卡、声卡、打印机和摄像机等硬件设备与计算机通信的程序
                      ┌ 常用应用软件——Microsoft Office 2016
             应用软件 ┤
                      └ 专用应用软件——CAD、Adobe PhotoShop
```

图 2-25 软件系统的组成

2.3.1 软件基础知识

1. 常用系统软件　系统软件负责管理计算机系统中各种独立的硬件，使它们可以协调工作。系统软件使计算机使用者和其他软件将计算机作为一个整体，而不需要顾及每个硬件是如何工作的。系统软件主要包括操作系统、软件开发环境以及一系列基本的工具，如编译器、诊断工具、驱动管理、网络连接等软件。

（1）操作系统　操作系统是管理计算机硬件与软件资源的程序，是底层的系统软件，同时也是计算机系统的内核与基石。操作系统身负管理与配置内存、决定系统资源供需的优先次序、控制输入与输出设备、操作网络与管理文件系统等基本事务，使计算机系统所有资源最大限度地发挥作用。操作系统也提供一个让用户与系统交互的操作接口，为用户提供方便、有效、友善的服务界面。目前流行的操作系统有 Windows、Linux、UNIX 等。

（2）编程语言　编程语言是指一组由关键字和语法规则构成，计算机可以最终处理或执行的指令。编程语言可以分为低级语言和高级语言，低级语言又分为机器语言和汇编语言。

①机器语言：机器语言是由二进制代码"1"和"0"组成的机器指令，执行速度快，效率高。机器语言要求程序员为底层的计算机硬件编写指令，程序编写麻烦、难度大，修改调试都不方便。

②汇编语言：汇编语言是为了解决机器语言难认、难记等缺点，采用一些能反映指令功能的助词符号来代替机器指令的符号语言。虽然如此，用汇编语言编程仍然有复杂、可移植性差等缺点。汇编语言常用于编写一些系统软件，如编译器、设备驱动程序等。

③高级语言：高级语言是一种独立于机器的算法语言。其表达方式接近于人们日常使用的自然语言和数学表达式，并且有一定的语法规则。高级语言编写的程序运行要慢一些，但是编程简单易学、可移植性好、可读性强。常见的高级语言有 C、C++、C#、Java 等。

除机器语言以外，采用其他程序设计语言编写的程序，计算机都不能直接运行，这种程序被称为源程序，必须将源程序翻译成等价的机器语言程序，即目标程序，才能被计算机识别和执行，承担把源程序翻译成目标程序工作的是语言处理程序。

将汇编语言程序翻译成目标程序的语言处理程序称为汇编程序。将高级语言程序翻译成目标程序有两种方式：解释方式和编译方式，对应的语言处理程序也就是解释程序和编译程序。

解释程序：接受用某种程序设计语言（如 Basic 语言）编写的源程序，然后对源程序的每个语句逐句进行解释并执行，最后得出结果。

编译程序：将用高级语言所编写的源程序翻译成与之等价的用机器语言表示的目标程序，其过程称为编译。编译后与子程序库链接，形成一个完整的可执行程序。这种方式较费时，但可执行程序运行速度很快，如 C 语言就采用这种方法。

（3）数据库管理系统　数据库管理系统（DBMS）是一种操纵和管理数据库的大型软件，用于建立、使用和维护数据库。它对数据库进行统一的管理和控制，以保证数据库的安全性和完整性。用户通过 DBMS 访问数据库中的数据，数据库管理员也通过 DBMS 进行数据库的维护工作。它可以支持多个应用程序和用户用不同的方法在同时或不同时刻去建立、修改和询问数据库。

（4）设备驱动程序　设备驱动程序是一种可以使计算机和设备通信的特殊程序，可以说相当于硬件的接口。操作系统只有通过这个接口才能控制硬件设备的工作，假如某设备的驱动程序未能正确安装，便不能正常工作。设备驱动程序是运行在后台的程序，通常不会在屏幕上打开窗口。

例如，用户购买打印机后，通常需要安装厂家提供的驱动程序，或选择预装了的驱动程序。打印时，驱动程序会在后台运行以将数据传送到打印机，在出问题（如打印机未连接、打印纸用尽）时，驱动程序才会提示用户。

2. 常用应用软件　应用软件是为了某种特定用途而被开发的软件。应用软件的类型最多，功能包括从一般文字处理到大型的科学计算，再到各种控制系统的实现等。

（1）办公软件　办公软件通常是指各种能够帮助人们提高工作效率的应用软件。办公软件最常用的应用有文字处理、电子表格、日程安排等。最著名、市场占有率最高的办公软件包是微软的 Microsoft office，其中包括文字处理软件 Word、电子表格软件 Excel、演示软件 PowerPoint、网页制作软件 FrontPage、数据库系统管理软件 Access 及电子邮件软件 Outlook 等，如表 2-1 所示。

表 2-1　办公软件的主要类别和功能

类别	功能	主流软件
文字处理软件	文字处理、桌面排版	WPS、Word
电子表格软件	数据管理、运算、分析和处理	Excel
演示软件	幻灯片制作和放映	PowerPoint
网页制作软件	网页设计、制作、发布、管理	FrontPage

（2）图形图像处理软件　矢量图形软件适于编辑和绘制有规律的线条组成的图形，尤其适用于图标设计、图形绘制、文字设计、表格制作及版式编排等。图像处理软件主要用于调节图像的颜色、画质，改变图像的尺寸、分辨率、文件格式和色彩模式，以及图像绘制、图像合成、特效制作等操作。

① CorelDraw：CorelDraw 是加拿大 Corel 公司于 1989 年出品的图形绘制与版面设计程序，也是最早运行于 PC 机上的图形设计软件。CorelDraw 的主要功能是绘制矢量图形，进行文字处理和排版等工作。

② PhotoShop：PhotoShop 是美国 Adobe 公司开发的图像处理软件，强大的功能使其成为目前电脑图形图像设计与处理领域最流行和最优秀的软件，也是众多平面设计师进行平面设计、图像处理的首选软件。

③ AutoCAD：AutoCAD 是销量最大的专业 CAD 产品，是一种专用的三维图形软件，建筑师和工程师用这种软件创建蓝图和产品说明。

（3）即时通信软件　即时通信软件是一种基于互联网的即时交流软件。目前主流的即时通信软件有微信、QQ、钉钉、Skype、MSN 等。

（4）影音播放软件　通常是指电脑中用来播放影片和音乐的软件，把解码器聚集在一起而产生播放的功能。Media Player、暴风影音、酷狗音乐等都属于影音播放软件。

2.3.2 操作系统基础知识

1. 操作系统概述　操作系统是管理计算机硬件和软件资源的程序，它为应用程序提供基础，并且充当硬件和用户的接口，如图 2-26 所示。操作系统能让用户更加高效地使用系统资源，当资源出现冲突时，操作系统能够及时处理、排除冲突。此外，操作系统能让用户更加方便地使用计算机。

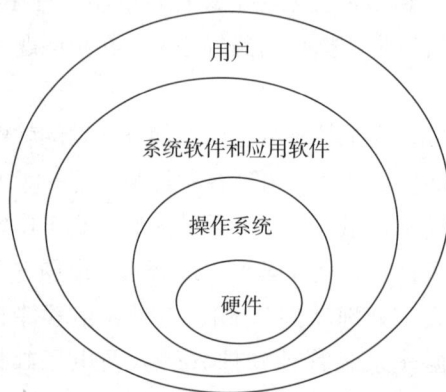

图 2-26　计算机系统组成部分的逻辑图

操作系统从 20 世纪 50 年代中期形成，经过 60 年代、70 年代的大发展时期，到 80 年代趋于成熟，并随着超大规模集成电路和计算机体系结构的发展而不断发展，先后形成了微机操作系统、网络操作系统和分布式操作系统等。

2. 操作系统分类

（1）批处理操作系统　用户提交的作业存储在系统外存储器上，由系统操作员将许多用户的作业组成一批作业后输入计算机，在系统中形成一个自动转接的连续作业流，然后启动操作系统，系统自动、依次执行每个作业，最后由操作员将作业结果交给用户。获得结果之前，用户不再与操作系统进行数据交互。

（2）分时操作系统　一台主机连接了若干个终端，每个终端都有一个用户在使用。用户交互式地向系统提出命令请求，系统接受每个用户的命令，同时利用计算机的处理速度远远快于人的反应速度的特点，人为地将机器时间划分为若干个时间片，采用时间片轮转方式处理服务请求，并通过交互方式在终端上向用户显示结果，用户根据上步结果发出下道命令。对用户来说，并没有感觉到机器时间片的存在，每个用户都认为自己独占了一台机器。此系统适合办公自动化、教学及事务处理等要求人机会话的场合。典型的分时操作系统有 UNIX、Linux 等。

（3）实时操作系统 其特点是计算机能及时响应外部事件的请求，在严格规定的时间内完成对该事件的处理，并控制所有实时设备和实时任务协调一致地工作。资源的分配和调度首先要考虑的是实时性，然后才是效率。此外，实时操作系统应有较强的容错能力。实时操作系统通常用于控制特定的应用设备，如科学实验、医学成像系统、工业控制系统等。

批处理操作系统、分时操作系统和实时操作系统只是三种基本操作系统。实际使用的操作系统往往可能兼有三者或其中两者的功能。

（4）网络操作系统 网络操作系统即计算机网络配置的操作系统，它负责网络管理、通信、安全、资源共享和各种网络应用。其目标是相互通信及资源共享。在其支持下，网络中的各台计算机能互相通信和共享资源。其主要特点是与网络的硬件相结合来完成网络的通信任务。常用的网络操作系统有 Windows server、Linux、UNIX、MAC OS 和 NetWare 等。

（5）分布式操作系统 作为分布式计算机系统配置的操作系统，它在资源管理、通信控制和操作系统的结构等方面都与其他操作系统有较大的区别。由于分布式计算机系统的资源分布于系统的不同计算机上，操作系统对用户的资源需求不能像一般操作系统那样等待有资源时直接分配的简单做法，而是要在系统的各台计算机上搜索，找到所需资源后才可进行分配。对于有些资源，如具有多个副本的文件，还必须考虑一致性。为了保证一致性，操作系统必须控制文件的读、写操作，使多个用户可同时读一个文件，而任一时刻最多只能有一个用户在修改文件。分布式操作系统的通信功能类似于网络操作系统。分布式操作系统能并行地处理用户的各种需求，有较强的容错能力。

（6）嵌入式操作系统 嵌入式操作系统是应用在嵌入式系统的操作系统。嵌入式系统广泛应用在生活的各方面，范围从便携设备到大型固定设施，如数码相机、手机、平板电脑、家用电器、医疗设备、交通灯、航空电子设备和工厂控制设备等，越来越多的嵌入式系统安装有实时操作系统。

在嵌入式领域常用的操作系统有嵌入式 Linux、Windows Embedded、VxWorks 等，以及广泛使用在智能手机或平板电脑等消费电子产品的操作系统，如 Android、iOS、Symbian、Windows Phone、BlackBerry OS 和华为的 Harmony OS 等。

3. 操作系统的功能 操作系统的主要功能是资源管理、程序控制和人机交互等。从资源管理观点看，操作系统具有四大功能：处理器管理、存储器管理、设备管理、文件管理。

（1）处理器管理 主要任务是对处理器的分配和运行实施有效管理。对处理器的管理可归结为对进程的管理。进程是运行中的程序，是系统进行资源分配和调度运行的基本单位。对进程的管理主要包含进程控制、进程同步、进程通信和进程调度。

（2）存储器管理 存储器管理的主要任务是为多道程序的并发运行提供良好环境，合理有效地为进程分配内存空间，并及时回收不再使用的空间，从而提高存储器的利用率，从逻辑上来扩充内存。一般来说，存储器管理功能具体由内存分配机制、内存保护机制、地址映射机制和内存扩充机制来实现。

（3）设备管理 设备管理的主要任务有为用户程序分配 I/O 设备，完成用户程序请求的 I/O 操作，提高 CPU 和 I/O 设备的利用率，以及改善人机界面。设备管理的功能可分为缓冲管理、设备分配、设备处理和虚拟设备等。

（4）文件管理 文件管理是操作系统的一个重要功能，主要是向用户提供一个文件系统，其中包含文件和目录结构。一个文件系统需要向用户提供创建文件、撤销文件、读写文件、查找文件、打开和关闭文件等功能。

4. 常用操作系统简介

（1）Microsoft Windows 操作系统　Windows 操作系统是由美国微软公司开发的窗口化操作系统。该系统采用 GUI 图形化操作模式（图 2-27），比起从前的指令操作系统（如 DOS）更为人性化。它改变以往键盘命令模式，取而代之的是鼠标、菜单和窗口操作，使得计算机操作方法和软件开发技术都发生了根本变化。Windows 操作系统是目前世界上使用最广泛的操作系统。

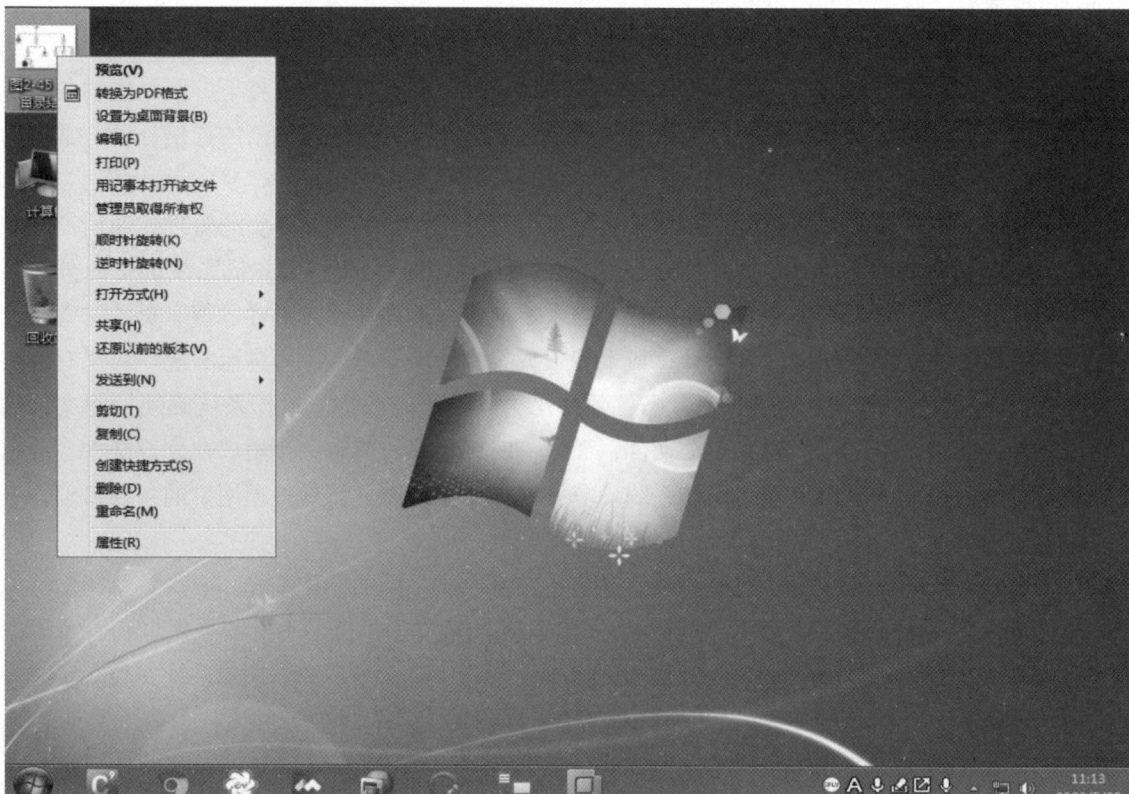

图 2-27　Windows 操作系统

（2）UNIX 操作系统　UNIX 操作系统由美国 AT&T 公司贝尔实验室开发，是一个强大的多用户、多任务操作系统，支持多种处理器架构，可以应用在从巨型计算机到普通 PC 等多种不同的平台上，是应用面最广的操作系统。

（3）Linux 操作系统　Linux 是一个类似于 UNIX 的产品，是由世界各地成千上万的程序员设计和实现的。其目的是建立不受任何商品化软件版权制约的、全世界都能自由使用的 UNIX 兼容产品，是自由软件和开放源代码发展中最著名的例子。

（4）Mac OS 操作系统　Mac OS 操作系统是苹果机专用系统，是基于 UNIX 内核的图形化操作系统，一般情况下在普通 PC 上无法安装。

（5）手机操作系统

① Android 操作系统：Android 是一种以 Linux 为基础的开放源代码操作系统，主要用于便携设备，尤其是智能手机。

② iOS 操作系统：iOS 是由苹果公司开发的手持设备操作系统。苹果公司最早于 2007 年公布这个系统，最初是设计给 iPhone 使用的，后来陆续用到 iPod touch、iPad 及 Apple TV 等苹果产品上。

③ Harmony OS 操作系统：华为鸿蒙系统（HUAWEI Harmony OS）是华为公司在 2019 年 8

月 9 日于东莞举行华为开发者大会上正式发布的操作系统。华为鸿蒙系统是一款全新的面向全场景的分布式操作系统，创造一个超级虚拟终端互联的世界，将人、设备、场景有机地联系在一起，将消费者在全场景生活中接触的多种智能终端实现极速发现、极速连接、硬件互助、资源共享，用合适的设备提供场景体验。

2.3.3 Windows 7 操作系统

微软公司从 1983 年开始研制 Windows 操作系统。第一个版本 Windows 1.0 于 1985 年问世，此后不断完善，相继推出了 Windows 2.0、Windows 3.0 等基于 MS-DOS 操作系统的版本。自 1995 年起，微软公司发布了 Windows 95、Windows 98、Windows ME 等 Windows 9X 系列操作系统。2000 年，微软公司发布了 NT 系列的 Windows 2000 操作系统，之后又发布了 Windows XP 操作系统。2007 年，微软公司推出 Windows Vista 操作系统。

2009 年 10 月 22 日，微软公司发布了 Windows 7 操作系统，它继承了 Windows XP 的实用性和 Windows Vista 的美观性。截至 2022 年 8 月，微软公司更新推送系统 30 多个，版本更新至 Windows 11。

Windows 7 特性：在 Windows Vista 操作系统的基础上，Windows 7 进行了一次大变革，针对用户个性化、应用服务、用户易用性、娱乐试听以及笔记本电脑的特有设计等方面，Windows 7 操作系统增加了许多有特色的功能。在 Windows 7 操作系统中，最具特色的是 Jump List（跳转列表）功能菜单、轻松实现无线连接、轻松创建家庭网络、Windows Live Essentials 等。

1.Windows 7 基本操作

（1）启动、退出和注销 作为一名初学者，想要熟练掌握 Windows 7 的基本操作，首先要学会启动和退出 Windows 7 的方法，并能在不同用户间切换。

首先，打开已安装 Windows 7 操作系统的计算机，系统自检后显示启动画面，如有设置登录密码则输入密码，就进入了 Windows 7 的操作界面，如图 2-28 所示。

图 2-28 Windows 7 操作界面

当存在多个用户共同使用同一台计算机时，可通过"开始"菜单→"关机"旁边的三角箭头

→"切换用户"操作，实现不同用户间的切换；通过"重新启动"选项可以关闭所有程序并重新启动计算机；通过"注销"操作可以关闭当前用户应用程序并实现用户间的切换；如果用户想要关闭计算机，则直接单击"关机"按钮，如图2-29所示。

图2-29　Windows关机选项

注意："注销"和"切换"二者都能实现快速回到"用户登录界面"，但需要注意的是，"注销"要求结束程序的运行，关闭当前用户；"切换用户"则允许当前用户的操作程序继续运行而不受影响。

（2）桌面　登录Windows 7操作系统后，首先展示在用户面前的就是桌面。用户完成的各种操作都是在桌面上进行的，包括桌面图标、任务栏。桌面图标是代表文件、文件夹、程序和其他项目的小图片；任务栏是位于屏幕底部的水平长条，如图2-30所示。

图2-30　Windows任务栏

任务栏有三个主要部分。

1）左侧的"开始"按钮，用来打开"开始"菜单。

2）中间部分包括快速启动图标、已打开的程序和文件列表，并可以在它们之间进行快速切换。Windows 7任务栏上还增加了Aero Peek新的窗口预览功能，用鼠标指向任务栏图标便可预览已经打开的文件或程序的缩略图，如继续单击缩略图，便可打开相应的窗口。

3）右侧通知区域，包括一些通知程序和计算机设置状态的图标。

用户可以对"任务栏"进行设置，将鼠标指针指向任务栏的空白处，单击鼠标右键，从弹出的快捷菜单中选择"属性"命令，将弹出如图2-31所示的对话框。

在该对话框中可以对任务栏进行如下设置。

①锁定任务栏：将任务栏锁定在桌面当前位置上，此时任务栏不会被移动到新位置，同时还会锁定显示在任务栏上的工具栏的大小和位置，这样工具栏将不会被更改。

②自动隐藏任务栏：可隐藏任务栏。

③使用小图标：如果要使用小图标，则选中"使用小图标"复选框；如要使用大图标，则清除该复选框。

④屏幕上的任务栏位置：表示任务栏在屏幕中的位置，有底部、顶部、左侧、右侧四个选项。

⑤任务栏按钮：有"始终合并、隐藏标签""当任务栏被占满时合并""从不合并"三个选项。用户可根据自己喜好设置，其中"始终合并、隐藏标签"为默认设置。

⑥通知区域：单击右侧的"自定义"按钮会弹出一个新的对话框，如图 2-32 所示，用户可根据图中下拉菜单选择不同的显示方式。

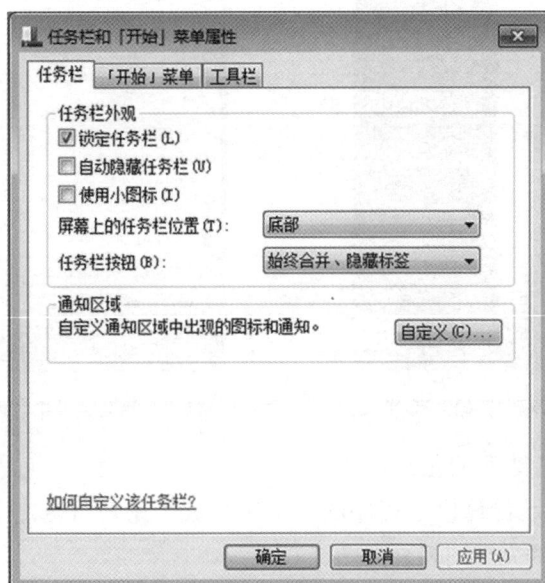

图 2-31　任务栏和［开始］菜单属性对话框

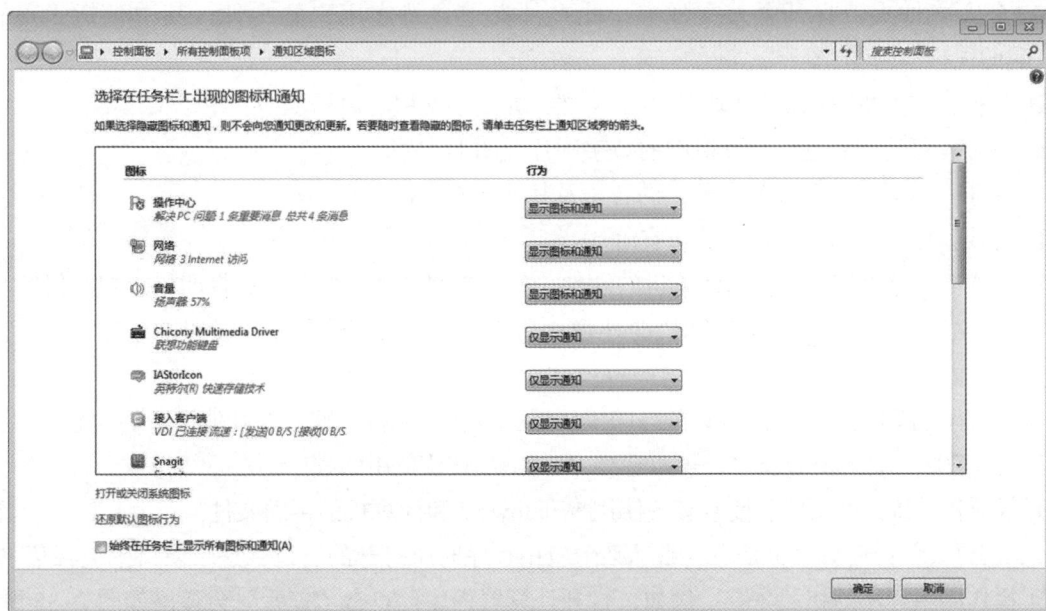

图 2-32　选择在任务栏出现的图标和通知对话框

（3）菜单　在 Windows 7 环境下，用户可以通过菜单命令让计算机完成自己想要达到的效果或目的。Windows 7 提供了 3 种类型的菜单，即"开始"菜单、窗口菜单、快捷菜单。

1）"开始"菜单："开始"菜单是计算机程序、文件夹和设置的主要通道，想要打开"开始"菜单，单击屏幕左下角的"开始"按钮 ，或者按键盘上的 Windows 徽标键 即可，如图 2-33 所示。

图 2-33　Windows "开始"菜单　　　　图 2-34　"开始"菜单中"所有程序"列表

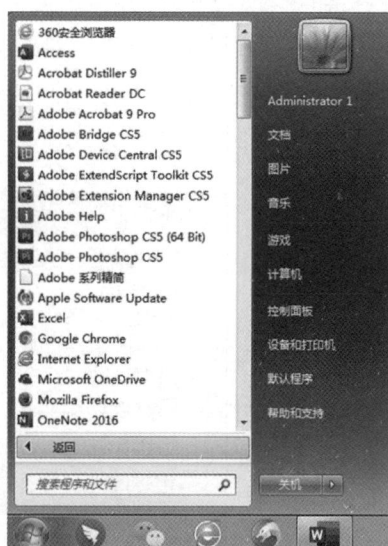

"开始"菜单由 3 个主要部分组成。

①左边的大窗格是显示计算机上程序的一个短列表。用户可自定义此列表，单击"所有程序"可显示本机安装程序的完整列表，如图 2-34 所示。

②左边窗格的最底部是搜索框，可在计算机上查找要搜索的程序和文件。

③右边窗格提供常用文件夹、文件、设置和功能的访问，分述如下。

A. 个人文件夹：打开个人文件夹，此文件夹包含特定用户的文件，其中包括"我的文档""我的视频""我的图片""我的音乐"文件夹。

B. 文档：在这里可以访问和打开各类文档，如演示文稿、电子表格、电子文本等。

C. 图片：可访问和查看计算机中的数字图片及图形文件。

D. 音乐：可以访问和播放电脑中的音乐及其他音频文件。

E. 游戏：可以访问计算机上的所有游戏。

F. 计算机：可以访问连接到计算机的硬件，如磁盘驱动器、照相机、打印机、扫描仪等。

G. 控制面板：可以自定义计算机的外观和功能、安装或卸载程序、设置网络连接和管理用户账户。

H. 设备和打印机：可以查看有关打印机、鼠标以及计算机上安装的其他设备的信息。

I. 默认程序：打开一个窗口，可以选择 Windows 默认使用的程序。

J. 帮助和支持：可浏览和搜索有关使用 Windows 7 和计算机的帮助文件。

2）窗口菜单：窗口菜单是指当启动某个应用程序时所打开的窗口，这个窗口中包含菜单栏，列出了操作应用程序的相关命令。例如，打开计算器程序，点击"查看"会弹出如图 2-35 所示。

在菜单中有一些常见的符号标记，分别表示以下含义。

①字母标记：表示该菜单项或菜单命令的快捷键。主菜单后的字母标记表示同时按"Alt"

和该字母可以打开相应的程序或菜单，例如按"Alt+F"可以打开"文件"菜单。

②▶标记：表示有下一级菜单。

③√标记：表示选择了该菜单命令。

④分隔线标记：将菜单中的命令分为几个命令组。

⑤●标记：表示只能选择菜单组命令中的一项。

⑥…标记：表示菜单项有对话框。

⑦❖标记：单击该标记可以显示全部菜单命令。

3）快捷菜单：Windows 7 中还有一种菜单称为快捷菜单，即用户使用鼠标单击右键时常出现的菜单，也叫右键菜单。鼠标右键单击桌面空白处时弹出的快捷菜单如图 2-36 所示。右键点击不同的对象，会弹出不同的快捷菜单。

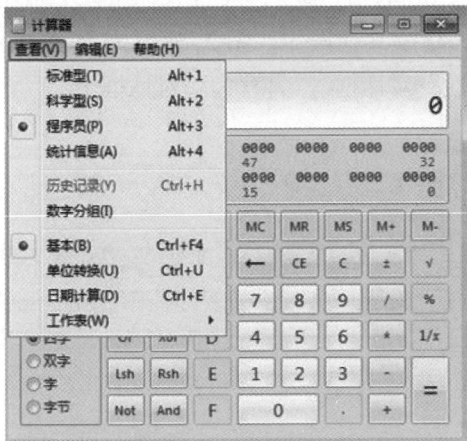

图 2-35 计算器程序对话框   图 2-36 电脑桌面"右键菜单"

（4）窗口 在 Windows 7 中，虽然各个窗口的内容各不相同，但几乎所有的窗口都有一些共同点，当打开程序、文件或文件夹时，屏幕上都会显示。窗口一般由控制按钮区、搜索栏、地址栏、菜单栏、工具栏、导航窗格、状态栏、细节窗口和工作区九部分组成，如图 2-37 所示。

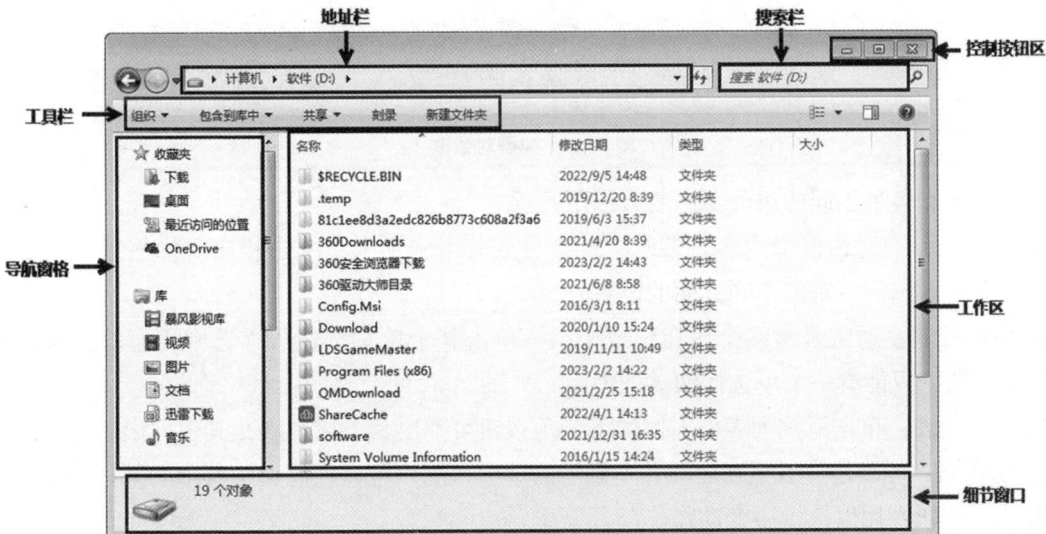

图 2-37 窗口组成

1）窗口的组成

①控制按钮区：包含 3 个窗口控制按钮，分别是最大化、最小化和关闭按钮。

②地址栏：用来显示文件和文件夹的所在路径。

③搜索栏：将要查找的目标名称输入文本框中即可搜索当前窗口范围内的目标，同时可以添加搜索筛选器，可以更快速、更准确地找到需要的内容。

④工具栏：存放着一些常用的工具命令按钮。

⑤工作区：位于窗口的右侧，显示窗口中的操作对象和结果。

⑥细节窗口：位于窗口下方，显示选中对象的详细信息。

⑦状态栏：显示当前窗口的相关信息和被选中对象的状态信息。

2）窗口的分类：Windows 窗口一般分为对话框窗口、应用程序窗口、文档窗口。

①对话框窗口：是一种次要窗口，包含按钮和各种选项，通过它们可以完成特定命令或任务。对话框通常需要用户进行响应，否则无法继续其他操作。图 2-38 从左至右包含了 3 个对话框，分别是"文件夹选项"对话框、"鼠标属性"对话框、"另存为"对话框。

图 2-38　典型对话框

对话框含有各种不同的组件，主要有以下几项。

A. 选项卡：当对话框中内容较多时，就会分成若干选项卡，单击相应的标签可打开相应的选项卡，并显示出同一对象不同方面的设置。

B. 单选按钮：通常是由多个按钮组成一组，单击某个单选按钮可以选中相应的选项，但在一组单选按钮中只能有一个单选按钮被选中。

C. 下拉列表：单击下拉列表框右侧的下三角按钮可弹出其下拉列表，其中列出了多个选项。

D. 复选框：可以是一组相互之间并不排斥的选项，用户可以任意选中其中的某些选项。

E. 命令按钮：用以执行一个动作。

F. 文本框：在其中输入内容可以修改、删除。

②应用程序窗口：应用程序窗口是一个运行中的应用程序主窗口，图 2-39 所示是 Excel 应

用程序窗口。

③文档窗口：文档窗口与应用程序窗口共享菜单栏，但有自己的标题栏，也有最小化、最大化和关闭按钮，它的移动和大小调整范围仅限于所属的应用程序窗口工作区内，如图 2-39 所示。

图 2-39　Excel 应用程序窗口

3）窗口的操作

①打开、关闭窗口：用户可通过双击桌面图标或在开始菜单选择相应程序或文件来打开窗口。当某窗口不再使用时，可以通过单击关闭按钮，或利用文件菜单中的关闭菜单项，或利用组合键 Alt+F4，或选择 Jump List 列表中关闭窗口选项等方式来关闭窗口。

②移动窗口、改变窗口的大小：按住鼠标左键，将鼠标指针指向窗口的标题栏，然后将窗口拖动到想要放置的位置，释放鼠标按钮，完成窗口移动；要改变窗口的大小，可单击其"最大化"按钮 □ 或双击该窗口的标题栏实现窗口最大化，单击按钮 - 实现窗口最小化，单击按钮 ⯀ 实现窗口的还原。

③排列窗口：当用户打开了多个窗口时，可能会觉得杂乱无章，这时可以通过设置窗口的显示形式来排列窗口。右键单击任务栏的空白区域，弹出的快捷菜单（图 2-40）中有 3 种可选择的排列方式：层叠窗口、堆叠显示窗口和并排显示窗口。其中，层叠窗口如图 2-41 所示。

图 2-40　快捷菜单

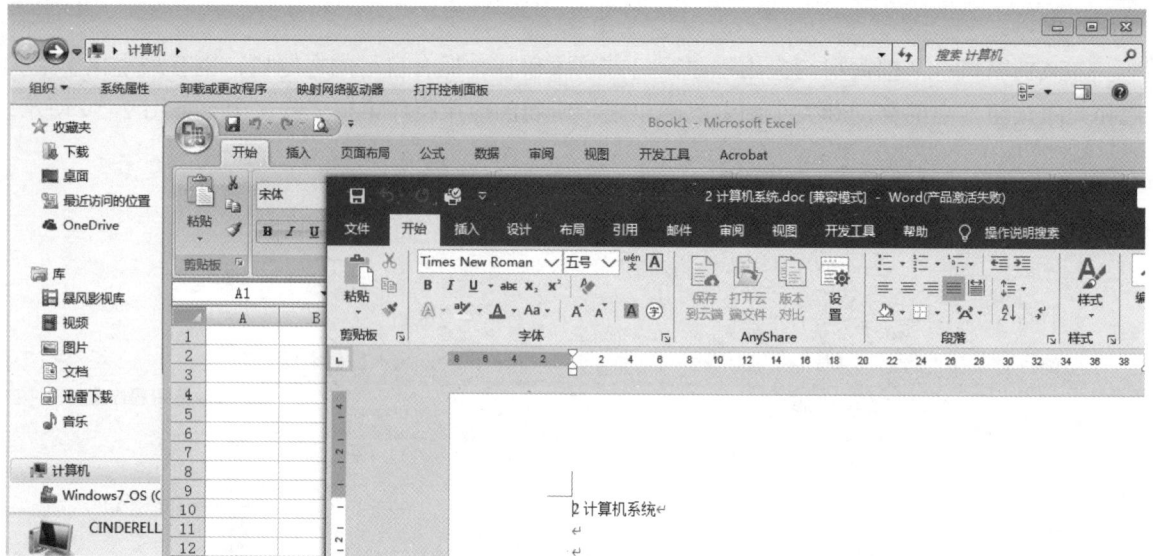

图 2-41　层叠窗口

④窗口间的切换：Windows 7 环境下可以同时打开多个窗口，但是当前情况下活动的窗口只能有一个，用户在操作过程中会遇到在不同窗口间切换的情况。任务栏提供了整理所有窗口的方式。每个窗口都在任务栏上具有相应的按钮。要切换到其他窗口，单击任务栏按钮，该窗口即成为活动窗口。当鼠标指向任务栏按钮时将看到窗口预览，可以轻松地识别窗口，选择需要的窗口，如图 2-42 所示。

图 2-42　窗口切换

另外，用户也可以不用鼠标，而是通过 Alt+Tab 键切换到先前的窗口，或者通过按住 Alt 键并重复按 Tab 键循环切换所有打开的窗口和桌面。

⑤复制窗口：复制整个屏幕，可以按 Print Screen 键。复制活动窗口可按 Alt+Print Screen 键，然后找合适的程序窗口（如画图、Word 等）粘贴就可以得到照片了。

（5）Windows 7 帮助系统　用户在使用 Windows 7 过程中可以通过 Windows 7 提供的帮助系统来解决运行时遇到的困难和疑问。

有两种方式来寻求帮助。第一种可通过单击"开始"菜单→"帮助和支持"，打开帮助系统，如图 2-43 所示。例如，在"搜索"文本框中输入"上网"，得到多个关于"上网"的帮助结果，单击其中一项就可以查看详细帮助信息，如图 2-44 所示。用户利用帮助能更快、更好地掌握 Windows 7 的使用方法和操作技巧。第二种方式是单击"开始"菜单→"入门"→"探索 Windows 7"，这将会打开微软 Windows 7 网站，获得在线的网络支持。

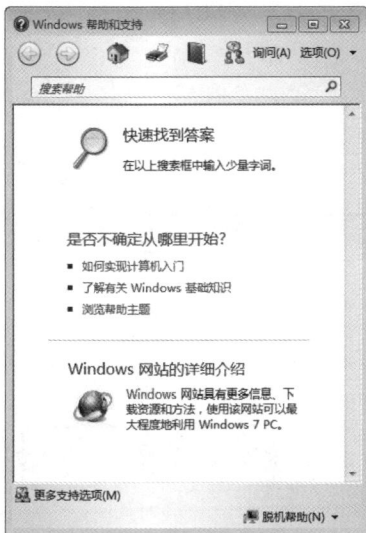

图 2-43　帮助和支持界面

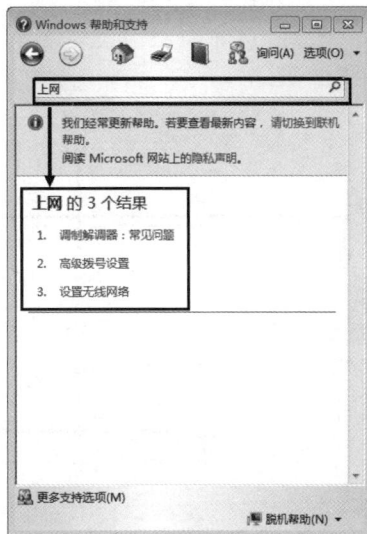

图 2-44　帮助和支持搜索方法

2.Windows 7 文件和资源管理

（1）文件和文件夹　在操作系统中，大部分的数据都是以文件的形式存储在磁盘上的，而这些文件的存放位置就是各个文件夹，所以文件和文件夹在操作系统中非常重要。

①文件：文件是具有某种相关信息的集合，是按一定格式存储在外存储器上的信息集合，是计算机存储和管理信息的最小单位。用户的文章、照片等都是以文件的形式存储在磁盘中，应用程序也以文件的形式存放。右键单击文件，在快捷菜单中选择"属性"，可以查看文件属性，包括文件名、大小、类型、创建的时间等。

在操作系统中，每个文件都有自己的文件名，文件名由主文件名和扩展名两部分组成。文件名和扩展名之间用一个"."字符隔开，如文件"柴胡的药用价值 .txt"，其中"柴胡的药用价值"为主文件名，"txt"为扩展名。日常工作时，人们通常把主文件名直接称为文件名，表示文件的名称，而用文件的扩展名表示文件类型。

文件的命名要遵守以下规则：文件名最多不超过 255 个字符，允许出现的字符包括英文字母 A ~ Z（a ~ z），数字符号 0 ~ 9，汉字，特殊符号 $、#、&、@、!、( )、%、__、{ }、^、' '、~等。不能在文件名中出现 /、:、*、?、"、|、<、>。一些常用的设备名不能用作文件名，如 CON、LPT1/PRN、COM1/AUX、COM2、NUL 等。

②文件夹：在操作系统中，用于存储程序和文件的容器就是文件夹。磁盘中可以存入很多文件，为了便于管理，可以把文件存放在不同的文件夹中。文件夹是文件和子文件夹的集合，即文件夹中可以包含文件或下属文件夹。同样，子文件夹也可以包含文件和下属文件夹。因此，Windows 7 的文件组织结构是分层次的。

图 2-45 是某个 D 盘的文件结构，根文件夹记为 D:，下属 2 个文件夹"电影"和"学习"以及 1 个文件"zhaopian.rar"，"电影"文件夹下有子文件夹"好莱坞"和文件"满江红 .mp4"，"学习"文件夹下有文件夹"论文""课件"和文件"课程表 .xls"。这组文件的存储结构像一棵倒置的树，这种文件结构称为树形结构，在同一文件夹下的子文件夹名和文件名不允许同名。

如果要访问一个文件，需要知道这个文件所在的位置，即处于哪个磁盘的哪个文件夹中，即文件的路径。一个完整的文件路径一般由盘符、文件目录路径和文件名组成。盘符后用符号":"隔开，文件目录路径和文件名之间用"\"隔开。例如，文件课程表 .xls 的路径为 D: \学习\

课程表 .xls。

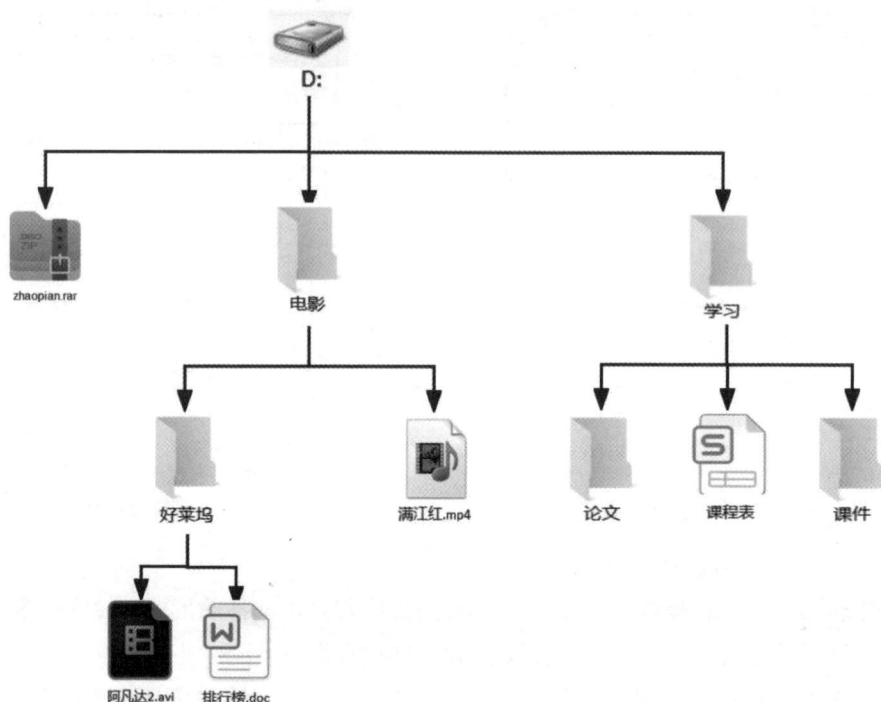

图 2-45   树形目录结构

（2）文件和文件夹的操作   对于用户来说，熟悉文件和文件夹的基本操作对管理计算机中的程序和数据是非常重要的，具体的操作包括文件和文件夹的新建、选择、重命名、创建快捷方式、删除、查找、复制和移动等。

1）新建文件夹：如果用户需要新的文件夹，可在我的电脑或资源管理器中打开放置新文件夹的磁盘或文件夹，然后通过以下方式在磁盘的任意位置创建新的文件夹。

①在工作区空白处点击鼠标右键，在弹出的菜单中选择"新建"→"文件夹"，即可在相应位置产生一个新文件夹，然后为其命名即可。

②在工具栏中直接点击"新建文件夹"按钮。

2）选择文件和文件夹：在对文件或文件夹进行操作时，一般要先选中文件或文件夹，当需要选择多个文件或文件夹时有以下几种方法。

①若需选择窗口中的所有文件或文件夹，在工具栏上单击"组织"，然后单击"全选"。

②若需选择不连续的文件或文件夹，按住 Ctrl 键，同时单击要选择的每个项目。

③若需选择相邻的多个文件或文件夹，可拖动鼠标指针，通过在要包括的所有项目外围画一个框来进行选择。

④若需选择连续的文件或文件夹，单击第一项，按住 Shift 键的同时单击最后一项。

3）重命名文件和文件夹：对于新建的文件和文件夹，系统默认的名称为"新建×××"，用户可根据自己的需要重命名文件和文件夹。可以先打开用来创建该文件的程序，然后打开该文件，最后用不同名称保存该文件；也可以右键单击要重命名的文件或文件夹，然后单击"重命名"，键入新的名称，然后按 Enter 键；还可以通过工具栏上的"组织"下拉列表，选择"重命名"。

4）创建和删除快捷方式：快捷方式是指向计算机上某个项目的链接，双击该项目的快捷方式和双击该项目等效。将快捷方式放置在方便的位置，可以方便地访问该快捷方式链接到的对象。快捷方式仅是一个指向，指定的是该文件或文件夹的链接，而不是对象本身，故删除快捷方式不会删除文件或文件夹。

快捷方式图标上有一个箭头，可用来区分快捷方式与原始文件。

创建快捷方式的方法主要有以下几种。

①在项目所在位置创建快捷方式：右键单击该项目，点击"创建快捷方式"，新的快捷方式将出现在原始项目所在的位置上（图 2-46）。可将新的快捷方式拖动到所需位置。

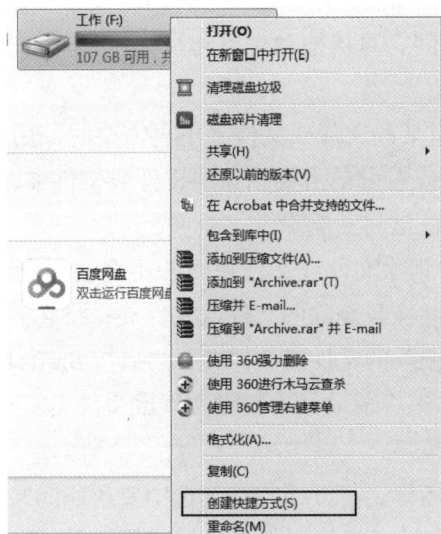

图 2-46　创建快捷方式

②在其他位置创建快捷方式：直接将地址栏左侧的图标拖动到所需位置，如图 2-47 所示。或在其他位置空白处单击右键，在快捷菜单中选择"新建"→"快捷方式"，根据提示创建快捷方式。

图 2-47　利用地址栏图标创建快捷方式

5）复制与移动文件和文件夹：复制与移动文件和文件夹是两种常用的操作，完成复制与移动文件和文件夹的方法有如下几种。

选中文件（文件夹），利用剪切、复制和粘贴命令，可以在菜单栏上选择"编辑"菜单中的"剪切"（或"复制"）选项，或右击选中的文件或文件夹，在弹出的快捷菜单中选择"剪切"（或"复制"）选项，或按键盘上的 Ctrl+X（或 Ctrl+C）后到目标盘中的位置，在菜单栏中选择"编辑"菜单中的"粘贴"选项，或右击目标位置空白处，在弹出的快捷菜单中选择"粘贴"选项，或按键盘上的 Ctrl+V，完成移动或复制；也可利用鼠标拖动完成，选中文件（文件夹），在同一驱动器之间，直接拖动对象到目标位置是移动操作，同时按住 Ctrl 键，拖动对象到目标位置是复制操作，而对于不同驱动器之间，直接拖动对象到目标位置是复制操作，同时按住 Shift 键，拖动对象到目标位置是移动操作。

6）删除文件和文件夹：当某些文件或文件夹不再需要时，用户可将其删除，可通过鼠标将文件或文件夹拖动到回收站，或右键单击要删除的文件或文件夹，选择"删除"，或选中要删除的文件或文件夹，之后按 Delete 键将其删除。

用以上几种方式从硬盘中删除文件或文件夹时并不会立即删除，而是将它们存储在回收站中，如想恢复，可以利用回收站恢复删除的文件或文件夹，将它们还原到原始位置。如果要永久删除文件或文件夹，可选中要删除的文件或文件夹，之后按 Shift+Delete 键。

如果从网络文件夹或 USB 闪存驱动器中删除文件或文件夹，则会永久删除该文件或文件夹，而不是存储在回收站中。

双击桌面上的"回收站"图标，打开回收站。选中要还原的文件，单击该文件，然后在工具栏上单击"还原此项目"，或右键点击该文件，选择"还原"（图 2-48）。如果要还原所有文件，则不用选择任何文件，在工具栏上单击"还原所有项目"即可。

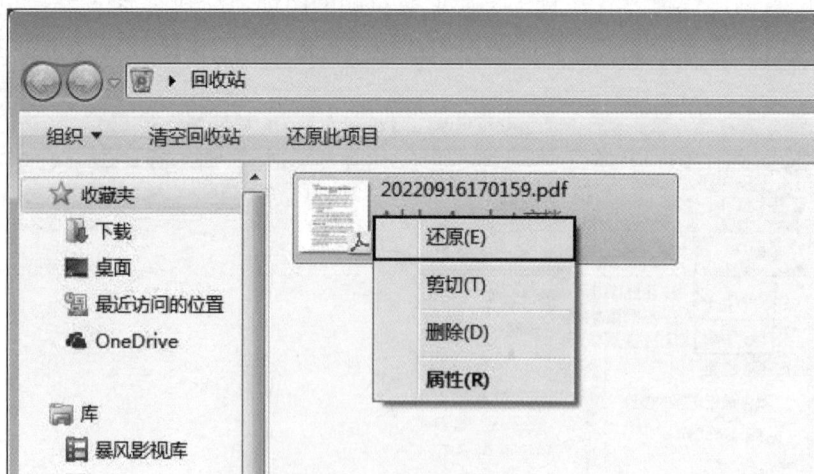

图 2-48　回收站文件还原

7）查找文件和文件夹：电脑中的文件和文件夹会随着时间的推移而日益增多，要想在众多的文件（夹）中找到想要的文件（夹）并不复杂，通过搜索功能查找文件（夹）即可，可以采取以下的方式进行搜索。

①利用"开始"菜单上的搜索框：单击"开始"按钮，然后在搜索框中键入文件名或文件名的一部分，如图 2-49 所示。搜索时可以灵活利用通配符"*"和"?"。

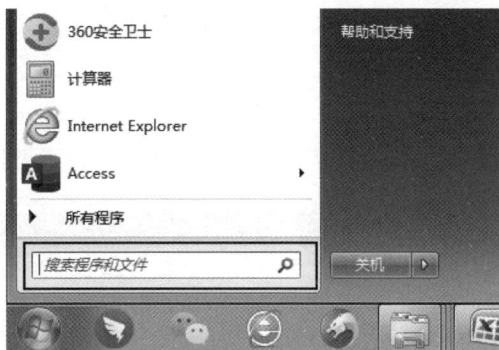

图 2-49 "开始"菜单中的搜索框

②使用文件夹或库中的搜索框：直接使用已打开窗口顶部的搜索框，如图 2-50 所示，也可以在搜索框中使用其他搜索技巧来快速缩小搜索范围。

图 2-50 文件夹或库中的搜索框

（3）资源管理器   资源管理器的主要功能是管理计算机里的资源。启动资源管理器的方法如下。

①右键单击"开始"按钮，在弹出的快捷菜单中选择"打开 Windows 资源管理器"。

②左键点击"开始"菜单→"所有程序"→"附件"→"资源管理器"。

打开后的资源管理器窗口如图 2-51 所示。

图 2-51 资源管理器

资源管理器窗口分为左、右窗格两个区域。左窗格显示计算机资源的组织结构，右窗格显示左窗格选定的对象所包含的内容。

单击工具栏中的"组织"→"布局"→"菜单栏"，将会把菜单栏显示出来，如图 2-52 所示。通过"查看"菜单，可以对右窗格内容的显示风格和排序方式做出调整。

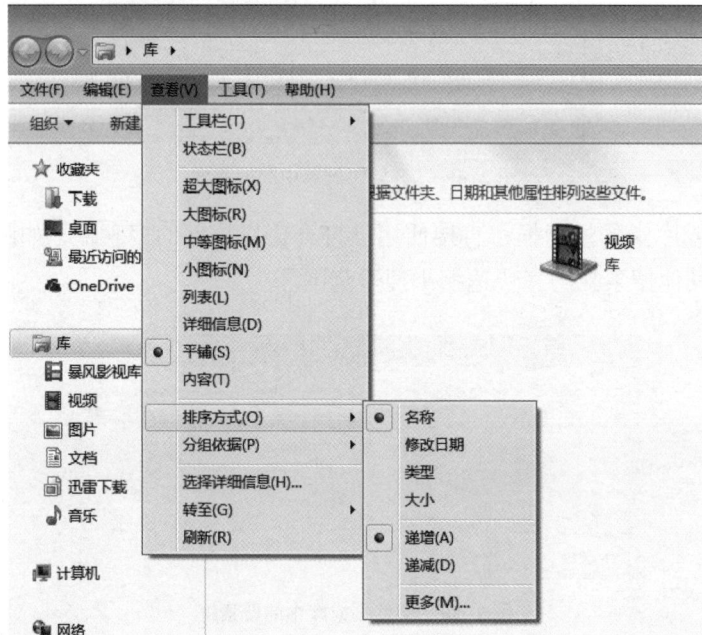

图 2-52　资源管理器中菜单栏

3.Windows 7 控制面板及系统设置　Windows 7 的个性化设置可以帮助用户将系统变得更有个性，在视觉上为用户带来了不一样的感受。

Windows 7 中，控制面板可用来进行系统管理和系统环境设置，是一项重要的系统管理工具。通过单击"开始"菜单→"控制面板"可以打开控制面板，如图 2-53 所示。

图 2-53　控制面板

（1）桌面显示属性设置

1）桌面背景：桌面背景可以是个人收集的数字图片、Windows 提供的图片、纯色或带有颜色框架的图片。使用者可以选择一个图像作为桌面背景，也可以显示幻灯片图片，如图 2-54 所示。

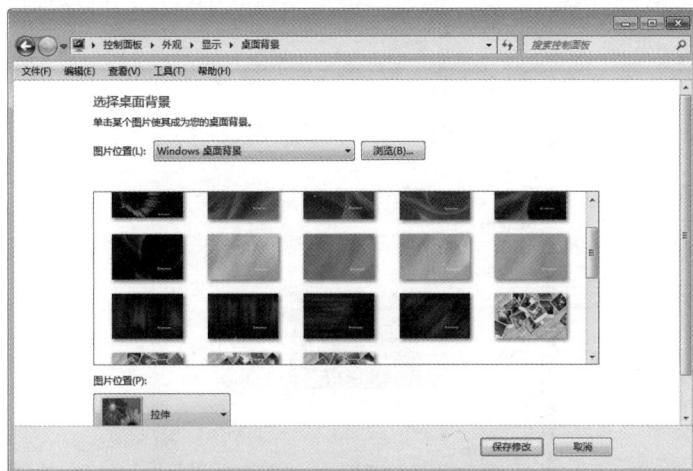

图 2-54　设置桌面背景

①单击控制面板中"外观"类别下的"更改桌面背景"，打开桌面背景。

②单击选中准备用于桌面背景的图片或颜色。

要将自定义的图片设置为桌面背景可通过单击"图片位置"列表中的选项查看其他类别，或单击"浏览"搜索计算机上的图片，找到所需图片后，双击该图片即可。

单击"图片位置"下的箭头，选择"填充""适应""拉伸""平铺""居中"显示，然后单击"保存更改"。

2）调整显示器分辨率：打开"控制面板"，在"外观和个性化"类别下，单击"调整屏幕分辨率"，打开"屏幕分辨率"。单击"分辨率"旁边的下拉列表，将滑块移动到所需的分辨率，然后单击"应用"。单击"保留更改"即可使用新的分辨率，或单击"还原"回到以前的分辨率，如图 2-55 所示。分辨率越高，屏幕越清楚，图标等项目越小。

图 2-55　调整分辨率

3）设置屏幕保护程序：在"控制面板"中单击"外观和个性化"→"屏幕保护程序设置"。在"屏幕保护程序"列表中，单击要使用的屏幕保护程序，然后单击"确定"。如果选中"在恢复时显示登录屏幕"，则结束屏保后，会显示 Windows 7 登录界面，有密码的话会要求再次输入密码，如图 2-56 所示。

4）桌面小工具：Windows 7 提供了称为"小工具"的小程序，可以提供即时信息以及轻松访问常用工具的途径，如图 2-57 所示。

①在"控制面板"，单击"外观和个性化"→"桌面小工具"。

②右键单击桌面空白处，在快捷菜单中选择"小工具"。

图 2-56   设置屏幕保护程序

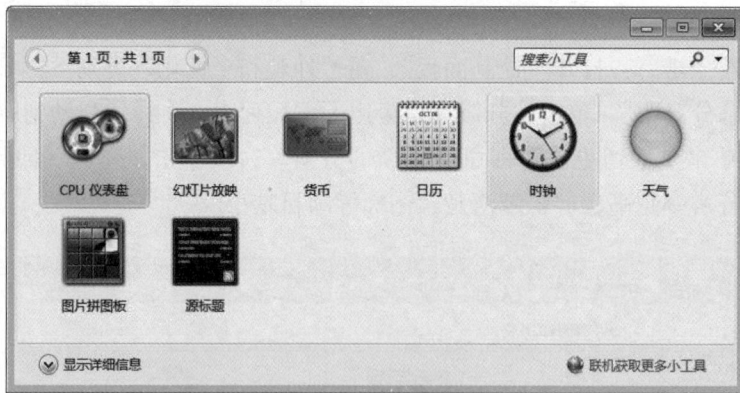

图 2-57   桌面小工具

（2）键盘和鼠标设置   键盘和鼠标是最基本、最常用的两个输入设备，用户可根据自己的习惯对这两种设备进行个性化的设置，例如鼠标指针外观、左右手习惯等，如图 2-58 所示。

（3）创建新用户   Windows 7 和 Windows XP 系统类似，也可以设置多个用户，不同账号类型拥有不同的权限，各账户间相互独立，从而达到多人使用同一台电脑又不会互相影响的目的。每个用户都可以使用自己的用户名和密码登录计算机。

创建方式：打开控制面板，在"用户账户和家庭安全设置"项目下单击"添加或删除用户账户"，弹出的窗口如图 2-59 所示。

图 2-58　鼠标属性

图 2-59　管理用户

可以更改已有的账户名称、密码、图片、类型等。如要创建一个新的用户，则单击图 2-59 窗口中的"创建一个新账户"，然后键入新用户的账户名称，选择账户类型，最后单击"创建账户"，如图 2-60 所示。

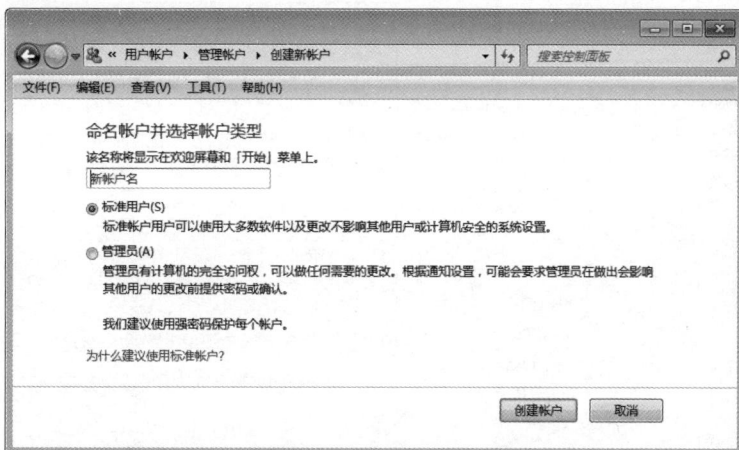

图 2-60　创建新用户

（4）卸载程序   如果需要删除已安装的程序，可将其卸载，因为直接删除程序会在硬盘上留下大量垃圾文件。卸载可以直接调用程序附带的卸载功能，也可以使用 Windows 7 提供的卸载程序。

打开控制面板，单击"程序"类别下的"卸载程序"，弹出的窗口如图 2-61 所示。在窗口下方选中将要卸载的项目，然后在工具栏中选择卸载按钮，即可完成卸载。

图 2-61   卸载程序

（5）系统还原   操作系统在使用过程中可能会发生故障，Windows 7 为我们提供了系统还原功能，它可以将计算机的系统文件及时还原到之前某个运行正常的日期，并且不影响个人文件。用这种方式恢复系统的特点是简单、速度快。

系统还原使用名为"系统保护"的功能定期创建和保存计算机上的还原点。这些还原点包含有关注册表设置和 Windows 使用的其他系统信息。默认情况下，安装了 Windows 的磁盘上（如 C 盘）已打开系统保护，可以自动创建还原点。除此之外，用户还可以根据需要手动创建还原点。

①右键单击"开始"菜单中的"计算机"，选择"属性"，弹出"系统"窗口。在左侧窗格中，单击"系统保护"，弹出的窗口如图 2-62 所示。

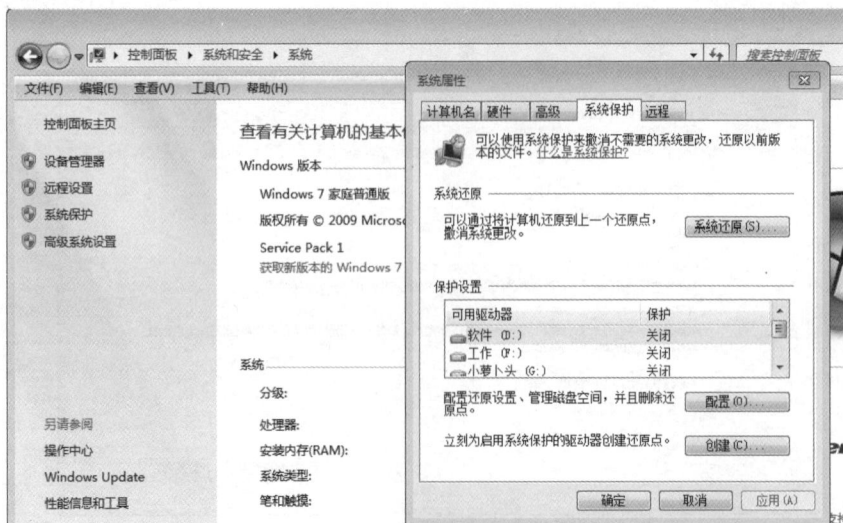

图 2-62   打开系统保护

②单击"系统保护"选项卡中的"系统还原"按钮，在弹出的窗口中选择合适的还原点，然后完成还原。

③如果用户需要自定义还原点，则单击图 2-62 下方的"创建"按钮，在新弹出的窗口中键入还原点名称，然后单击"创建"。

（6）区域和语言设置　区域和语言设置用于更改显示日期、时间、货币和度量的格式，以及更改键盘和语言的选项。

打开控制面板，单击"时钟、语言和区域"→"区域和语言"，如图 2-63 所示。

图 2-63　区域和语言

单击"格式"选项卡，在"格式"列表中选择合适的区域，然后选择要使用的日期和时间格式。单击最下方的"其他设置"，在新弹出的对话框中继续设置数字、货币、时间、日期、排序的规则。

（7）网络和 Internet　网络和 Internet 主要实现计算机网络连接、创建共享，以及 Internet 选项的管理。打开"控制面板"→"网络和 Internet"，如图 2-64 所示。

图 2-64　网络和 Internet

①网络和共享中心：网络和共享中心提供有关网络的实时状态信息，如图 2-65 所示。可以查看计算机是否连接在网络或 Internet 上、连接的类型以及用户对网络上其他计算机和设备的访问权限级别。当设置网络或者网络出现问题时，可以从网络和共享中心找到更多有关网络映射中网络的详细信息。

图 2-65   网络和共享中心

②家庭组：使用家庭组，可在家庭网络上共享库和打印机，可以与家庭组中的其他人共享图片、音乐、视频、文档、打印机。家庭组受密码保护，并且始终可以选择与此组共享的内容。

③ Internet 选项：通过 Internet 选项（图 2-66）可以对浏览器进行设置、清除临时文件、清扫历史记录、安全保护等。

图 2-66   Internet 选项

（8）任务管理器的使用   任务管理器用来显示当前电脑中正在运行的程序、进程和服务，用户可以通过使用任务管理器监视电脑的性能，关闭没有响应的程序或多余的进程。

①打开 Windows 7 任务管理器：在 Windows 7 操作系统中，用户可使用 Ctrl+Alt+Del 组合键进入选择页面，选择"启动任务管理器"；也可通过在任务栏处单击鼠标右键→在快捷菜单中选择"启动任务管理器"→弹出任务管理器窗口。这个弹出的"Windows 任务管理器"窗口中包括"应用程序""进程""服务""性能""联网"和"用户"6 个选项卡，如图 2-67 所示。

②"应用程序"选项卡：应用程序选项卡显示了当前用户打开的所有应用程序。可以结束、切换、新建应用程序，要结束应用程序，可单击"结束任务"；用户可以选中某个应用程序后单击"切换至"按钮，可激活选中应用程序；单击"新任务按钮"，会弹出"创建新任务"对话框，在"打开"下拉列表文本框中，用户可以选择或输入相应的命令、IP 地址来运行相应的程序或访问相应的局域网主机，如图 2-68 所示。

③"进程"选项卡：进程是应用程序的映射，"应用程序"中显示的是用户运行的应用程序，并不显示系统运行必需的程序，系统程序的进程只能在"进程"选项卡中查看，用户可以通过"进程"选项卡查找、结束正在运行的病毒等。

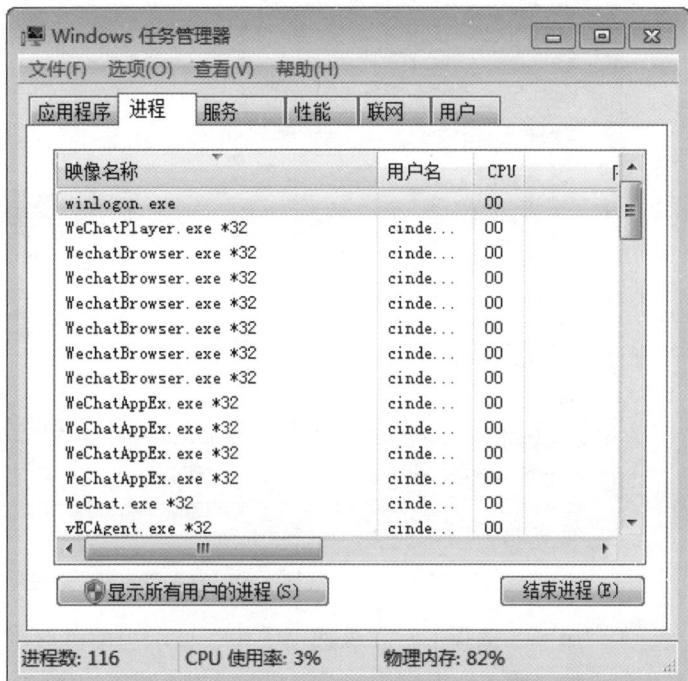

图 2-67　Windows 任务管理器

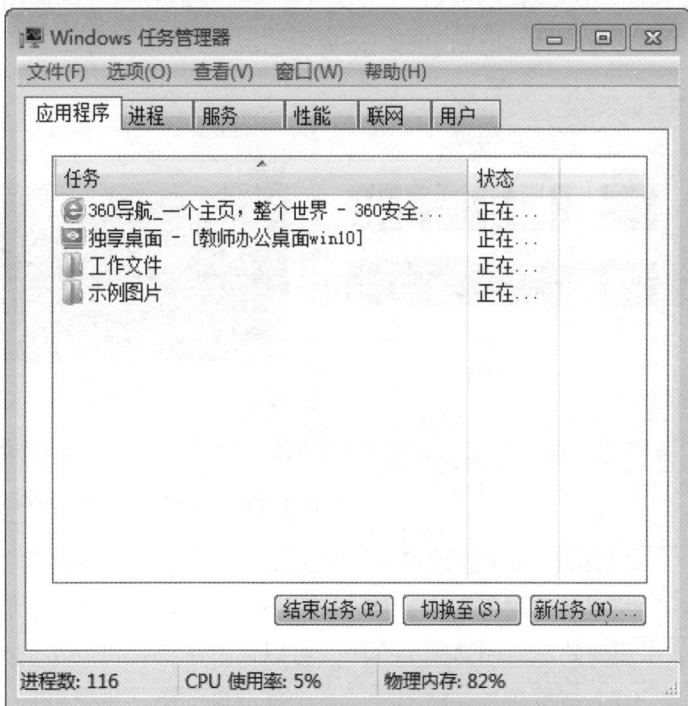

图 2-68　Windows "应用程序"选项卡

在选中的进程上，单击右键，选中"属性"菜单项，可以查看描述、位置和数字签名等情况。选中某个想要结束的进程，单击"结束进程"按钮，弹出"Windows 任务管理器"对话框，单击"结束进程"按钮即可结束该进程，如图 2-69 所示。

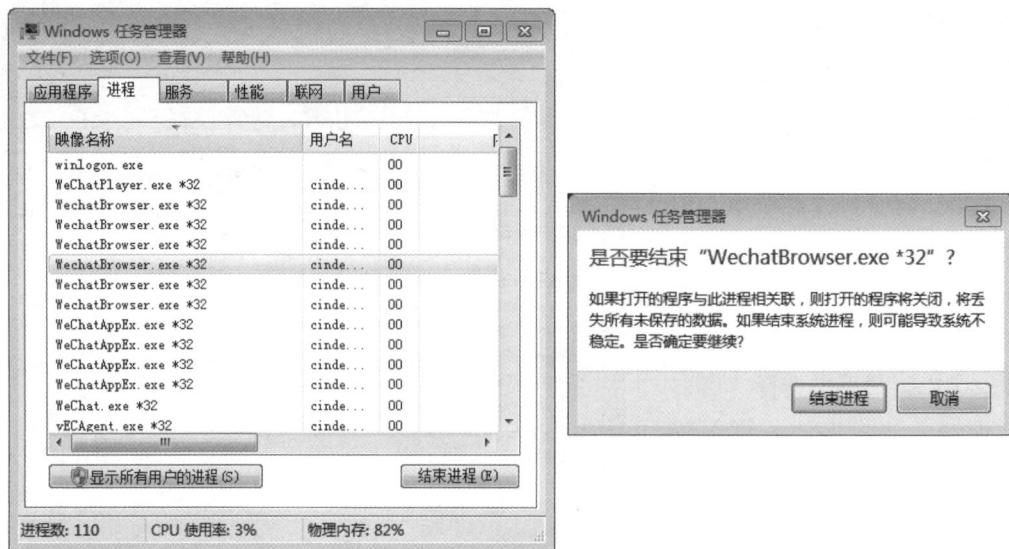

图 2-69 任务管理器"进程"选项卡

④ "服务"选项卡：在该选项卡中，显示当前已启用并在运行的服务。单击"服务"按钮，可从弹出的"服务"窗口中查看、启用或禁用相应的服务，以及对相应服务的属性进行设置。

⑤ "性能""联网""用户"选项卡：如图 2-70 所示，"性能"选项卡中可以通过直观图和详细信息的形式显示电脑中 CPU 资源和物理内存资源的使用情况。"联网"选项卡可以通过动态直观图的方式显示电脑中网络的应用情况。"用户"选项卡显示当前已经登录到系统的所有用户。

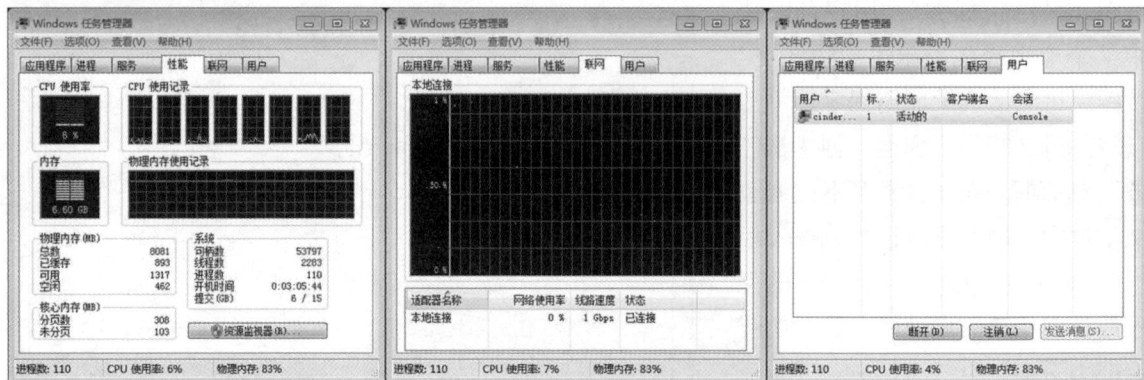

图 2-70 "性能""联网""用户"选项卡

4.Windows 7 附件程序　Windows 7 操作系统中自带了一些实用的附件小程序，存储在"开始"菜单的"附件"中，如画图程序、计算器、文档编辑器等。下面简单介绍其中的一些功能，如果想要熟练使用这些小程序，可以通过系统提供的帮助来详细了解。

（1）画图程序　画图程序是一款简单的图形编辑软件，可以绘制简单的几何图形，也可以完成一些图片的编辑功能，如图片的复制、裁剪、大小调整、增加效果等，如图 2-71 所示。

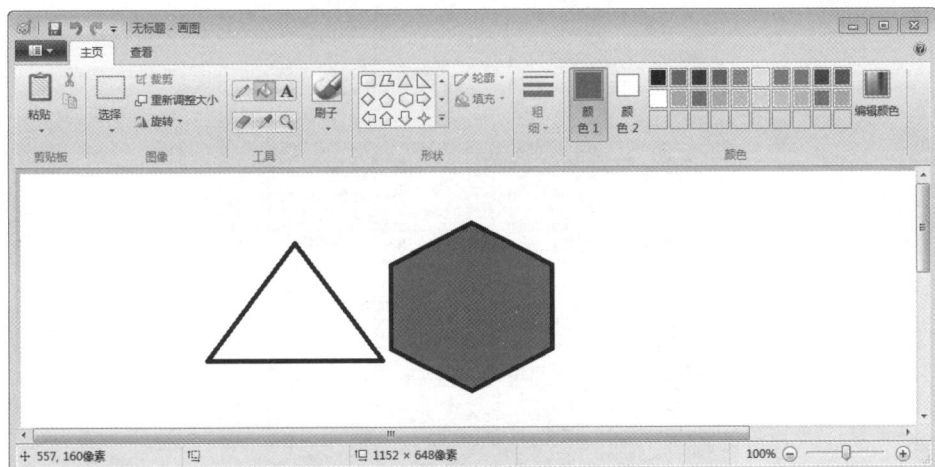

图 2-71　Windows 画图程序

（2）截图工具　截图工具用于帮助用户截取屏幕图像，同时可对所截取的图像进行编辑，如图 2-72 所示。

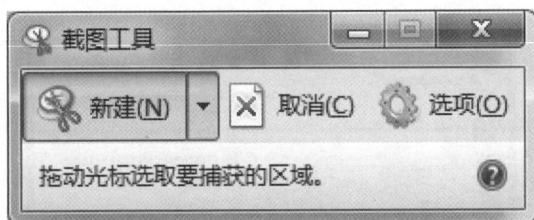

图 2-72　Windows 截图工具

（3）命令提示符　对于习惯用 DOS 命令进行操作的用户，在命令提示符下输入命令便可让电脑执行各种任务，如图 2-73 所示。

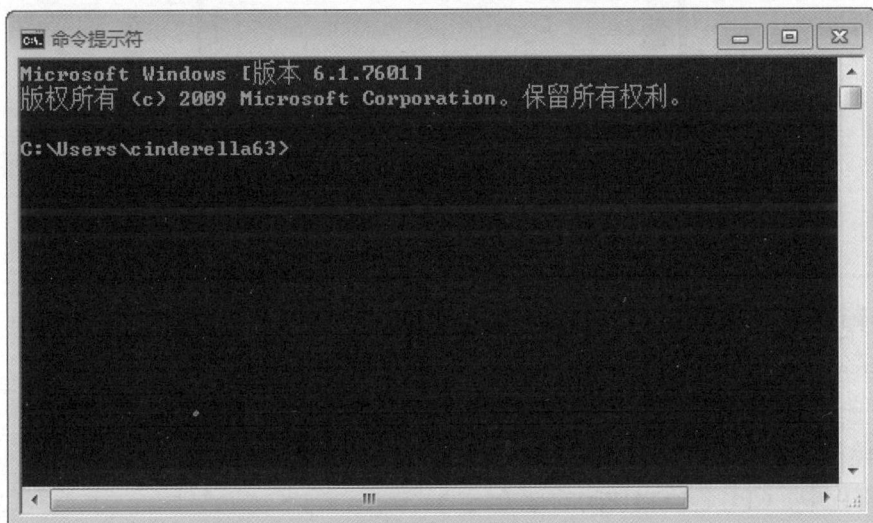

图 2-73　命令提示符

（4）计算器　Windows 7 自带的计算器程序不仅具有标准计算器的功能，同时还集成了编程计算器、科学型计算器、统计信息计算器的高级功能，还有单位转换、日期计算和工作表等功能，使计算器更加人性化，如图 2-74 所示。

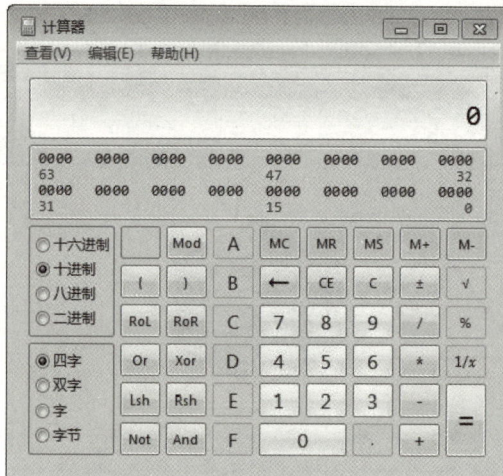

图 2-74　Windows 计算器

（5）入门　入门程序包含了用户在设置电脑时需要执行的一系列任务，便于用户更好地熟悉 Windows 7 系统，如图 2-75 所示。

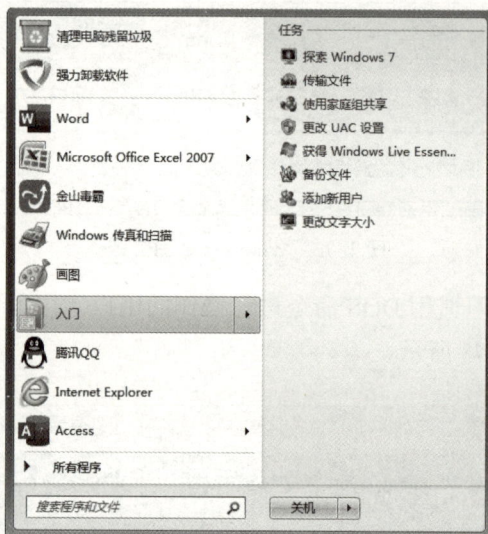

图 2-75　Windows 入门程序

习题

一、选择题

1.冯·诺依曼为现代计算机的结构奠定了基础，其最主要的设计思想是（　　）

　　A.汇编语言程序　　　　　　　　　　　B.机器语言程序

　　C.存储程序思想　　　　　　　　　　　D.高级语言程序

2.下列部件中，CPU 能直接访问的是（　　）

　　A.硬盘　　　　　　B.软盘　　　　　　C.内存储器　　　　　D.光盘

3.在计算机断电后，下列部件中的信息会丢失的是（　　）

　　A.RAM　　　　　　B.ROM　　　　　　C.软盘　　　　　　D.硬盘

4.下列设备中，能作为输出设备的是（　　）

　　A.键盘　　　　　　B.鼠标器　　　　　C.扫描仪　　　　　D.磁盘驱动器

5. 下列软件不属于系统软件的是（　　　）

A. Linux

B. Windows XP

C. Internet Explorer

D. Windows Vista

6. 在 Windows 中，对文件和文件夹的管理可以使用（　　　）

A. 资源管理器或控制面板窗口

B. 资源管理器或"我的电脑"窗口

C. "我的电脑"窗口或控制面板窗口

D. 快捷菜单

7. 磁盘上的文件组织结构是一种什么样的结构（　　　）

A. 层次　　　　　　B. 网状　　　　　　C. 图　　　　　　D. 树形

8. 计算机能直接执行的程序是（　　　）

A. 汇编语言程序　　　B. 机器语言程序　　　C. 源程序　　　　D. 高级语言程序

9. 关于"回收站"叙述正确的是（　　　）

A. "回收站"的内容不可以还原

B. "回收站"的内容不占用硬盘空间

C. 暂存所有被删除的对象

D. 清空"回收站"后，仍可用命令方式还原

10. Windows 系统中，剪贴板是指（　　　）

A. 内存中的临时存储区域　　　　　　B. 屏幕中的临时存储区域

C. 硬盘中的临时存储区域　　　　　　D. 外存中的临时存储区域

二、填空题

1. 一个完整的计算机系统包括＿＿＿＿＿＿和＿＿＿＿＿＿两大部分。

2. ＿＿＿＿＿＿和＿＿＿＿＿＿合称为中央处理器（central processing unit，CPU），是计算机的核心部件。

3. ＿＿＿＿＿＿是指计算机运算一次能同时处理的二进制数据的位数，是计算机重要的性能指标之一。

4. 系统总线根据传送的信号类型可分为＿＿＿＿＿＿、＿＿＿＿＿＿和＿＿＿＿＿＿。

5. 计算机软件系统包括＿＿＿＿软件和＿＿＿＿软件。

6. 在管理文件或文件夹时，可以拖框选、按＿＿＿＿＿＿选择连续的，按＿＿＿＿＿＿选择不连续的，全选的快捷键为＿＿＿＿＿＿。

三、简答题

1. 描述常见的计算机硬件系统的构成。

2. 描述冯·诺依曼型计算机的体系结构。

3. 描述计算机的性能指标。

3 文字处理软件 Word

扫一扫，查阅本章数字资源，含PPT、音视频、图片等

Word 是微软公司 Office 系列办公组件之一，是世界上最流行、应用最普遍的文字编辑软件。Word 2016 丰富了人性化功能体验，改进了用来创建专业品质文档的功能，为协同办公提供了更加简便的途径。同时，云存储使得用户可以随时随地访问到自己的文件。

3.1 文档编辑与排版

【案例 3-1】文档编辑与排版应用

（1）打开文档"H7N9 禽流感防治常识 docx"，完成下列操作

①将文章"H7N9 禽流感防治常识"标题文字设置为"黑体""一号""加粗""绿色"，字符间距加宽至"1.5 磅"，并"居中对齐"，设置段前间距为"6 磅"，段后间距为"7 磅"。

②设置正文字体格式为"宋体""五号""首行缩进 2 字符"，行距为"20 磅"。

③删除文档第 1 段"禽流感是禽类流行性感冒……"中的所有空格。

④将正文第 2 段中的所有字母及数字替换为"红色""加粗"格式。

⑤设置正文中第 2 段首字下沉"3 行"，距正文"0 厘米"，下沉文字格式为"加粗""华文隶书"。

⑥将正文第 4～9 段的 6 个注意事项加上"1.2.3…"格式的项目编号。

⑦将正文中第 3 段"日常生活中……"这部分文字设置为"橙色"底纹，图案样式为"10% 的浅蓝色"。利用格式刷将该格式应用到第 10 段"人感染高致病性……"中。

⑧为文章最后一段添加文本框，文本框格式为形状"折角形"、样式"细微效果 – 橙色，强调颜色 6"、阴影效果"右下斜偏移"。

⑨设置页面属性为"A4 纸"，页面上、下页边距设置为 2 厘米，方向为"纵向"，装订线位置"左""0.3 厘米"。

⑩设置文字对齐字符网格，每行 38 个字符，每页 43 行。

⑪ 设置页眉为"如何预防 H7N9"，设置页脚为"第 × 页 共 × 页"，页眉、页脚字体格式为"隶书""五号"，页眉"右对齐"，页脚"居中对齐"。

⑫ 设置文档文字水印"文稿编辑"，字体格式为"华文行楷""100 号""水绿色，个性色 5，深色 25%"。

⑬ 在文档末尾处插入日期，格式如"××××年××月××日星期×"，并自动更新日期。

（2）操作步骤

①选定标题文字，单击菜单"开始"选项卡→"字体"组右下角对话框启动器，打开"字

体”对话框（图3-1）。在“字体”选项卡中设置格式：“中文字体”选项中选择“黑体”，“字形”选项中选择“加粗”，“字号”选项中选择“一号”，“字体颜色”选项中选择“绿色”；在“高级”选项卡中设置：“间距”选项中选择“加宽”，其右侧的“磅值”更改为“1.5磅”，单击“确定”。

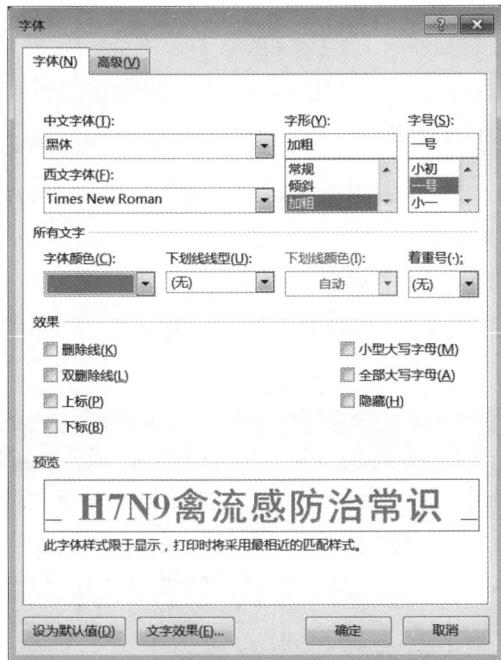

图3-1　“字体”对话框　　　　　　　　　　　图3-2　“段落”对话框

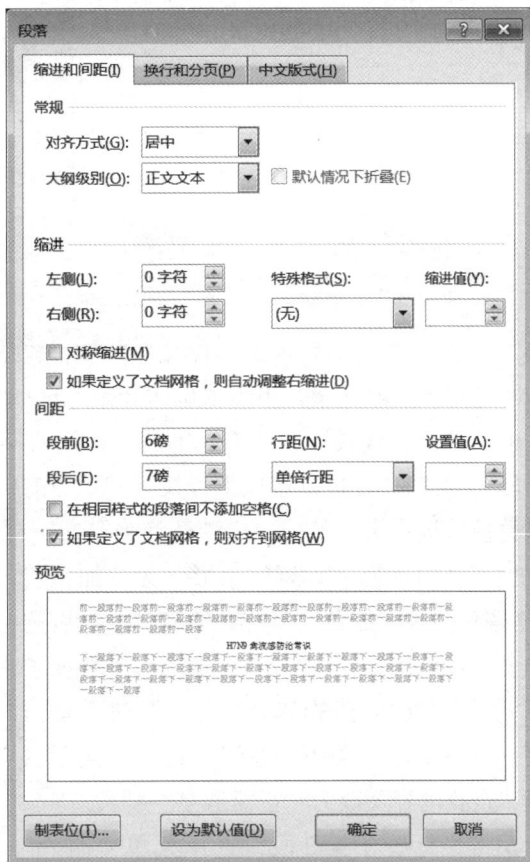

　　单击菜单“开始”选项卡→“段落”组右下角对话框启动器，打开“段落”对话框（图3-2），在“缩进和间距”选项卡中设置：“常规”→“对齐方式”选项中选择“居中”；“间距”→“段前”选项中输入“6磅”，“段后”选项中输入“7磅”，单击“确定”。

　　②选定正文文本，单击菜单“开始”选项卡→“字体”组右下角对话框启动器，打开“字体”对话框，在“字体”选项卡中设置：“中文字体”和“字号”下拉列表中选择“宋体”“五号”，单击“确定”；单击“开始”选项卡→“段落”组右下角对话框启动器，打开“段落”对话框，在“特殊格式”下拉列表中选择“首行缩进”“2个字符”，在“行距”列表框中设置“固定值”为“20磅”，单击“确定”。

　　③选定文档第1段文字，单击菜单“开始”选项卡→“编辑”组的“替换”，打开“查找和替换”对话框（图3-3）。在“查找内容”中输入一个空格，单击“全部替换”；或者单击左下角“更多”，选择“特殊格式”→“空白区域”，然后单击“全部替换”。当出现“在所选内容中替换了57处。是否搜索文档的其余部分？”时，单击“否”，然后单击“关闭”按钮。

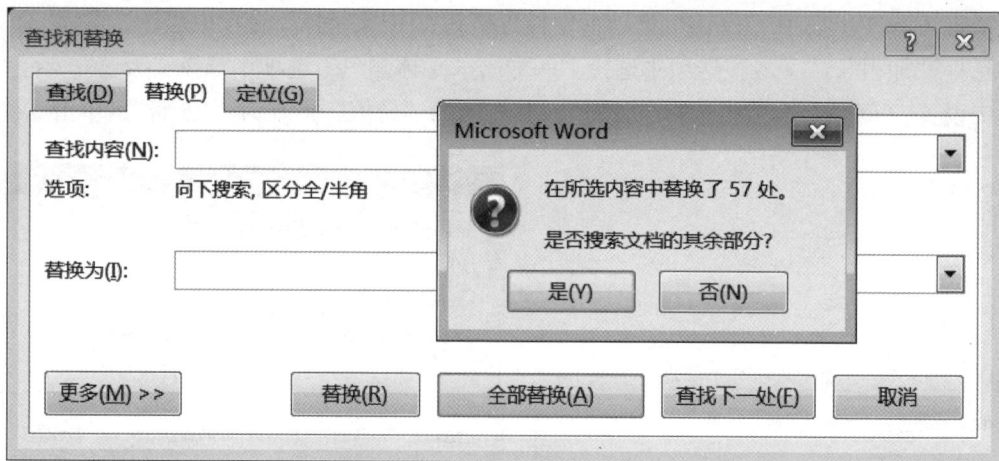

图3-3　"查找和替换"对话框

④选定第2段文字，单击菜单"开始"选项卡→"编辑"组的"替换"，打开"查找和替换"对话框，选择"查找"选项卡。单击"查找内容"文本框→"更多"，选择"特殊格式"→"任意字母"；选择"在以下选项中查找"→"当前所选内容"，此时选中第2段中所有任意字母；选择"替换"选项卡，然后单击"替换为"文本框→"更多"，再选择左下角"格式"→"字体"，在替换字体对话框中设置"字形"为"加粗"，"字体颜色"为"红色"，单击"确定"，最后选择"全部替换"。当出现"在所选内容中替换了9处。是否搜索文档的其余部分？"时，单击"否"，然后单击"关闭"按钮。数字替换则只需将"查找内容"改为"任意数字"即可。

⑤将光标置于第2段，选择菜单"插入"选项卡→"文本"组"首字下沉选项"，打开"首字下沉"对话框（图3-4），设置首字下沉为"华文隶书""3行"，距正文"0厘米"，单击"确定"按钮。对选中需下沉的文字单击"开始"选项卡→"字体"组的"加粗"选项。

⑥选择文档第4～9段，单击菜单"开始"选项卡→"段落"组"编号"右侧下三角箭头，在下拉列表中选择格式为"1.2.3."的项目编号。

⑦选定第3段，单击菜单"开始"选项卡→"段落"组"边框"右侧下三角箭头，在下拉列表中选择"边框和底纹…"，打开"边框和底纹"对话框，选择"底纹"选项卡（图3-5），设置填充为"橙色"，图案中样式为"10%"、颜色为"浅蓝"，并在"应用于"下拉框中选择"文字"，单击"确定"按钮。选中第3段，单击"开始"选项卡→"剪贴板"组的"格式刷"，拖动刷子图样选定第10段文字完成格式复制。

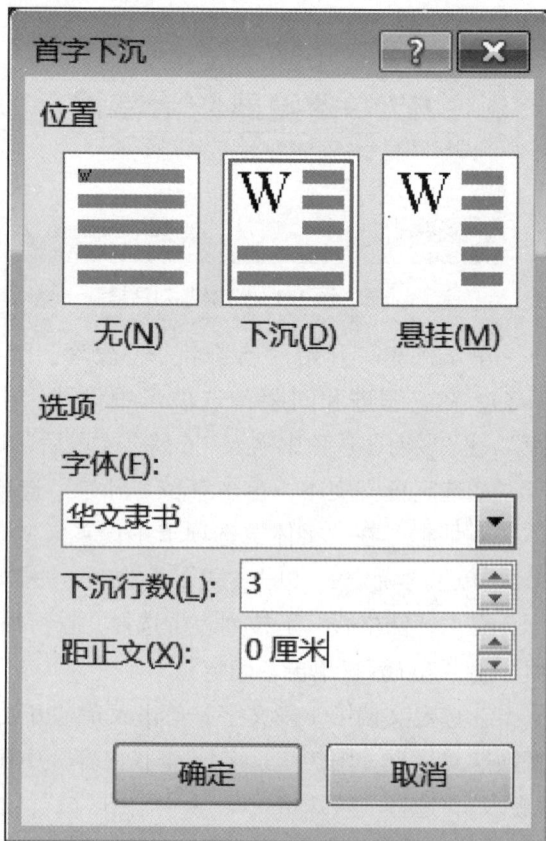

图3-4　"首字下沉"对话框

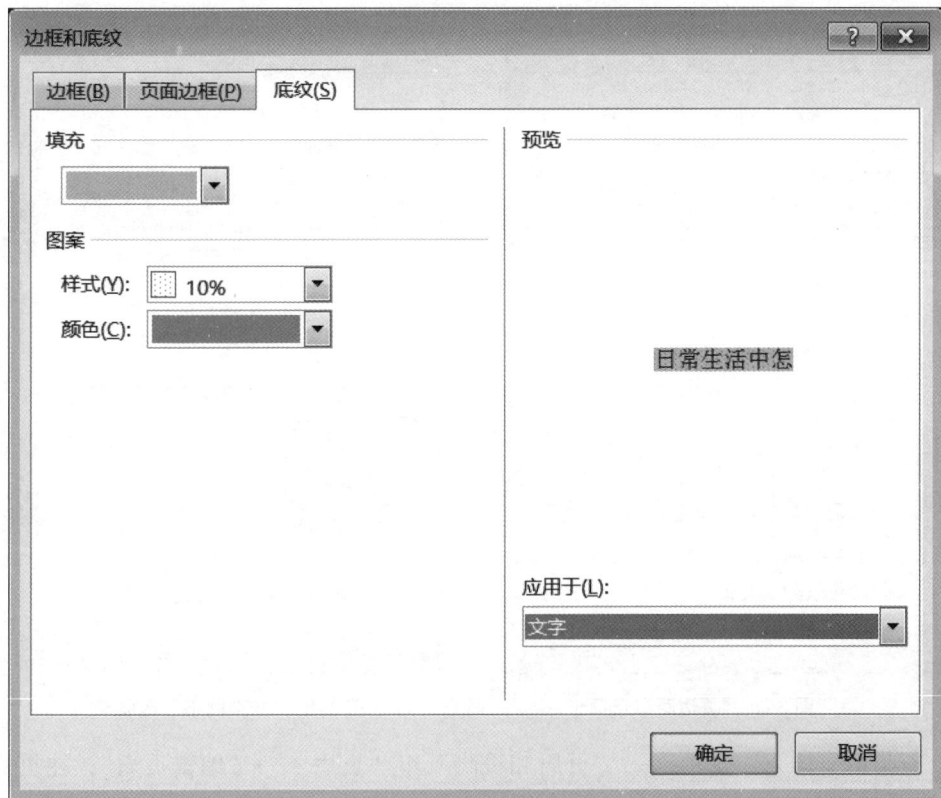

图 3-5　"边框和底纹"对话框

⑧单击菜单"插入"选项卡→"文本"组"文本框"→"简单文本框"命令。选定要加入文本框的文字，通过"剪切"与"粘贴"方式，将选定文字移入文本框中，调整文本框大小并放于合适位置。选定文本框，选择"格式"选项卡（图 3-6）→"插入形状"组→"编辑形状"→"更改形状"下拉列表中选择"折角形"。在"形状样式"组中选择样式"细微效果 – 橙色，强调颜色 6"，在"形状样式"组中选择"形状效果"→"阴影"→"右下斜偏移"选项。

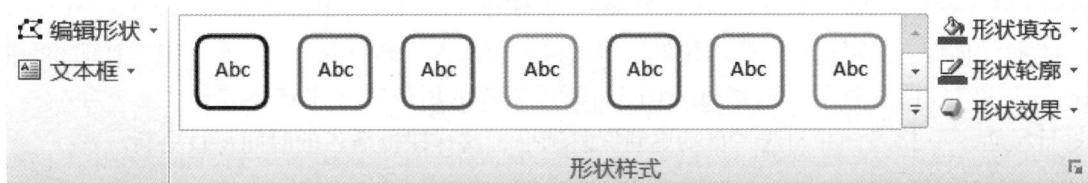

图 3-6　"格式"选项卡

⑨单击菜单"布局"选项卡→"页面设置"组"纸张大小"按钮，选择"A4"。单击"页面设置"右下角对话框启动器，打开"页面设置"对话框，在"页边距"选项卡（图 3-7）中设置页边距为上"2 厘米"、下"2 厘米"、装订线"0.3 厘米"、装订线位置"左"。设置纸张方向为"纵向"，单击"确定"。

⑩单击菜单"布局"选项卡→"页面设置"右下角对话框启动器，打开"页面设置"对话框，在"文档网格"选项卡（图 3-8）中设置网格为"指定行和字符网格"，字符数为"每行 38"，行数"每页 43"，最后单击"确定"。

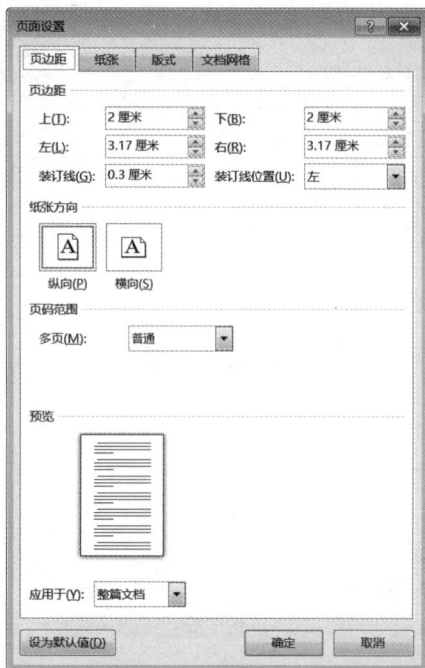

图 3-7   "页边距"选项卡

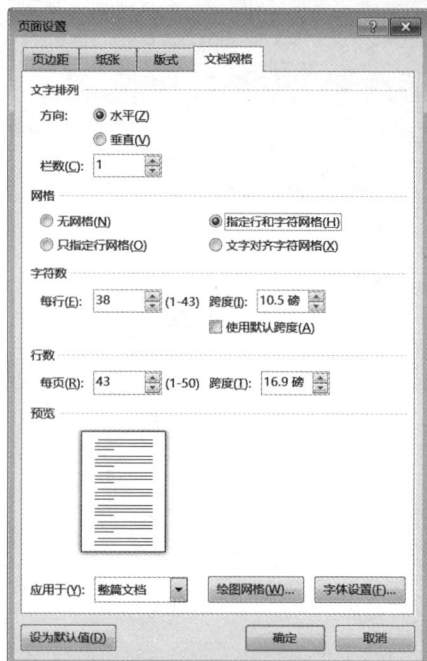

图 3-8   "文档网格"选项卡

⑪ 单击菜单"插入"选项卡→"页眉和页脚"组"页眉"→"编辑页眉",在页眉中输入"如何预防 H7N9";选定输入的页眉,单击菜单"开始"选项卡→"字体"组选择字体为"隶书"、字号为"五号",在"段落"组单击对齐方式为"右对齐"。将输入光标切换到页脚编辑区,选择"页眉和页脚工具"→"设计"选项卡,单击"页眉页脚"组"页码"→"页面底端"形如"X/Y"的页码样式,将"X/Y"形式手动修改为"第 X 页 共 Y 页"形式,并设置字体格式为"居中对齐""隶书""五号"。单击"页眉和页脚工具"菜单→"设计"选项卡最右端"关闭页眉和页脚"。

⑫ 单击菜单"设计"选项卡→"页面背景"组"水印",选择"自定义水印",打开"水印"对话框(图 3-9),完成"文字""字体""字号""颜色"的设置,单击"确定"按钮。

⑬ 将光标输入点定位在文档末尾处,单击菜单"插入"选项卡→"文本"组"日期和时间"按钮,打开"日期和时间"对话框(图 3-10),在"可用格式"中选择"××××年××月××日星期×"格式,并勾选"自动更新"复选框,这样使得插入的时间每日更新。

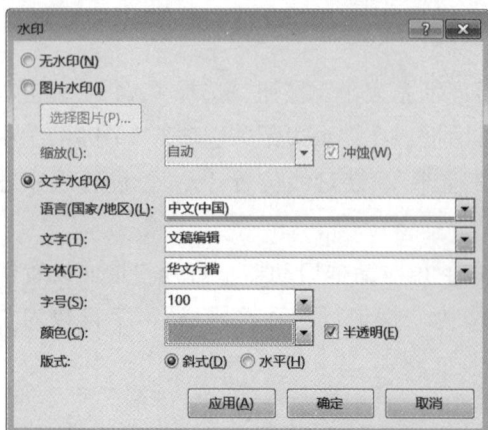

图 3-9   "水印"对话框

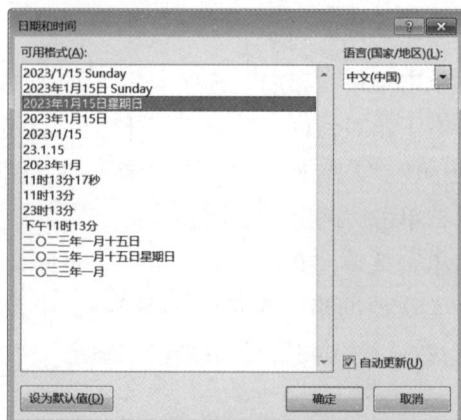

图 3-10   "日期和时间"对话框

3.1.1 文档的创建

1.Word 2016 的操作界面　启动 Word 2016 后的操作界面（图 3-11），与 Word 前期的版本有较大的区别。

图 3-11　Word 2016 操作界面

（1）快速访问工具栏　包含保存、撤销、恢复等常用命令，单击右边的下拉按钮（图 3-12）可以添加其他常用命令，如新建、打开、打印预览和打印等。如需选择"其他命令"命令，则打开"Word 选项"→"快速访问工具栏"窗口，自定义个性化的快速访问工具栏，使操作更加方便。

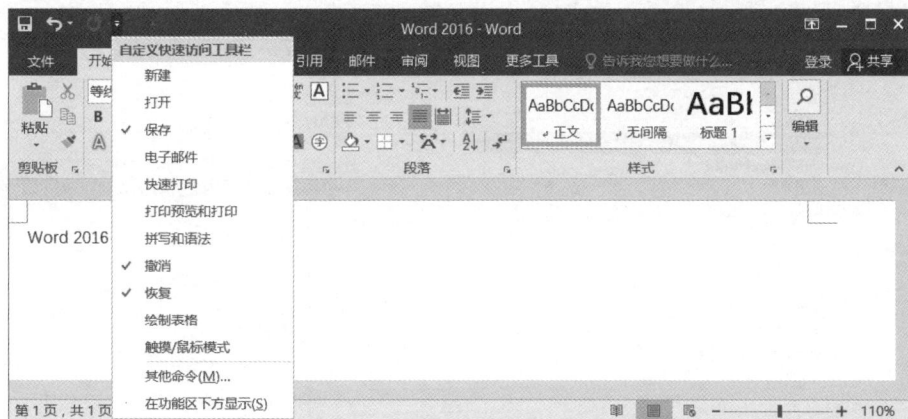

图 3-12　自定义快速访问工具栏

（2）功能选项卡　常见的有"开始""插入""设计""布局"等选项卡，对于某些操作会自动添加与操作相关的一个上下文选项卡，如当插入或选中图片时，自动在右侧添加"图片工具"的"格式"选项卡。

（3）功能区　显示当前选项卡下的各个组，如"开始"选项卡下的"剪贴板""字体""段落""样式"等组，组内列出了相关的按钮或命令。组名称右边的按钮即对话框启动器，单击此按钮可打开一个与该组命令相关的对话框。功能区是 Word 2016 的命令区域，它与其他软件中的"菜单"或"工具栏"相同。单击功能区右下角"折叠功能区"按钮或按"Ctrl+F1"组合键可以将功能区隐藏或显示。

（4）文本编辑区　功能区下的空白区即是文本编辑区，是输入文本，添加图形、图像及编辑文档的区域，对文本进行的操作结果都将显示在该区域。文本区中闪烁的光标为插入点，是文字和图片输入的位置，也是各种命令生效的位置。文本区右边和下边分别为垂直滚动条和水平滚动条（水平方向上有文本内容不能全部显示时才出现水平滚动条）。

（5）标尺　文本区左边和上边的刻度分别为垂直标尺和水平标尺，拖动水平标尺上的滑块可以设置页面的宽度、制表位、段落缩进等。

（6）状态栏和视图栏　分别在窗口的左、右下角，状态栏显示了当前文档的信息。视图栏分为视图切换区和比例缩放区，可进行页面视图、阅读版式视图、Web 版式视图、大纲视图、草稿等视图的切换，拖动"显示比例滑杆"中的滑块，可以调整显示比例。

①页面视图：显示的文档与打印出来的效果相似，是处理文档时最常用的视图，要插入文本框、图片，显示分栏效果，设置页眉页脚、版式等，都要在页面视图下进行。

②阅读版式视图：是阅读时经常使用的视图，可以进行批注、标记文本等，贴近阅读习惯。

③ Web 版式视图：是编辑 Web 页时常用的视图，以适应窗口为主而不显示为实际打印效果。

④大纲视图：不显示图片和表格，只显示文档的结构，其显示的符号和缩进不影响实际的打印效果。

（7）"Word 选项"对话框　某些命令可以从"文件"选项卡→"选项"组中打开"Word 选项"对话框，在左侧的列表中，单击"自定义功能区"（图 3–13）或"快速访问工具栏"，从右栏的"从下列位置选择命令"下拉列表框中选择"所有命令"选项，添加需要的命令到功能区或快速访问工具栏。

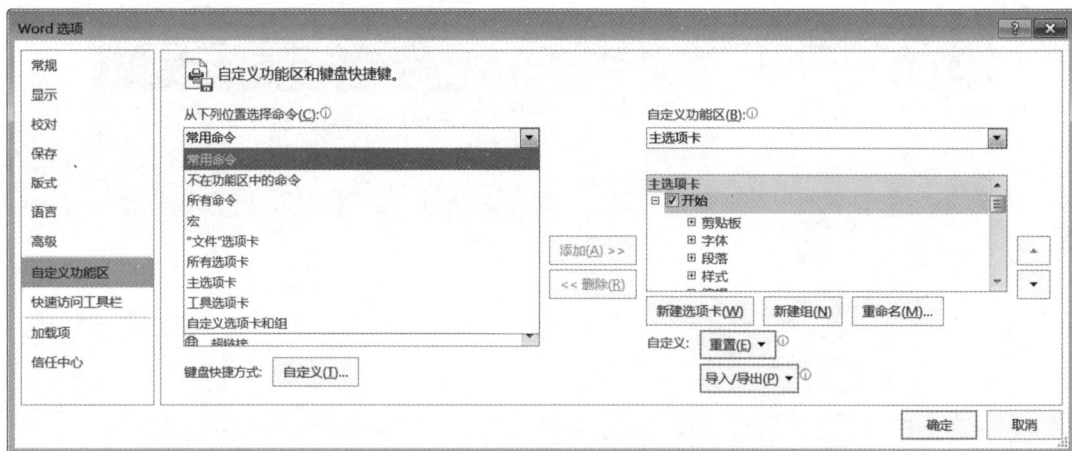

图 3–13　"Word 选项"对话框

（8）后台视图　单击菜单"文件"选项卡即可打开后台视图，该视图左侧导航栏中提供了若干选项卡，如"信息""共享"等。

（9）获取帮助　在 Word 2016 中，可通过快捷键"F1"打开帮助菜单对话框，可单击"更多…"从"主要类别"中选择需要获取的内容。如需了解"为文档添加'第 × 页，共 × 页'的页码"，首先通过"主要类别"找到"页码"分类，再在其中选择相应的说明文档。还可以通过在搜索栏输入关键字的方式，如搜索"项目符号"，Office 2016 将提供来自联机网络的所有帮助信息。

2. 创建新文档　当用户启动 Word 2016 时，系统会默认打开名为"文档 1"的新文档。除了系统自带的新文档之外，用户还可以利用"文件"选项或"快速访问工具栏"来创建空白文档或模板文档。

（1）创建空白文档 在 Word 2016 中，执行"文件"选项卡→"新建"命令，选择"空白文档"，便可以创建一个新空白文档。用户还可以单击"快速访问工具栏"中的下三角按钮，在下拉列表中选择"新建"选项，通过添加"新建空白文档"命令来快速创建文档。

（2）创建模板文档 执行"文件"选项卡→"新建"命令后，用户不仅可以创建模板类文档，还可以创建联机模板文档。Word 2016 为用户提供了书法字帖、应届大学毕业生履历、精美求职信、快照日历、报表等多种模板，也可以通过搜索查找其他多种类型的联机模板（图 3-14）。在模板列表下单击所需类型，在预览窗口中查看预览效果，最后单击"创建"按钮即可创建模板文档。

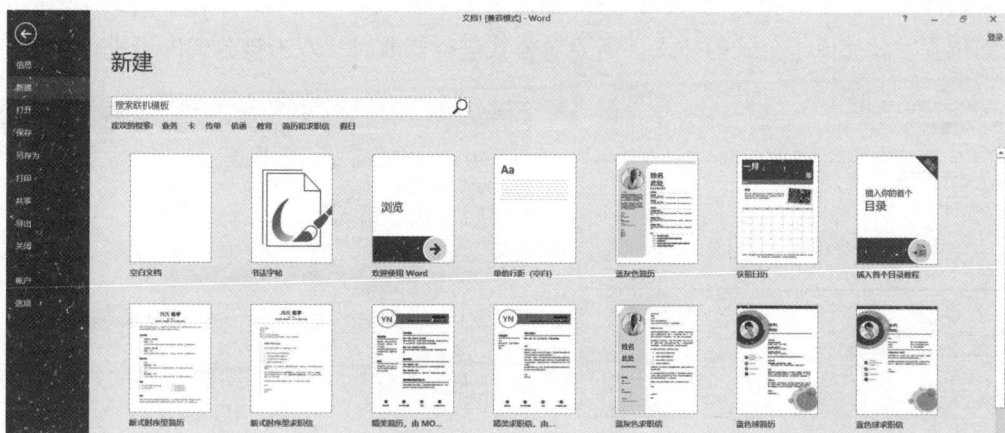

图 3-14 联机模板列表

3.1.2 文档的编辑

文档的编辑包括对文本的输入、移动或复制、插入和删除、查找和替换等。利用 Word 的"插入"选项卡，还可满足用户对公式与特殊符号的输入需求。

1. 输入文字 在 Word 文档中的光标处，可以直接输入中英文、数字、符号、日期等文本。按 Enter 键可以直接进行下一行的输入，按空格键可以空出一个或几个字符后再继续输入。

2. 输入符号 对于不能直接通过键盘输入的符号，可通过插入符号的方式解决，在"插入"选项卡的"符号"组中的下拉列表框中选择所需符号。如果没有要插入的符号，可以单击"符号"→"其他符号"按钮，打开符号对话框（图 3-15）选择所需符号，单击"插入"按钮。

3. 输入公式 为了解决专业论文编辑时常用到的数学公式问题，特别提供了公式工具栏帮助使用者直观地

图 3-15 "符号"对话框

插入和生成结构多且复杂的数学公式。在文档中插入公式的方法有两种。

第一种：点击"插入"选项卡→"符号"组中"公式"命令，在"公式"的下拉菜单（图3-16）中可以看到系统预先提供的一些常用公式，如二次公式、二项式定理、傅立叶级数、勾股定理等。

◆提示：用户可以在"公式"下拉列表中选择"插入新公式"选项，在增加的"公式工具"的"设计"选项中设置公式结构或公式符号来创建新公式。

第二种：点击"插入"选项卡→"文本"组中"对象"命令下拉菜单的"对象"选项，在弹出的"对象"对话框（图3-17）中选择"Microsoft公式3.0"。点击"确定"之后，就会在文本编辑区域出现公式输入框和"公式"工具栏（图3-18），如分式、根式、求和、微积分符号等，根据需要选择工具栏上的相关公式样式进行输入编辑。公式输入完毕，单击"公式编辑区域"以外的任何位置，就完成了公式的插入。需要对公式进行修改时，双击该公式即可进行修改。

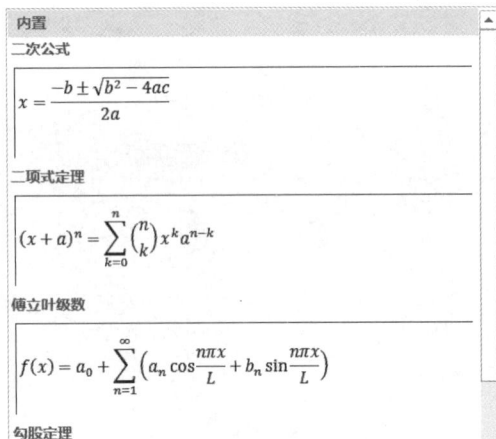

图 3-16　选择公式

图 3-17　插入"对象"对话框

图 3-18　插入"公式"对话框

4. 删除文本　将光标移至某字符前按 Del 键，或将光标移至该字符后按 Backspace，选中一段文本按 Del 键则整段文本被删除。

5. 编辑文档　要对文本进行编辑操作，选定文本是首要的步骤，选定文本的方法有多种。

（1）文档内容的选定

1）在选定区用鼠标选定：左键单击选定一行，双击鼠标选定一段，三击鼠标选定整篇文档（选定区在文档工作区左边界空白处，鼠标在选定栏显示为空心向右箭头）。

2）文档区选定操作

① Shift 键＋单击：将插入点移到需选定文本的起始位置，按住 Shift 键，再将插入点移到需选定文本的结尾，松开 Shift 键，所选中的文本为黑色背景显示，表示该文本区域已被选定。

②拖动法：鼠标在文本上、下、左、右拖动，可以选中拖过的文本。

③Alt键＋鼠标拖动：按住Alt键，用鼠标拖动，可选择一个矩形文本块。

（2）文档内容的复制、移动

①复制：在文档中选中要复制的内容，点击"开始"选项卡→"剪贴板"组中的"复制"命令，然后选择放置文本的位置，执行"剪贴板"→"粘贴"命令即可。

◆技巧：在Word 2016中，用户可通过快捷键"Ctrl+C"键与"Ctrl+V"键来复制和粘贴文本；或在选中的文本中右击，在快捷菜单中执行"复制"与"粘贴"命令。

②移动：在文档中选中要移动的内容，点击"开始"选项卡→"剪贴板"组中的"剪切"命令，然后选择放置文本的位置，执行"剪贴板"→"粘贴"命令即可。

◆技巧：在Word 2016中，用户可通过快捷键"Ctrl+X"键与"Ctrl+V"键来移动文本；或在选中的文本中右击，在快捷菜单中执行"剪切"与"粘贴"命令。

（3）撤销与恢复文本　撤销和恢复是为防止误操作而设置的功能，撤销可以取消前一步（或几步）的操作，而恢复则在删除文本后取消刚做的操作。

①撤销：单击"快速访问工具栏"中的"撤销"按钮，便可以撤销上次的操作。另外，单击"撤销"按钮旁边的下三角按钮，可实现需要撤销的操作，也可以撤销多级操作。

②恢复：单击"快速访问工具栏"中的"恢复"，便可以恢复已撤销的操作。

◆技巧：在Word 2016中，用户可通过快捷键"Ctrl+Z"键与"Ctrl+Y"键来撤销与恢复文本。

（4）查找与替换　对于长篇或包含多处相同及共同的文档来讲，修改某个单词或修改具有共同性的文本时显得特别麻烦。为了解决用户的使用问题，Word 2016为用户提供了查找与替换文本的功能。

1）查找：查找功能一般用来查看文档中某个特定的词汇，使用查找功能的方式：点击"开始"选项卡→"编辑"组的"查找"命令，此时会在Word窗口的左侧弹出一个"导航"任务窗格（图3-19）。

在"导航"任务窗格的文本输入处输入需要查找的关键字，就会在下方的结果窗口中列出文档中所有出现该关键字的文本条目，单击每个条目，就可以分别查看出现该关键字的文本。

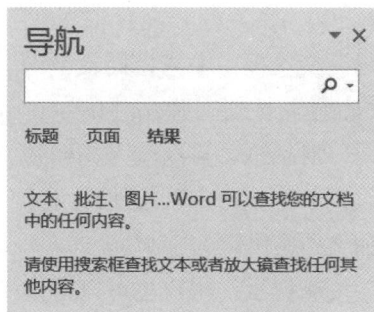

图3-19　"导航"任务窗格

也可使用对话框查找文本，即在"开始"选项卡→"编辑"组中单击"查找"→"高级查找"按钮，打开"查找和替换"对话框。选择"查找"选项卡，在"查找内容"框内输入要查找的内容，单击"更多"按钮，对话框将显示更多内容，如可以勾选"区分大小写"，还可以设置"格式"等。单击"查找下一处"按钮开始查找，直至全部查找；弹出"Word已完成对文档的搜索"提示框。

2）替换：替换是指将查找到的文档中多处的文本或格式等替换成其他内容，即可以更改查找到的文本或批量修改相同的内容。

①查找与替换文本：在"开始"选项卡→"编辑"组中单击"替换"命令，弹出"查找和替换"对话框，在"替换"选项卡的"查找内容"与"替换为"文本框中分别输入需查找文本与替换文本，单击"替换"或"全部替换"按钮即可。

②查找与替换格式：在"查找与替换"对话框中，除了可以查找和替换文本之外，还可以查

找和替换文本格式。在"查找和替换"对话框中的"替换"选项卡底端的"替换"选项组中，单击"更多"→"格式"下三角按钮，选择"字体"选项。在弹出的"查找字体"对话框中，可以设置文本的字体、字形、字号及效果等格式，然后在"查找内容"与"替换为"文本框中输入文本，单击"替换"或"全部替换"按钮。在"替换"选项组中，除了可以设置字体格式之外，还可以设置段落、制表位、语言、图文框、样式和突出显示格式。

6. 保存文档　在编辑或处理文档时，为了保护劳动成果，应该及时保存文档。保存文档主要通过执行"文件"选项卡→"保存"或"另存为"命令，保存新建文档或已经保存过的文档，甚至保护文档。

（1）保存文档　对于新建文档来说，执行"文件"选项卡→"保存"命令或单击"快速访问工具栏"中的"保存"按钮，即可弹出"另存为"对话框。在对话框中选择保存位置与保存类型即可。

对于已经保存过的文档来讲，执行"文件"选项卡→"保存"命令，即将文档保存为副本或覆盖原文档。或执行"文件"选项卡→"另存为"命令，在弹出的"另存为"对话框中选择需保存位置和保存类型，即可重新保存文档。

（2）保护文档　对于一些具有保密性内容的文档，需要添加密码以防止内容外泄。在"另存为"对话框中单击"工具"下三角按钮，在下拉列表中选择"常规选项"选项，弹出"常规选项"对话框（图3-20）。在"打开文件时的密码"文本框中输入密码，单击"确定"按钮，弹出"确定密码"对话框，再次输入相同密码，单击"确定"按钮即可添加文档密码。

◆提示：用户也可以通过执行"文件"选项卡→"信息"命令，单击"保护文档"下拉按钮，在其下拉列表中选择"用密码进行加密"选项，来对文档添加密码。

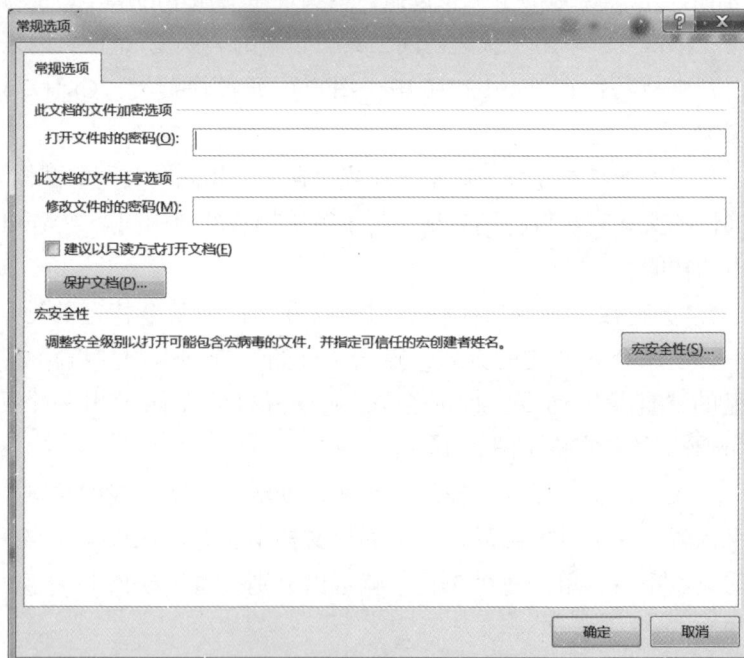

图3-20　"常规选项"对话框

3.1.3 文档的排版

为使文档美观、舒适、便于阅读，需要对文档进行必要的格式编排，即通常所说的排版。

1. 字符格式设置　字符是指汉字、西文字母、标点符号、数字及某些特殊符号等。字符排版是以字符为处理对象进行格式化，包括对各种字符大小、字体、字形、字符修饰、下划线、颜色、字符间距和宽度等进行设定，其目的是改变字符在屏幕上显示或打印出来的视觉效果。具体方式是先选中要进行格式设置的文本内容，单击菜单"开始"选项卡→"字体"组右下角对话框启动器，打开"字体"对话框，在弹出的"字体"对话框中进行字体设置。字体包括中文字体和西文字体两大类。另外，在"高级"选项卡中可实现字符间距、字符位置、字符缩放比例等内容的设置。

2. 段落格式设置　段落格式设置是以段落为单位进行格式设置，具体包括段落对齐方式、段落缩进方式、行间距、段间距、段落边框及底纹等的设置。Word自动在输入回车键的地方插入一个段落标记"↵"以标志一个段落的结束。段落标记保留着有关该段所有格式设置信息。如果移动或复制一个段落，若要保留该段落的格式，则要将段落标记包括进去。

可以使用"段落"对话框对文本内容的段落格式进行统一设置。操作方法是单击菜单"开始"选项卡→"段落"组右下角对话框按钮，打开"段落"对话框，在"缩进和间距"选项卡中设置段落的对齐方式、大纲级别、段落缩进及段落间距，同时有预览效果，还可通过"换行和分页"和"中文版式"选项卡对段落格式进行相应设置。其中段落的缩进也可以使用标尺来快速实现，具体方法是将插入点定位在要缩进的段落中，然后将标尺上的缩进符号拖动到合适的位置，被选定的段落随缩进标尺的变化而重新排版。

3. 边框和底纹设置　为了修饰文本，可以为所选的对象（包括字符、段落、表格、图片和图文框）加上边框和底纹。边框是指围在对象四周的一个或多个边上的线条。底纹是指用选定的背景填充对象。边框和底纹可以添加在同一段落中，也可以为选定的字符或整个页面添加边框和底纹。单击菜单"设计"选项卡→"页面背景"组→"页面边框"，打开"边框和底纹"对话框（图3-21），有"边框""页面边框"和"底纹"3个选项卡。

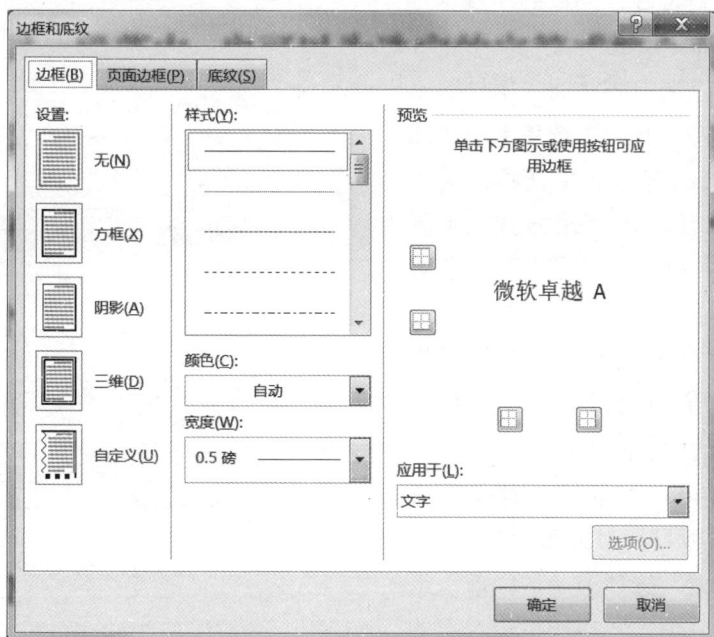

图3-21　"边框和底纹"对话框

在"边框"选项卡的对话框中分别对"设置（边框的形式）""样式""颜色"和"宽度"进行设置后，按"确定"按钮完成设置；底纹设置在"底纹"选项卡中进行"填充"（底纹颜色）、"图案"（图案形式）、"颜色"（图案颜色）设置后，按"确定"按钮完成设置；"页面边框"选项卡用于对页面或整个文档加边框。

◆注意：在设置边框和底纹时，设置的效果是应用于段落还是文字，需要在"应用于"下拉列表框中选择应用范围，两者呈现的效果是不一样的。

4. 项目符号和编号 在进行长文档编辑时，为表达某些内容之间的并列关系、顺序关系等，需要对其中某些段落进行编号，以突出显示这些段落的逻辑关系。Word 2016 提供了项目符号和编号来解决这一问题。项目符号可以是字符，也可以是图片。编号是连续的数字或字母，Word 具有自动编号功能，当增加或删除段落时，系统会自动调整相关的编号顺序。

（1）插入项目符号 选中需要插入项目符号的一个或几个段落，单击"开始"选项卡→"段落"组"项目符号"命令右侧下拉三角，在下拉列表中会出现常用的项目符号库（图 3-22），可从中选择所需符号。若需其他项目符号，则可选择"定义新项目符号"命令，在弹出的"定义新项目符号"对话框中设置所需项目符号，设置的项目符号效果可在对话框下部"预览"。

（2）插入编号 选中需要插入编号的一个或几个段落，单击"开始"选项卡→"段落"组"编号"命令右侧下拉三角，在下拉列表中会出现常用的段落编号方式（图 3-23），可选择其中的一种编号方式。若需自定义编号方式，也可以选择"定义新编号格式…"命令，在弹出的"定义新编号格式"对话框中设置所需项目符号，设置的编号格式效果可在对话框下部"预览"。

创建项目符号与编号的另一种操作方法：选定需要添加项目符号或编号的段落，然后单击菜单"开始"选项卡→"段落"组中"项目符号"或"编号"功能按钮右端的小箭头，展开其下拉列表，再选择相应菜单项。若要删除项目符号，选定文本后，打开"项目符号和编号"对话框，在"项目符号"选项卡中选择"无"即可。

5. 版式设置 版式设置主要用来定义中文与混合文字的版式。执行"开始"选项卡→"段落"组中列表中的各项命令即可进行版式设置。

（1）纵横混排 纵横混排是将选中的文本以竖排的方式显示，而未被选中的文本则保持横排显示。执行菜单"开始"选项卡→"段落"组中"中文版式"→"纵横混排"命令，在弹出对话框选中"适应行宽"复选框，则正文按照行宽的尺寸进行显示，反之则以字符本身的尺寸进行

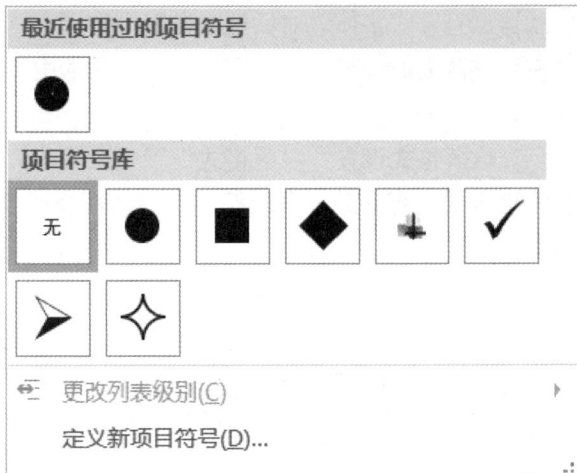

图 3-22 "项目符号库"菜单

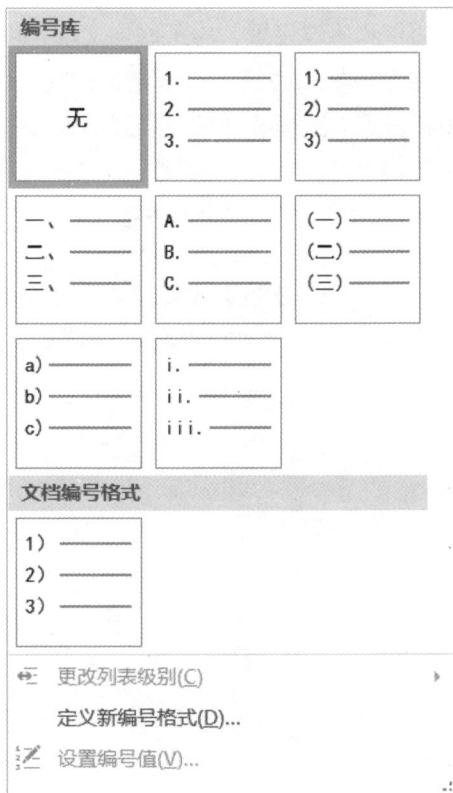

图 3-23 "编号库"菜单

显示。

（2）合并字符　合并字符是将选中的字符按照上下两排的方式进行显示，显示所占据的位置以一行的高度为基准。执行菜单"开始"选项卡→"段落"组中"中文版式"→"合并字符"命令，在弹出的对话框中进行文字、字体、字号或删除已合并的字符。

（3）双行合一　双行合一是将文档中的两行文本合并为一行，并以一行的格式进行显示。在文档中选择需要合并的行，执行菜单"开始"选项卡→"段落"组中"中文版式"→"双行合一"命令，在弹出对话框中进行文字、是否带括号及括号的样式设置。

（4）突出显示文本　突出显示文本是以不同的颜色来显示文本，从而使文字看上去好像用荧光笔标记一样。执行"开始"选项卡→"字体"组中"以不同颜色突出显示文本"命令，在列表中选择颜色。

（5）首字下沉　首字下沉主要用在文档或章节开头处，主要分为下沉与悬挂两种方式。下沉是首个字符在文档中加大，占据文档中3行的首要位置；悬挂是首个字符悬挂在文档的左侧部分，不占据文档中的位置。执行"插入"选项卡→"文本"组中"首字下沉"命令，在下拉列表中选择"下沉"或"悬挂"格式。

6.页面设置　页面设置主要对文档进行页面版式、页边距、文档网络等格式的设置。

（1）设置页边距　页边距是文档中页面边缘与正文之间的距离，默认情况下，顶端与底端的页边距数值为2.54厘米，左侧和右侧页边距数值为3.17厘米。用户可以执行"布局"选项卡→"页面设置"组中选择"页边距"命令，在下拉列表中选择相应的选项即可；也可以在"页边距"下拉列表中选择"自定义边距"选项，在弹出的"页面设置"对话框的"页边距"选项卡中全面设置页边距效果。

①页边距：主要用于设置上、下、左、右页边距的数值。若用户需要将打印后的文档进行装订，还要设置装订线的位置和装订线与页边距间的距离。需要注意的是装订线只能设置在页面的左侧或上方。

②纸张方向：Word 2016默认纸张方向为纵向，用户可在"布局"选项卡→"页面设置"组中"纸张方向"命令中选择"纵向"或"横向"以调整纸张方向。

③应用于：通过该选项可以选择页面设置参数所应用的对象，主要包括整篇文档、插入点之后2种。值得注意的是，在书籍页与反向书籍折页页码范围下，该选项将不可用。

（2）设置页面版式　在"页面设置"组中，除了可以设置页边距与纸张大小之外，还可以在弹出对话框的"版式"选项卡中设置节的起始位置、页眉和页脚、对齐方式等格式。

1）分节：在新建新文档时，Word将整篇文档默认为一节，在同一节中只能应用相同的版面设计，为了版面设计的多样化，可以将文档分割成任意数量的节，用户可以根据需要为每节设置不同的节格式。"页面设置"对话框中的"纸张""页边距""版式"和"文档网格"4个选项卡都可以针对节单独设置。

如果需要对一页或多页采用不同的版面布局，那么就需要用"分节符"将文档分成几个"节"，然后根据需要分别设置每"节"的格式。

①分节方式：将光标移到需要"分节"的位置，执行"布局"选项卡→"页面设置"组中"分隔符"命令，这时会在"分隔符"下拉菜单（图3-24）中看到4种类型的分节符。

下一页：插入分节符并在下一页上开始新节。

连续：插入分节符并在同一页上开始新节。

偶数页：插入分节符并在下一偶数页上开始新节。

奇数页：插入分节符并在下一奇数页上开始新节。

◆注意：如选择"下一页"表示插入一个分节符，并且在下一页上开始新的一节的内容，插入点后的内容将被分节到下一页的开头。

②删除"分节符"：执行"视图"选项卡→"视图"组中"草稿"命令，在这种视图下会看到"分节符"，单击鼠标左键选中"分节符"，按 Delete 键就可以删除该分节符。

2）页眉和页脚：在图书、杂志或论文的每页上方有章节标题或页码等，就是页眉；在每页下方会有日期、页码、作者姓名等，就是页脚。在分页后的文档页面中，不仅可以对节进行页面设置、分栏设置，还可以对节进行个性化页眉、页脚设置。

选择"插入"选项卡→"页眉和页脚"组中的"页眉"命令，在列表中选择页眉类型即可为文档插入页眉；同样，执行"页脚"命令，在列表中选择页脚类型即可为文档插入页脚；或利用"插入"选项卡→"文本"组中选择"文档部件"菜单中的"域"丰富页眉和页脚。如果需要设置首页不同或奇偶页不同的页眉和页脚，可在"布局"选项卡→"页面设置"组中"页面设置"弹出框中选择"版式"选项卡，选择"奇偶页不同"复选框。创建奇偶页不同的页眉和页脚后，在奇数页眉、页脚区可分别显示"奇数页页眉""奇数页页脚"，在偶数页眉、页脚区可分别显示"偶数页页眉""偶数页页脚"。

如需要为文档的不同章节设置不同的页眉和页脚，只能将文档分节，通过节格式来实现。分节文档的页眉、页脚更为灵活。如果设置文档首页作为不同的页眉和页脚，可将文档首页作为单独一节，其他内容作为一节。

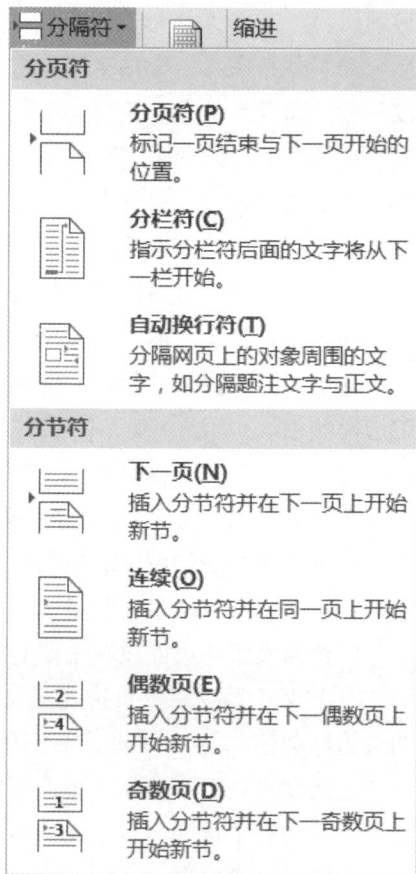

图 3-24 "分隔符"对话框

7. 设置水印背景

（1）设置纯色背景 Word 2016 中默认的背景色是白色，用户可执行"设计"选项卡→"页面背景"组中"页面颜色"命令来设置文档的纯色背景格式。

（2）设置填充背景 文档中不仅可以设置纯色背景，还可以设置多样式的填充效果，如渐变填充、图案填充、纹理填充等效果。执行"设计"选项卡→"页面背景"组中"页面颜色"→"填充效果"命令，可在"填充效果"对话框中设置渐变、纹理、图案与图片 4 种效果，从而使文档更具有美观性。

（3）设置水印背景 水印是用于文档背景中的一种文本或图片。添加水印之后，用户可以在页面视图、全屏阅读视图或打印的文档中看见水印。执行"设计"选项卡→"页面背景"组中"水印"命令，可以通过系统自带样式或自定义的方法来设置水印效果。

1）自带样式：Word 2016 中自带了机密、紧急与免责声明 3 种类型共 12 种水印样式，用户可根据文档内容设置此类水印的不同效果。

2）自定义水印效果：除了自带水印效果之外，还可以自定义水印文字和效果。在"水印"

命令下拉列表中选择"自定义水印"选项，弹出"水印"对话框（图3-25）。在该对话框中可以设置无水印、图片水印与文字水印3种水印效果。

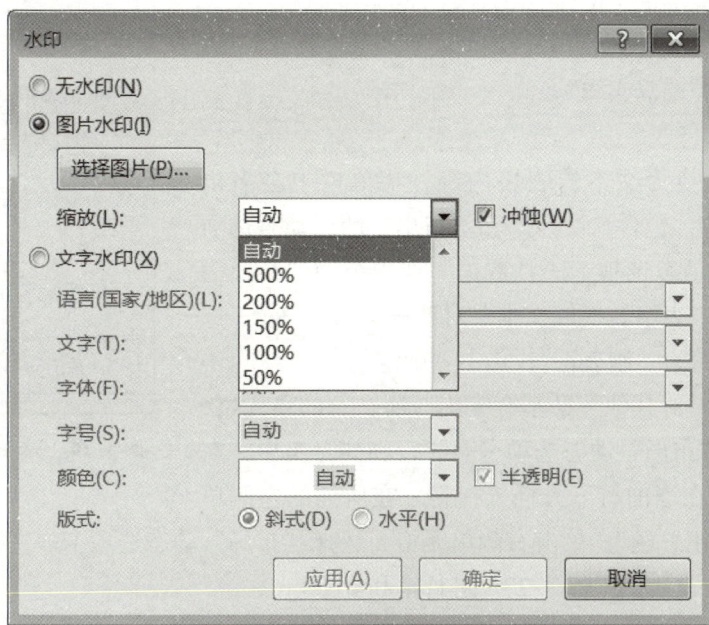

图3-25 "水印"对话框

①图片水印：选中"图片水印"单选按钮，单击"选择图片"选项，在弹出的"插入图片"对话框中选择需要插入的图片，然后单击"缩放"下拉菜单，在列表中选择缩放比例，最后选中"冲蚀"复选框以淡化图片，避免图片影响正文。

②文字水印：选中"文字水印"单选按钮，在选项组中可以设置语言、文字、字体、字号、颜色与版式，另外还可以通过"半透明"复选框设置文字水印的透明状态。

8. 打印 打印预览是用来显示文档打印稿的外观，通过打印预览查看文档可以避免打印后才发现错误。预览一般从插入点所在的页开始。使用"打印预览"的操作方法：选择菜单"文件"选项卡→"打印"按钮，在打印预览窗口即可预览打印效果，同时通过打印预览窗口的滚动框或调整缩放比例预览全部页面的整体概貌。

单击Word功能选项卡上的任何一项，即可返回打印预览前的状态。

如果用户需要将整个文档或部分文档从打印机输出，可以使用打印命令。打印文档之前，要确保打印机已正确安装。打印的操作方法：选择菜单"文件"选项卡→"打印"组中打印设置，指定打印范围和份数→打印，打印机将开始打印。

3.2 表格

【案例3-2】表格应用

（1）打开"医保病人费用结算表"，完成如下操作。

①将表格第一行转换为文本，文字分隔符为"制表符"。

②在表格"8.其他补助基金支出"后面插入一行，合并为两个单元格，左侧单元格输入"医疗费用总额"，右侧单元格通过公式将上面8项费用相加，计算出总费用。

③将"个人自付总额"行拆分为4个单元格，并将后面两个单元格拆分为两行，分别输入"个人账户支出，0""个人现金支出，4474.46"。

④设置表格外框线为"0.5 磅，黑色双实线"，内边框线为"1 磅，蓝色，单实线"。

⑤设置表格填充颜色"个性色 6，淡色 80%"。

⑥将"费用明细"单元格填充颜色改为"浅蓝色"，上边框线设置为"0.5 磅""双实线"。

（2）操作步骤

①选中需要转换为文本的表格内容，菜单栏中会多出"表格工具"选项卡，包含"设计"和"布局"两组动态选项卡。单击"布局"动态选项卡→"数据"选项组中"转换为文本"选项，打开"表格转换成文本"对话框（图 3-26），选择转换的文字分隔符为"制表符"，点击"确定"。

②将光标放在"8.其他补助基金支出"所在行的单元格，单击"表格工具""布局"动态选项卡→"行和列"组中"在下方插入"选项，在当前行下方插入一行。在所插的左侧单

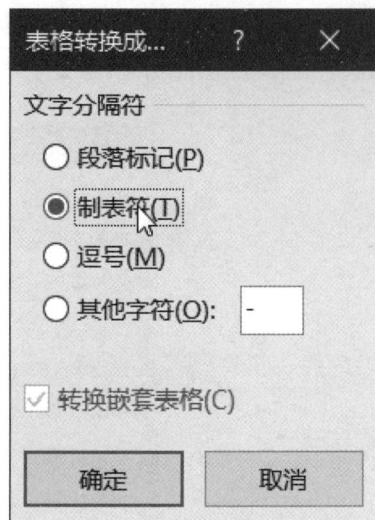

图 3-26　"表格转换成文本"对话框

元格输入"医疗费用总额"，单击右侧单元格，选择"布局"动态选项卡→"数据"组中的"公式"，打开"公式"对话框（图 3-27）进行求和。

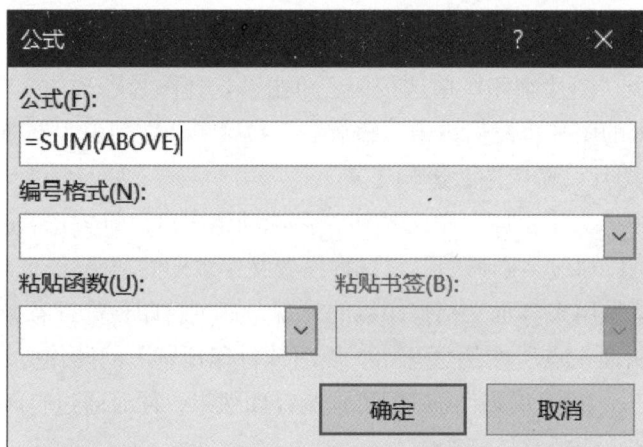

图 3-27　"公式"对话框

③选中"个人自付总额"所在行，单击"表格工具""布局"动态选项卡→"合并"组下的"拆分单元格"选项，打开"拆分单元格"对话框，设置列数为"4"、行数为"1"，点击"确定"。选中后面两个单元格，同样打开"拆分单元格"对话框，设置列数为"2"、行数为"2"。分别输入"个人账户支出，0""个人现金支出，4474.46"。

④选择整个表格，调整"表格工具""设计"动态选项卡→"边框"组中边框样式为"双实线，0.5 磅"，单击"边框"组"边框"命令，在下拉列表中选择"外侧框线"；再选择边框样式为"单实线，1 磅，蓝色"，单击"边框"命令下拉列表中的"内部框线"，将边框样式运用于表格内边框线。

⑤选中整个表格，选择"表格工具""设计"动态选项卡→"表格样式"组"底纹"选项，在下拉列表中选择颜色为"橙色，个性色 6，淡色 80%"（图 3-28）。

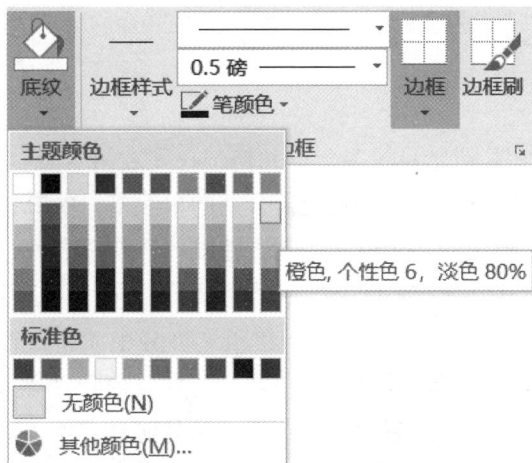

图 3-28 表格填充颜色设置

⑥选中"费用明细"单元格，打开"表格工具""设计"动态选项卡→"表格样式"选项组"底纹"下拉列表，选择颜色为"浅蓝"；单击"边框"组（图 3-29）中边框样式为"双实线，0.5磅"，单击"边框"组"边框"命令，在下拉列表中选择"上框线"。

图 3-29 "边框和底纹"对话框

3.2.1 创建与编辑表格

1. 创建表格 创建表格即在文档中插入与绘制表格。Word 2016 中主要包括插入表格、绘制表格、插入 Excel 表格等多种创建方法。

（1）"插入表格"菜单法 在文档中，将光标定位在需要插入表格的位置，执行"插入"选项卡→"表格"按钮，在弹出的下拉列表的方格中移动鼠标，确定需要插入表格的行数和列数，单击即可。

（2）"插入表格"命令法 执行"插入"选项卡→"表格"组中"表格"→"插入表格…"命令，弹出"插入表格"对话框，在对话框中设置"表格尺寸"和"自动调整操作"选项。

（3）"绘制表格"法 执行"插入"选项卡→"表格"组中"表格"→"绘制表格"命令，此时鼠标变成 ✐ 铅笔形状，拖动鼠标在需要插入表格的位置移动就可以画出需要的表格。

（4）"插入 Excel 表格"法 Word 2016 中不仅可以插入普通表格，还可以插入 Excel 表格。

执行"插入"选项卡组中"表格"→"Excel电子表格"命令，即可在文档中插入一个Excel表格。

2. 编辑表格

（1）合并单元格　选中需要合并的多个单元格，在"表格工具"→"布局"动态选项卡的"合并"组中，单击"合并单元格"；或者选定需合并的单元格，单击右键，在弹出的快捷菜单中选择"合并单元格"命令，所选的多个单元格就合并成一个单元格。

（2）拆分单元格　选中要拆分的单元格（可以是一个或多个单元格），在"表格工具"→"布局"动态选项卡的"合并"组中，单击"拆分单元格"按钮，打开"拆分单元格"对话框，输入需拆分的"列数"和"行数"，并勾选"拆分前合并单元格"，单击"确定"按钮后，所选的单元格被拆分成多个单元格。如不勾选"拆分前合并单元格"，Word将只对列进行拆分。或右键单击某单元格，在弹出的快捷菜单中选择"拆分单元格"命令，也可完成对单元格的拆分。

（3）拆分表格　将光标定位到拆分后第二个表格的首行，在"表格工具"→"布局"动态选项卡的"合并"组中，单击"拆分表格"按钮，完成表格的拆分，此时选中的行将成为新表格的首行。也可以将光标定位到拆分后第二个表格的首行所在的表格外的段落标记处，按"Ctrl+Shift+Enter"组合键，实现表格的拆分。

（4）调整表格　对表中单元格的行高、列宽以及表的大小进行调整，有以下方法。

1）手动拖曳表格：选中表格，表格右下角出现调节大小按钮，当鼠标变成双向箭头时，拖曳鼠标到相应位置，手动完成表格大小的调节。

2）通过选项卡调整单元格：将光标定位到要调整大小的单元格中，在"表格工具"→"布局"动态选项卡的"单元格大小"组中，更改"高度""宽度"值。

3）使用表格属性调整单元格：将光标定位到表格，在"表格工具"→"布局"动态选项卡的"表"组中，单击"属性"按钮，打开"表格属性"对话框；或者右键单击表格，在弹出的快捷菜单中选择"表格属性"命令，打开"表格属性"对话框，在"行""列"选项卡中填写"指定高度""指定宽度"，若要在页末允许表格跨页，在"行"选项卡上勾选"允许跨页断行"。在"表格属性"对话框中，单击"表格"选项卡，可以设置表格的大小、表格相对于文档的对齐和环绕方式；单击"单元格"选项卡，可以设置单元格的宽度、文字垂直方向和对齐方式等。

①自动调整：将光标定位到表格，在"表格工具"→"布局"动态选项卡的"单元格大小"组中，单击"自动调整"下拉列表框中相应按钮进行自动调整；或者右键单击所选表格，在弹出的快捷菜单中选择"自动调整"命令。

②平均分布行或列：将光标定位到表格，在"表格工具"→"布局"动态选项卡的"单元格大小"组中，单击"分布行"或"分布列"按钮，则在所选行之间平均分布高度，在所选列之间平均分布列宽。

③插入行、列、单元格：将光标定位在单元格内，右键单击，在弹出的快捷菜单中选择"插入"下拉列表框中相应命令；或将光标定位在表格内，在"表格工具"→"布局"动态选项卡的"行和列"组中，依次有插入行、列的4个按钮。如果要插入单元格，可以在"行和列"组中，单击对话框启动器按钮，在打开的"插入单元格"对话框（图3-30）

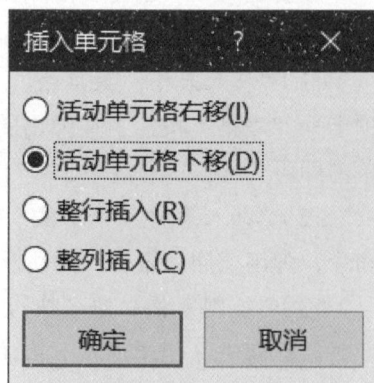

图3-30　"插入单元格"对话框

中选择需要的插入方式。

④删除行、列、单元格和表格：若要删除表格里的内容，选中相应内容，直接按 Delete 键。若要删除行、列、单元格和表格，则先要选中要删除的行、列、单元格或表格，然后右键单击，在弹出的快捷菜单中选择相应选项，完成删除操作；或将光标定位在选定的单元格内，在"表格工具"→"布局"动态选项卡的"行和列"组中，单击"删除"下拉列表框中的相应命令。

（5）在表格与文字间转换

①将文本转换成表格：将文本转换成表格前，需要将文本之间用分隔符分隔，分隔符可以是逗号（英文符号）、空格、制表符等。选中文本，在"插入"选项卡的表格组中，单击"表格"下拉列表框中的"文本转换成表格"按钮，在打开的"将文字转换成表格"对话框

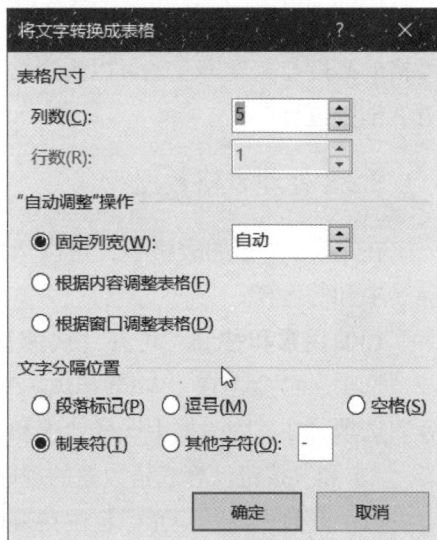

图 3-31 "将文字转换成表格"对话框

（图 3-31）中设置列数，Word 根据所选择的文本默认行数自主选择列数后，单击"确定"按钮，完成文本转换为表格。

②将表格转换为文本：选中表格，在"表格工具"→"布局"动态选项卡的"数据"组中，单击"转换为文本"按钮，在打开的"表格转换为文本"对话框中选择文本分隔符形式，单击"确定"按钮完成转换。

（6）使用表格模板　Word 2016 为用户提供了"表格式列表""带副标题 1""日历 1""双表"等 9 种表格模板。执行"插入"选项卡组中"表格"→"快速表格"，在右侧的"内置"选项中选择相符的表格样式即可。

3.2.2 设置表格格式

设置表格格式即运用 Word 2016 的"表格工具"选项，调整表格的对齐方式、文字环绕方式、边框样式、表格样式等美观效果，从而增强表格视觉效果，使表格看起来更加美观。

1. 应用样式　在文档中选择需要应用样式的表格，执行"表格工具"→"设计"动态选项卡中"表格样式"组，在下拉列表中选择相符的外观样式即可。还可以通过执行"表格工具"→"设计"动态组中"新建表格样式"命令，在弹出的"根据格式设置创建新样式"对话框中设置表格样式的属性与格式。

2. 设置表格边框与底纹　表格边框是表格中的横竖线条，底纹是表格的背景颜色与图案。在 Word 2016 中可以通过设置表格边框的线条类型与颜色，以及表格的底纹颜色，来增加表格的美观性。

可以执行"表格工具"→"设计"动态选项卡中"边框"组→"边框"及"表格样式"组→"底纹"命令，为表格添加边框和底纹。在 Word 2016 中为用户提供了"普通表格""网格表""清单表"三大类多种边框样式。或者可以执行"表格工具"→"设计"动态选项卡中"边框"组→"边框"→"边框和底纹"命令，在"边框和底纹"对话框中详细设置表格的边框样式与底纹颜色。

3. 设置表格对齐方式　默认情况下，单元格文本的对齐方式为顶端左对齐，用户可以执行"表格工具"→"布局"动态选项卡"对齐方式"选项组的各个命令，来设置文本的对齐方式、

文字方向及表格的单元格间距。另外，还可以通过表格属性来设置表格的对齐方式及行、列、单元格的高度与宽度等。也可以选择需要对齐的表格，右键单击执行"表格属性"命令，在弹出的对话框中进行设置。

3.2.3 处理表格数据

在 Word 文档的表格中，可以运用"求和"按钮与"公式"对话框对数据进行加、减、乘、除、求和等运算。

1. 使用求和按钮　可在"快速访问工具栏"中添加"求和"按钮。执行"文件"选项卡→"选项"命令，在"Word 选项"对话框中，选择"快速访问工具栏"选项卡设置为"所有命令"选项，在其列表框中选择"求和"选项，单击"添加"按钮即可。

"求和"按钮计算表格数据的规则如下。

（1）列的底端　当光标定位在表格中某一列的底端时，计算单元格上方的数据。

（2）行的右侧　当光标定位在表格中某一行右侧时，计算单元格左侧的数据。

（3）上方和左侧都有数据时　此时计算单元格上方的数据。

2. 使用公式按钮　选择需要计算数据的单元格，执行"表格工具"→"布局"动态选项卡→"数据"组中"公式"命令，在弹出的"公式"对话框中设置各项选项即可，主要包含下面两个选项。

（1）公式　在"公式"文本框中，不仅可以输入计算数据的公式，还可以输入表示单元格名称的标识。例如，可以通过输入 left（左边数据）、right（右边数据）、above（上边数据）和 below（下边数据）来指定数据的计算方向。

（2）粘贴函数　在"粘贴函数"下拉列表中可以选择不同的函数来计算表格中的数据。

3. 数据排序　选择需要排序的表格，执行"表格工具"→"布局"动态选项卡→"数据"组中"排序"命令，在弹出的"排序"对话框（图 3-32）中可进行选项设置。

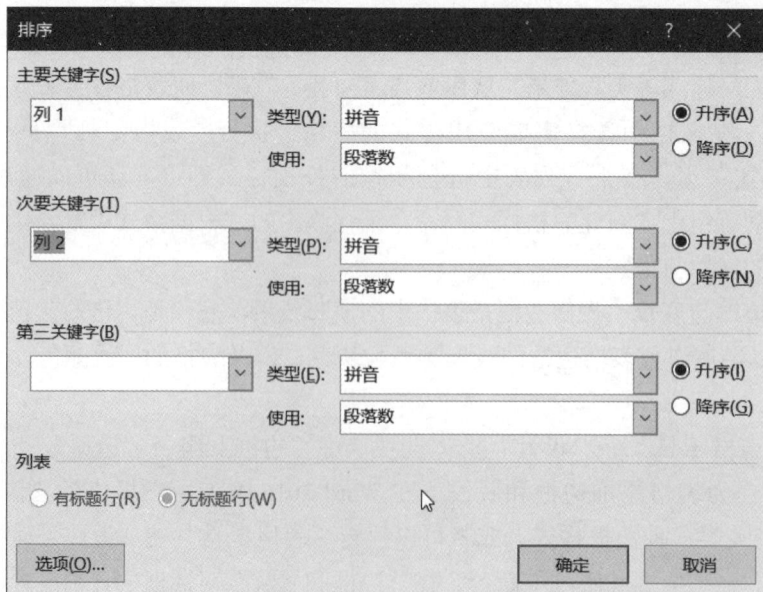

图 3-32　设置数据"排序"对话框

3.3 图文混排

【案例3-3】图文混排应用

（1）打开文档"中医教你颈椎24小时保养法"，参照图3-33，完成下列操作。

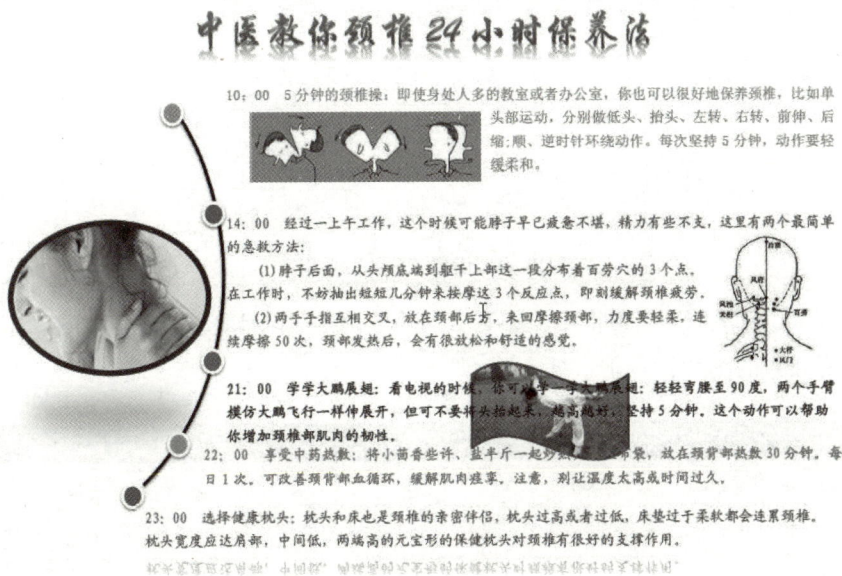

图3-33 中医教你颈椎24小时保养法

①新建一个Word文档，设置纸张方向为"横向"，并调整页边距为上、下、左、右均为"0.5厘米"。

②在页面顶部插入"中医教你颈椎24小时保养法"的艺术字。

③插入"分栏"，将页面分为两部分，并调整分栏的宽度，其中第一栏为"20字符"，第二栏为"55.4字符"，间距为"2字符"。

④在页面第一栏插入相应形状（弧线、椭圆等）和图片，并设置图片的格式和形状的颜色，如图3-33所示。

⑤在页面右侧输入相应的文字，并按样稿所示的样式设置相应的字体、段落格式。

⑥在如图3-33所示的相关位置插入图片，并设置图片的颜色、大小、位置、文字环绕等参数。

⑦在页面右下方插入"文本框"，在其中输入相关的文字，并调整文本框的大小、位置、形状填充、形状轮廓颜色等选项。

（2）操作步骤

①新建"中医教你颈椎24小时保养法.docx"文档，执行"布局"选项卡→"页面设置"组中"纸张方向"→"横向"命令，将纸张方向调整为"横向"；执行"布局"选项卡→"页面设置"组中"页边距"→"自定义边距"命令，在弹出的"页面设置"对话框中，分别设置上、下、左、右的页边距均为"0.5厘米"；其他选项不变。

②执行"插入"选项卡→"文本"组中"艺术字"命令，在下拉菜单中选择一种合适的艺术字体，随后在文档中出现的"请在此放置您的文字"文本框中将文本替换为"中医教你颈椎24

小时保养法"。

③执行"布局"选项卡→"页面设置"组中"分栏"→"更多分栏"命令，在弹出的"分栏"对话框中进行相关设置（图3-34）。

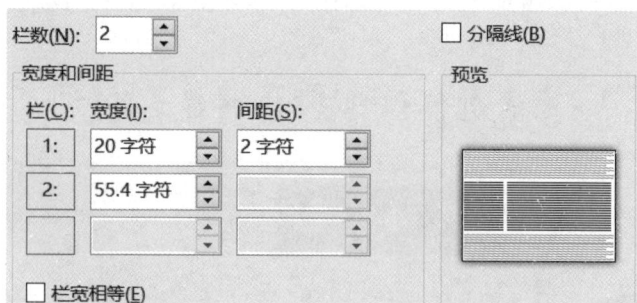

图3-34　设置"分栏"效果

④执行"插入"选项卡→"插图"组中"图片"命令，在弹出的"插入图片"对话框（图3-35）中选择要插入的图片，点击"插入"。

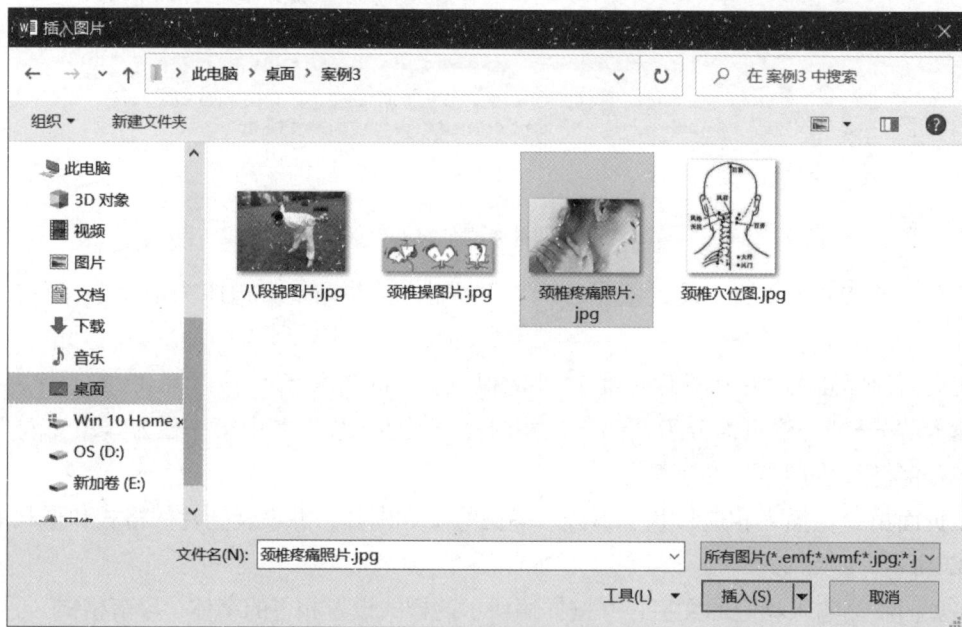

图3-35　"插入图片"对话框

单击选中文档中的图片，会在菜单栏上出现"图片工具"→"格式"动态选项卡，在"图片样式"组"快速样式"窗口中选择"棱台形椭圆"样式（图3-36）。

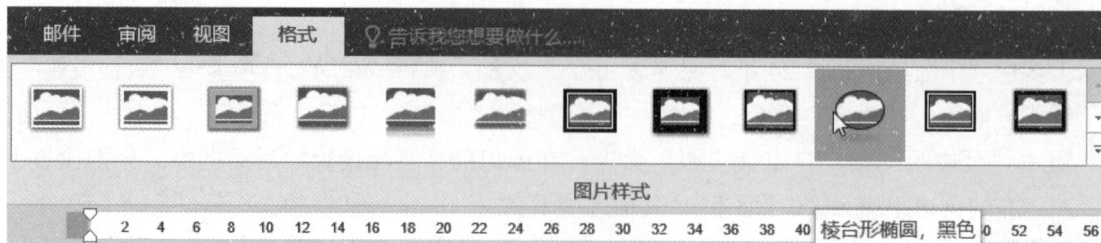

图3-36　设置图片样式

执行"插入"选项卡→"插图"组中"形状"命令，在下拉菜单中选择"弧形"，调整大小并插入到文档相关位置；然后再选择"形状"命令下拉菜单中的"基本形状"→"椭圆"，插入5个大小相等的小椭圆形，调整它们的位置分布在弧形线条上（图3-33）；最后分别选中弧形和5个小椭圆形，对菜单栏出现的"绘图工具"→"格式"动态选项卡中，对"形状样式"组中的"形状填充""形状轮廓""形状效果"三个选项（图3-37）分别进行设置，达到图3-33所示的效果。

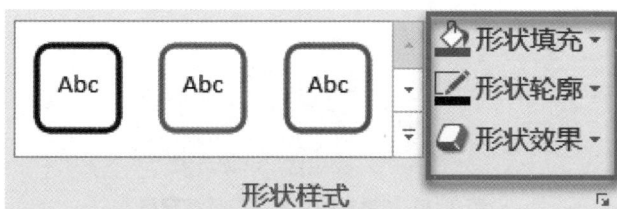

图3-37　"形状样式"组

⑤利用回车键，将光标放到文档的第二栏中，输入相关的文件资料，执行"开始"选项卡→"字体"和"段落"组中的相关操作，修改除第一段以外的文字字体样式为"楷体、四号、加粗"，字体颜色如图3-33所示，段落间距为"固定值20磅"。

⑥选中文档中的合适位置，执行"插入"选项卡→"插图"组中"图片"命令，在弹出的"插入图片"对话框中选择所需图片，点击"插入"。

单击鼠标左键，选中刚插入的图片，执行"图片工具"→"格式"动态选项卡"调整"组中"颜色"命令，在"颜色"下拉菜单（图3-38）中选择需要的颜色。也可执行"图片颜色选项"命令，在编辑窗口右侧弹出的"设置图片格式"任务窗格（图3-39）中进行高级的修改。

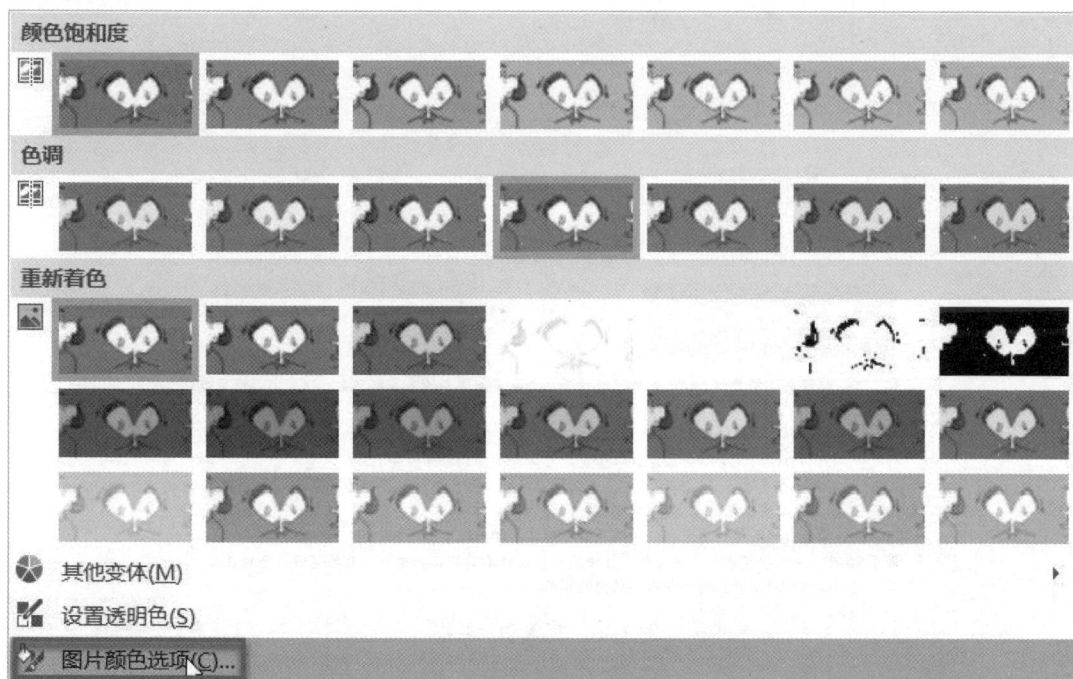

图3-38　"颜色"下拉菜单

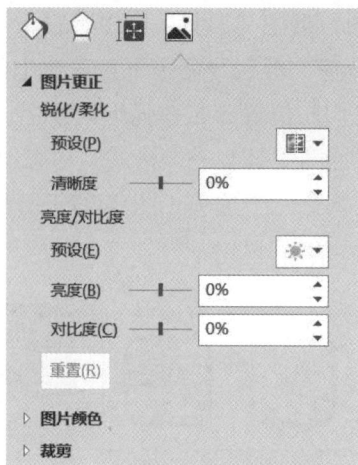

图 3-39　"设置图片格式"任务窗格

选中插入的图片，单击鼠标右键，选择快捷菜单中的"大小和位置"选项，在"布局"对话框中选择"文字环绕"选项卡（图 3-40），设置图片的环绕方式为"紧密型"，随后拖动图片到文档中合适的位置。

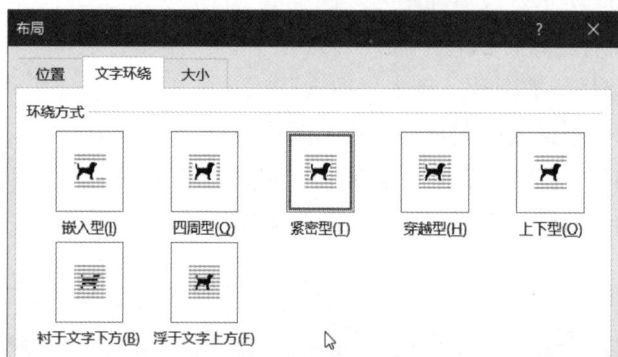

图 3-40　"文字环绕"选项卡

重复前一步骤，插入案例中的另一张图片，达到如图 3-41 所示的效果。

图 3-41　插入图片效果

执行"插入"选项卡→"插图"组中"形状"命令，在"形状"下拉菜单中的"星与旗帜"中选择"波形"，然后在文档的合适位置画出一个大小合适的形状。

单击鼠标选中刚插入的形状，执行"绘图工具"→"格式"动态选项卡"形状样式"组中→"形状填充"→"图片"命令（图 3-42），在弹出的"插入图片"对话框中选择"从文件"按钮，再选择要使用的图片，单击"插入"，就会看到形状的填充效果（图3-42）。

图 3-42 设置形状的填充

选中插入的图形，单击鼠标右键，在弹出的快捷菜单中选择"其他布局选项"，在"布局"对话框中选择"文字环绕"选项卡，设置图片的环绕方式为"衬于文字下方"，随后拖动图片到文档中的合适位置。

⑦执行"插入"选项卡→"文本"组中"文本框"→"简单文本框"命令，在文档中插入一个文本框，输入要插入的文字，并设置文本框的大小、文字的大小和颜色，如图3-33倒数第二段样式，将文本框拖放到文档中的合适位置，然后执行"绘图工具"→"格式"动态选项卡"形状样式"组中→"形状轮廓"→"无轮廓"命令，去除文本框的黑色边线。

重复上面步骤，插入另一个文本框，将最后一段文字插入并设置相应格式，保存文档即可完成该板报的设计。

如果觉得板报背景单调，可以选择执行"设计"选项卡→"页面背景"组中"页面颜色"命令，在"页面颜色"下拉菜单中选择相应的颜色和效果对整张页面进行填充，也可以对字体的颜色进行调整。

在 Word 文档中，可以实现对各种图形对象的插入、缩放、修饰等操作，还可以把图形对象与文字结合在一个版面上，实现文档的图文混排，达到图文并茂的效果。

3.3.1 图片的插入与设置

1. 插入图片 在 Word 中，用户可以方便地插入图片，并且可以通过相关的设置将图片插入文档的任何位置，达到图文并茂的效果。Word2016 版本支持更多图片格式，如 JPEG、PNG、BMP、DIB 和 GIF 等。

在文档中插入图片的方式：将光标移动到要插入图片的位置，然后执行"插入"选项卡→"插图"组中"图片"命令，在弹出的"插入图片"对话框中选择需要插入的图片，单击"插入"按钮完成图片的插入。

2. 插入联机图片 联机图片是 Word 提供的图片收缩方式。在默认情况下，在 Word 2016 中用户可以通过搜索的方式得到所需要的图片。

在文档中插入联机图片的方式：将光标移动到要插入图片的位置，在"插入"选项卡→"插图"选项组中，单击"联机图片"按钮，在弹出的"插入图片"任务窗格（图 3-43）中"必应图像搜索"搜索框中输入需要搜索的图片名称，或者输入相关的描述性词汇，单击搜索按钮，就会在任务窗格的空白处显示符合要求的网络图片。单击任何一幅图片，选择"插入"按钮就可以将该图片插入到当前光标所在的位置。

在"插入图片"对话框中不仅可以选择搜索网络图片，还可以通过 OneDrive 微软云存储服务个人云端进行云端图片查找。

图 3-43 "插入图片"任务窗格

3. 设置图片的格式 双击鼠标选择已插入文档的图片，在菜单栏"图片工具"→"格式"动态选项卡（图 3-44），单击工具栏中的按钮可以为选中的图片设置相应的格式，包括图片颜色调整、艺术效果、图片样式、图片边框、图片排列方式、图片大小等。

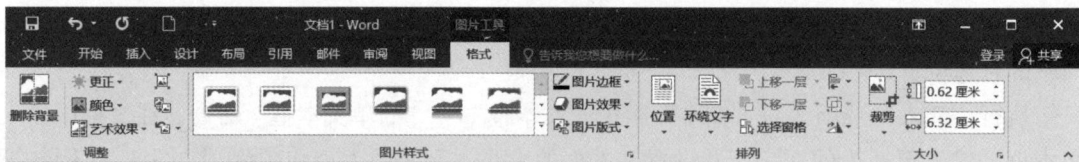

图 3-44 "格式"动态选项卡

如果需要对图片进行进一步的设置，可以选中一张图片，然后单击鼠标右键，在弹出的快捷菜单中选择"设置图片格式"，打开编辑窗口右侧的"设置图片格式"任务窗格（图 3-39），在任务窗格中通过"填充与线条""效果""布局属性""图片"四个选项组对图片进行更具体详细的格式设计。

如果需要调整单张图片的位置，可以通过选中图片，执行"图片工具"→"格式"→"排列"组中"位置"命令，在下拉菜单中选择"其他布局选项"，在弹出的"布局"对话框中对"位置""文字环绕""大小"进行精确设置。

4. 屏幕截图 Word 2016 新增屏幕截图功能，可以将任何未最小化到任务栏的已打开程序的窗口的内容截成图片插入文档，也可以将屏幕任何部分截成图片插入文档。

（1）截取整个窗口中的内容 如果要截取多个已打开程序窗口的图片，将需要截图的窗口最大化或保持默认大小，将其余窗口最小化到任务栏。在"插入"选项卡的"插图"组中，单击"屏幕截图"按钮，弹出"可用视窗"对话框（图 3-45），对话框会列出所有打开的未最小化到任务栏的程序的窗口。在"可用视窗"中单击要截取的窗口，则可在文档中插入该窗口图片。

图3-45 "可用视窗"对话框

（2）截取窗口中部分内容　如果要截取一个已打开程序窗口中部分图片的内容，将需要截图的窗口最大化或保持默认大小，将其余窗口最小化到任务栏，或所有打开的程序都最小化到任务栏，此时在"插入"选项卡的"插图"组中，单击"屏幕截图"→"屏幕剪辑"按钮。这时Word窗口最小化，要截取的窗口被激活，屏幕呈灰色，拖曳鼠标选择要截取的内容，松开鼠标时，相应的图片被插入到文档中。

3.3.2 图形对象的插入及设置

1. 形状的插入及设置　在Word中插入图形可以选择现成的形状，如线条、矩形、流程图、箭头、星与旗帜、标注等。

（1）插入形状　在文档中执行"插入"选项卡→"插图"组中"形状"命令，在下拉菜单中会出现Word提供的所有形状，单击需要插入的形状，鼠标指针就会变成"＋"形，在需要插入形状的位置单击鼠标左键，使用拖拽的方式绘制大小合适的形状，绘制完成时释放鼠标左键即可。

（2）设置形状格式　选中已经绘制好的图形形状，在菜单栏上就会出现一个"绘图工具"→"格式"动态选项卡（图3-46），可以对图形形状进行编辑，比如可以设置图形形状的填充色、轮廓类型、形状的效果、排列的方式、形状的大小，如果形状中添加了文字，还可以对文本的颜色、效果进行设置。

如果需要对形状位置进行设定，可以选中一个形状，在"绘图工具"→"格式"动态选项卡"排列"组"位置"命令下拉菜单中进行设置，其使用方法和图片的设置一样，这里就不再赘述。

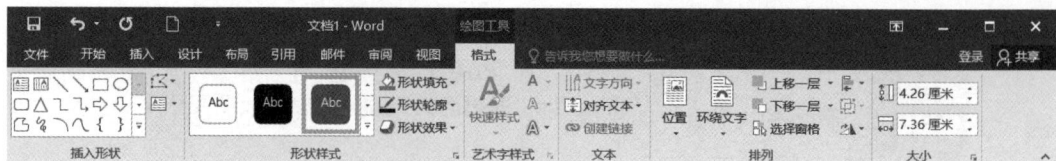

图 3-46 "绘图工具"选项卡

2. 艺术字的插入及设置   艺术字是文档中具有特殊效果的文字图形。艺术字不是普通的文字，而是图形对象，可以像其他图形那样处理，可从图片和文本两种角度对它进行修改和编辑。

（1）插入艺术字   在文档中插入艺术字的方式：执行"插入"选项卡→"文本"组的"艺术字"命令，在艺术字下拉菜单中可以看到 Word 提供的艺术字的类型，单击一种艺术字，此时会在文档中光标的位置出现一个艺术字样式文本框，里面显示"请在此放置您的文字"，在艺术字样式文本框中输入相应的文字就可以完成艺术字的插入。

（2）更改艺术字的图形样式   单击选中已经插入的艺术字，在"绘图工具"→"格式"动态选项卡→"艺术字样式"选项组（图 3-47）中，就可以对艺术字的样式、文本的填充颜色、文本轮廓颜色、文本效果进行修改，其中文本效果包括对整个艺术字进行阴影设置、映像设置、发光设置、三维旋转设置、棱台设置等。

（3）更改艺术字的文本样式   对于已经插入的艺术字，可以对其进行文本样式修改，首先选中已经插入的艺术字，然后进行下列操作。

①通过"开始"选项卡→"字体"组中的相关命令，就可以对艺术字的文本进行字体、字号、字形等修改，修改的方式和普通文本是一样的。

②通过"绘图工具"→"格式"动态选项卡中的"文本"组的相关命令（图 3-48），就可以对艺术字的文本方向、对齐方式和创建链接进行相应的设置。

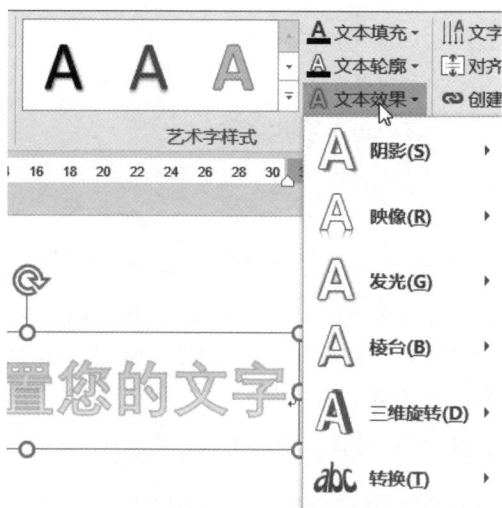

图 3-47 "艺术字样式"选项组

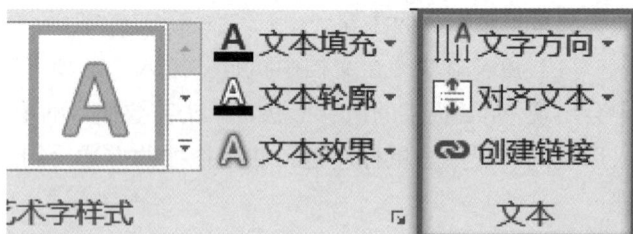

图 3-48 "文本"选项组

3. 文本框的插入及设置   在 Word 中文本框是一种可移动，可调节大小的，可以放置文字、图片、剪贴画、艺术字等的容器。使用文本框，可以在一页上放置数个文字块，或使其中文字与文档中其他文字的排列方向不同，从而制作出各种美观的文档。文本框分为两种：横排文本框和竖排文本框，它们的区别只在于输入的文字方向不同。在 Word 2016 中预设了一些文本框类型，如简单文本框、奥斯汀提要栏、传统型提要栏等，但在本质上没有什么区别。

（1）插入文本框   插入文本框的方式有以下几种。

①执行"插入"选项卡→"文本"组中"文本框"命令，在下拉菜单中选择一种预设的文本框类型。

②执行"插入"选项卡→"文本"组中"文本框"命令，在下拉菜单中单击"绘制文本框"或"绘制竖排文本框"，这时鼠标指针就变成了"＋"形，在文档的合适位置使用拖拽的方式绘制一个大小合适的文本框，绘制结束松开鼠标左键即可。

（2）更改文本框　文本框绘制完成后，鼠标左键单击选中文本框，文本框周围会出现8个尺寸控制点，拖动相应的控制点可以调节文本框的大小；当鼠标在文本框的边线上时，鼠标会变成"↔"，这时候按住鼠标左键拖拽可以移动文本框的位置；将鼠标放在文本框上方绿色的圆点处，鼠标会变成"↻"，这时候按住鼠标左键拖拽可以对文本框进行旋转。

选中文本框，在"绘图工具"→"格式"动态选项卡中可以对文本框进行和形状一样的修改，详见"设置形状的格式"部分。

4. 图表的插入　图表是一种可以直观、形象展示统计信息属性（时间性、数量性等），对知识挖掘和信息直观生动感受起关键作用的图形结构。Word 2016提供了大量预设图表效果，可以很方便地创建图表。

在文档中创建图表的方式：执行"插入"选项卡→"插图"组中"图表"命令，在弹出的"插入图表"对话框中选择要插入图表的类型，单击确定按钮，就可以在文档中插入指定类型的图表，同时系统会弹出一个标题为"Microsoft Word中的图表"的Excel 2016窗口（图3-49），表中显示的是示例数据，删除表中的示例数据，输入所需数据，就可以在Word中显示出对应数据的图表。

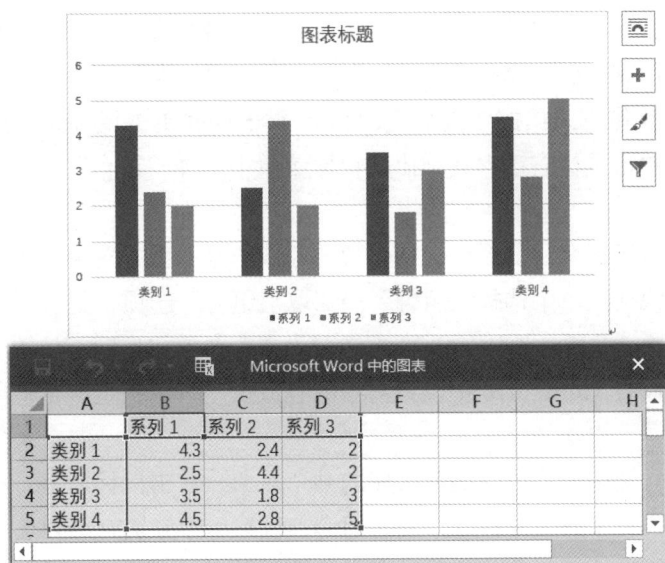

图3-49　插入图表

5. SmartArt图形的插入及编辑　通过插入SmartArt图形，能够直观、有层次地交流信息。SmartArt图形包括图形列表、流程图以及更为复杂的图形。

（1）插入SmartArt图形　执行"插入"选项卡→"插图"组中"SmartArt"命令，在弹出的"选择SmartArt图形"对话框（图3-50）中选择左侧的图形类型。选择类型后，在"列表"中选择所需选项，此时在对话框右侧就会显示选中的SmartArt图形的预览和说明，根据需要插入SmartArt图形。

在插入 SmartArt 图形后，编辑区将出现 SmartArt 图形占位符，在图片占位符中插入需要的图片，在文本占位符中输入文字。

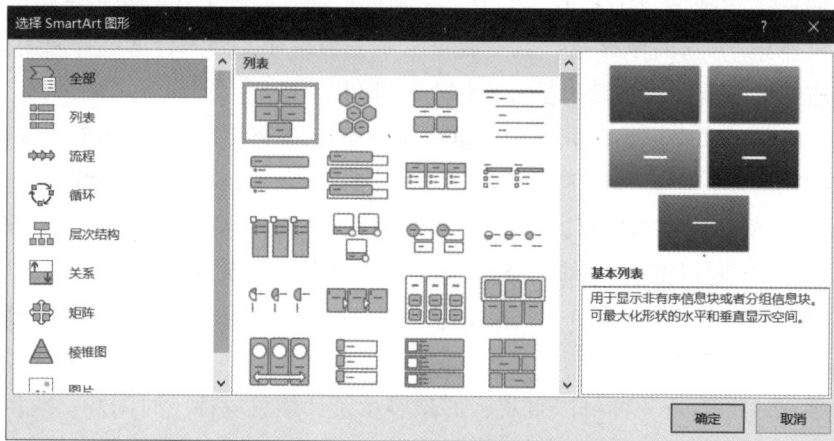

图 3–50　"选择 SmartArt 图形"对话框

（2）编辑 SmartArt 图形　选中插入的 SmartArt 图形，弹出"SmartArt 工具"→"设计"和"格式"动态选项卡。在"设计"选项卡中，可以设置 SmartArt 图形的样式、形状、更改布局、颜色等；在"格式"选项卡中，可以设置 SmartArt 图形的形状样式、艺术字样式、大小、排版等格式。

6. 多对象的组合

（1）组合　在编辑文档时，经常需要用到多个图形、图片、文本框或者艺术字，有时候这些对象需要组合成一个整体以反映某个事物，如果这些对象独立存在，那么在移动和复制这些对象的时候就会造成很大困难，因此 Word 2016 提供了"多对象组合"命令。

进行组合的具体操作方式：按住键盘上的 Shift 键的同时单击鼠标左键选取多个对象；在选中的任意一个对象上单击鼠标右键，在弹出的快捷菜单中选择"组合"→"组合"命令，就实现了多个对象的组合。

（2）取消组合　对于组合后的图形，如果想还原成原来的独立对象，可以在这个图形上单击鼠标右键，在弹出的快捷菜单中选择"组合"→"取消组合"选项，就实现了组合图形的分离。

（3）设置对象的叠放次序　在 Word 2016 中，当多个对象放在同一位置时，上层的对象会把下层的对象遮住。可以在 Word 2016 中设置对象的叠放次序，以决定哪个对象在上层，哪个对象在下层。

具体的操作方法：选中需要改变叠放次序的某个对象，单击鼠标右键，在弹出的快捷菜单中选择"置于顶层"或"置于底层"命令，在它们的二级菜单中分别有下列选项。

①置于顶层：将所选择的对象放置于所有对象最上面。

②上移一层：将所选择的对象向上移动一个层次。

③浮于文字上方：将所选择的对象放在文字的上面，挡住该对象下方的所有文字。

④置于底层：将所选择的对象放置于所有对象最下面。

⑤下移一层：将所选择的对象向下移动一个层次。

⑥衬于文字下方：将所选择的对象衬在文字的下面，文字会挡住该对象的一部分内容。

3.4 文档高效排版

【案例3-4】文档高效排版应用

（1）打开文档"论文排版.docx"，参照样稿完成下列操作。

①将论文中章名使用样式"标题1"，并居中；编号格式为"第X章"，设置X为自动排序。

②将节名使用样式"标题2"，左对齐；编号格式为多级符号X.Y，X为章数字序号，Y为节数字序号（例如2.1）。

③新建样式，样式名为"论文正文"，要求如下。

字体：中文字体为"宋体"，西文字体为"Times New Roman"，字号为"五号"。

段落：首行缩进2字符，行距为22磅，其余为默认格式。

④将上题建立的"论文正文"样式应用到正文（不包含章名、小节名、表文字、表和图的题注）。

⑤对正文中的图添加图题，位于图片底部、居中。要求图题随章节编号，编号为"章节号"–"图在章中的序号"（例如第1章第一个图设为"图1–1"）。

⑥对正文中的表格添加表头，位于表格上方、居中。要求表序随章节编号，编号为"章节号"–"表在章中的序号"（例如第2章第一个表格设为"表2–1"）。

⑦为正文中的《神农本草经》添加脚注，注释符号为"1"，注释文字:《神农本草经》，简称《本草经》或《本经》，是我国现存最早的药物学专著，起源于神农氏，代代口耳相传，于东汉时集结整理成书，成书作者不详。

⑧在正文前按序插入一节，生成如下内容。

目录：标题"目录"使用样式"标题1"，居中，下为目录项。

表索引：标题"表索引"使用样式"标题1"，居中，下为表索引项。

图索引：标题"图索引"使用样式"标题1"，居中，下为图索引项。

中文摘要：标题"摘要"使用样式"标题1"，居中，下为中文摘要内容。

Abstract：标题"Abstract"使用样式"标题1"，居中，下为英文摘要内容。

⑨添加正文页眉。使用域，右对齐显示页眉。对于奇数页，页眉的文字为"章序号"＋"章名"；对于偶数页，页眉的文字为"节序号"＋"节名"。

⑩添加页脚。使用域，居中显示页脚。正文前的节，页码采用"i，ii，iii…"格式，页码连续；正文中的节，页码采用"1，2，3…"格式，页码连续。

（2）操作步骤

①执行"开始"选项卡→"样式"组，在样式下拉列表中右键单击内置样式"标题1"，在快捷菜单中选择"修改"选项。在打开的"修改样式"对话框（图3-51）中，先勾选"自动更新"复选框，再单击"格式"按钮选择"段落"项；在"段落"对话框"缩进和间距"选项卡中，单击"对齐方式"的下拉箭头，选择"居中"，单击"确定"按钮，返回"修改样式"对话框。

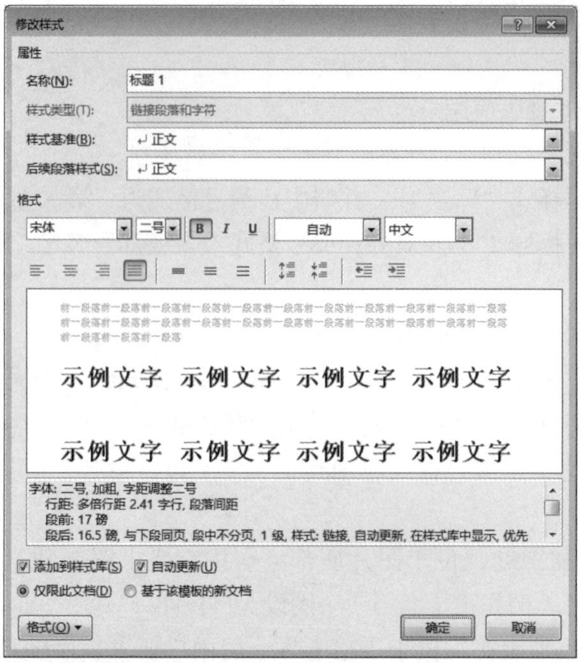

图 3-51　"修改样式"对话框

　　选择"开始"选项卡→"段落"组中"多级列表"右侧的三角形,在"列表库"(图 3-52)中选择符合要求的多级列表为当前列表。再次单击多级列表右侧的三角形,选中"定义新的多级列表",在对话框中"单击要修改的级别"为"1",并在"输入编号的格式"文本框里修改为"第 1 章"(图 3-53)。然后在"将级别链接到样式"对话框中选择"标题 1",并且在"要在库中显示的级别"选择"级别 1",单击确定。

　　②执行"开始"选项卡→"样式"组的样式下拉列表,右键单击内置样式"标题 2",在快捷菜单中选择"修改"选项。在打开的"修改样式"对话框中,勾选"自动更新"复选框,然后单击"格式"按钮,选择"段落"选项;在"段落"对话框中,单击"对齐方式"的下拉箭头,选择"左对齐",单击"确定"按钮,返回"修改样式"对话框。

　　执行"开始"选项卡→"段落"组中"多级列表"右侧的三角形,选中"定义新的多级列表",在打开的对话框中选择"单击要修改的级别"为"2",并在"将级别链接到样式"下拉列表选择"标题 2",在"要在库中显示的级别"选择"级别 2"。

　　重复类似步骤可定义"标题 3"。

　　将光标定位于文档中章名的任何位置,单击刚才修改完成的样式"标题 1",然后分别对其余各章标题与参考文献以及致谢使用该样式,并将每个标题中多余的章号删除。

　　重复以上步骤,将文档中二级标题的样式设置为修改完的样式"标题 2",三级标题的样式设置为修改完的样式"标题 3"。

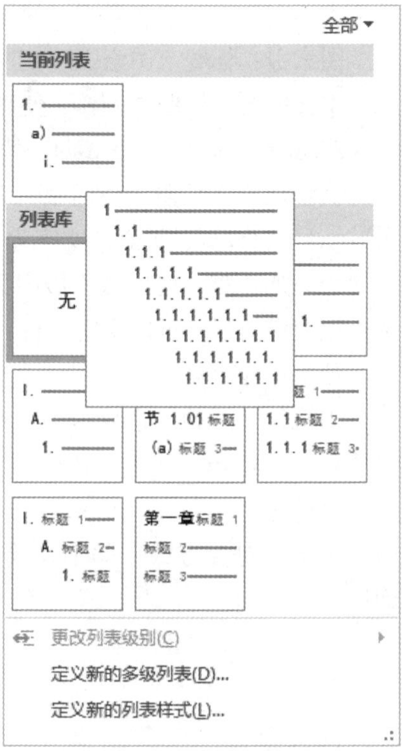

图 3-52　"当前列表"对话框

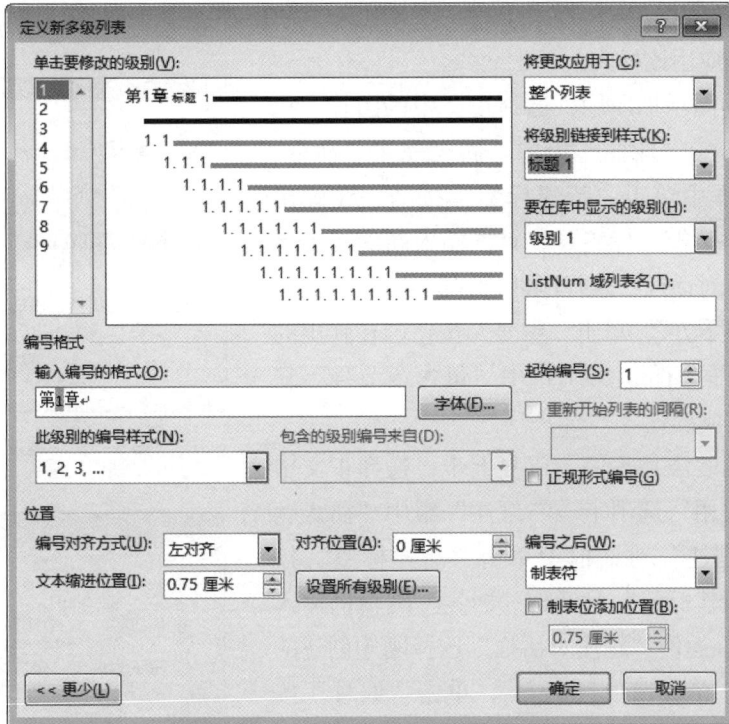

图 3-53　"定义新多级列表"对话框

③在"字体"对话框中，分别选择设置中文字体"宋体"、西文字体"Times New Roman"及字号"五号"，在"段落"组显示"段落"对话框，在"缩进和间距"选项卡中选择对齐方式为"左对齐"，特殊格式为"首行缩进""2字符"，在行距选项中选择"固定值""22磅"，单击"确定"后，在右键单击的快捷菜单中选择"样式"→"创建样式"（图 3-54），在弹出的对话框设置样式名称为"论文正文"即可。

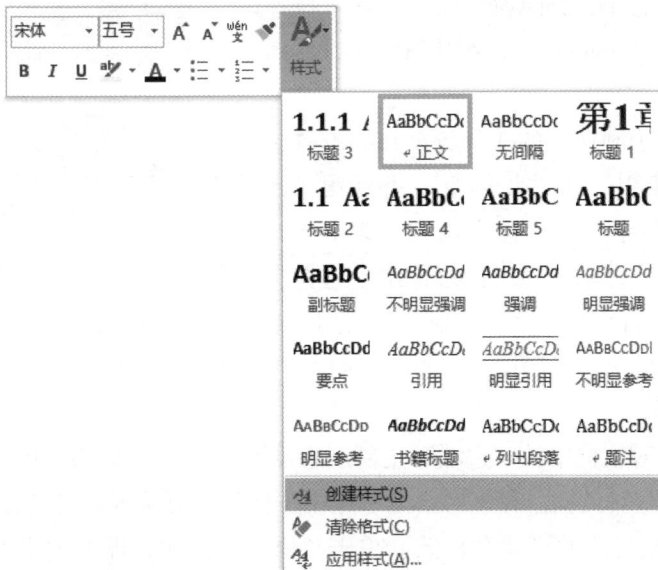

图 3-54　创建样式

④将光标定位到需要应用样式的正文段落任意位置，在"开始"选项卡→"样式"列表中选择"论文正文"样式。其余段落可按该法依次操作，也可以使用格式刷进行操作。

◆提示：当鼠标移动到某样式上时，正文段落显示该样式效果，单击应用该样式。

⑤为正文中的图添加图题，选择正文中的图片，执行"引用"选项卡→"题注"组中"插入题注"命令。在"题注"对话框中单击"新建标签"按钮，在弹出的"新建标签"对话框"标签"编辑框输入新的标签名"图"，返回"题注对话框"选择刚才创建的"图"，位置选择"在所选项目下方"，单击"编号"按钮，在弹出的"题注编号"对话框（图3-55）选中"包含章节号"复选框，单击确定完成设置。

⑥为正文中的表添加表序，重复上步，选择正文中的表格，执行"引用"选项卡→"题注"组中"插入题注"命令。在"题注"对话框中单击"新建标签"按钮，在弹出的"新建标签"对话框"标签"编辑框输入新的标签名"表"，返回"题注对话框"选择刚才创建的"表"，位置选择"在所选项目上方"，单击"编号"按钮，在弹出的"题注编号"对话框选中"包含章节号"复选框，单击确定完成设置。

⑦将光标定位到第一章正文《神农本草经》文字后，单击"引用"选项卡→"脚注"组右下角的三角形图标，打开"脚注和尾注"对话框（图3-56），然后单击"插入"，再在本页底端光标位置处输入注释文字。

⑧将光标定位到论文摘要前位置，执行"布局"选项卡→"页面设置"组中"分隔符"命令，在下拉菜单中选择分页符类型为"分页符"。连续执行3次，共插入3个空白页。

将光标分别定位于刚插入的3个新页开始位置，分别输入"目录""图索引"和"表索引"，并使用"标题1"样式，此时在"目录"前可能会出现"第1章"字样，删除后在"开始"选项卡→"段落"组中选择"居中"。将光标定位于"目录"二字后，执行"引用"选项卡→"目录"组中"目录"下方的三角形，选中"自定义目录"，在打开的"目录"对话框中（图3-57），修改显示级别为"2"，单击"确定"自动生成目录。

◆提示："目录"对话框中的"选项"主要用来设置目录的样式与级别。单击"选项"按钮，即可弹出"目录选项"对话框。在该对话框中选中"样式"复选框，可设置目录的样式与级别。"修改"主要用来修改目录的样式和格式。单击"修改"按钮，即可弹出"样式"对话框，在"样式"列表框中选择样式即可，单击"修改"按钮，在弹出的"修改样式"对话框中可以设置目录的格式。

将光标定位在"图索引"页，使用"标题1"样式。执行"引用"选项卡→"题注"组中"插入表目录"命令，在"图表目录"对话框（图3-58）中，选择题注标签为"图"，单击确定。

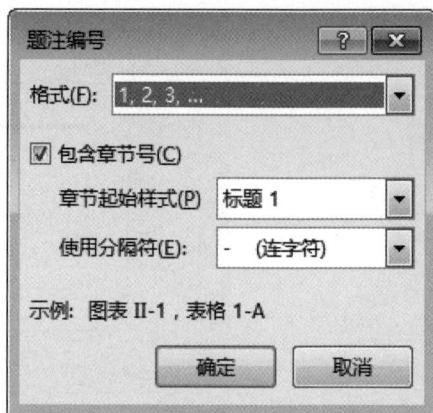

图 3-55 "题注编号"对话框

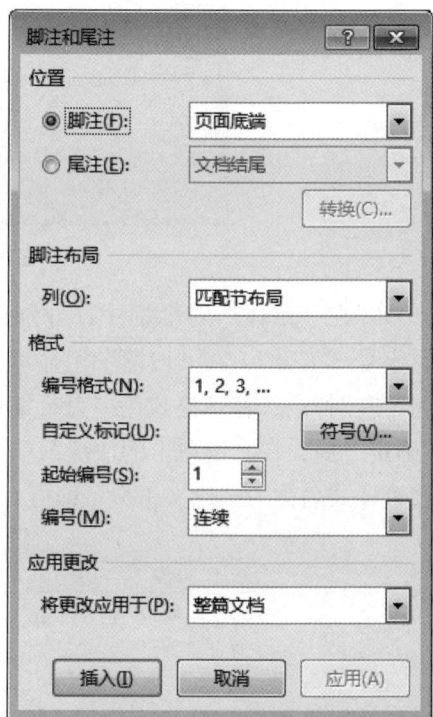

图 3-56 "脚注和尾注"对话框

插入"表索引"类似，注意选择"题注标签"为"表"。

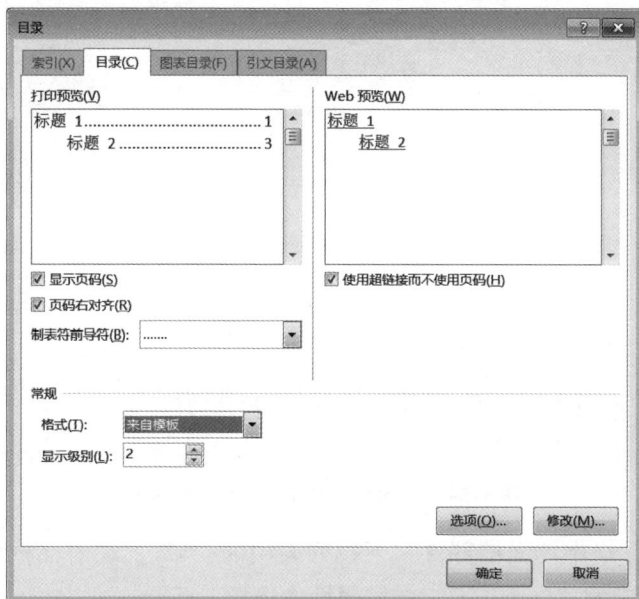

图 3–57　"目录"对话框

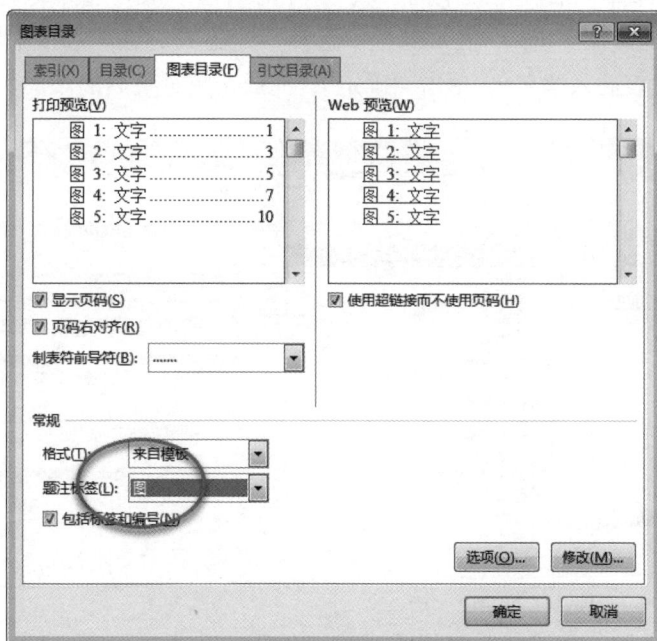

图 3–58　"图表目录"对话框

　⑨将光标定位到每章标题前的位置，执行"布局"选项卡→"页面设置"组中"分隔符"命令，在下拉菜单中选择分节符类型为"下一页"，对文档做分节处理，每章单独设为一节。同时将"参考文献"和"致谢"单独设为一节，将光标定位于正文第1页，执行"插入"选项卡→"页眉和页脚"组中"页眉"命令，在下拉列表中选择"编辑页眉"。在"页眉和页脚工具"动态选项卡（图 3–59）中选中"奇偶页不同"复选框，单击"链接到前一个页眉"按钮，使之取消与上一节相同的格式。

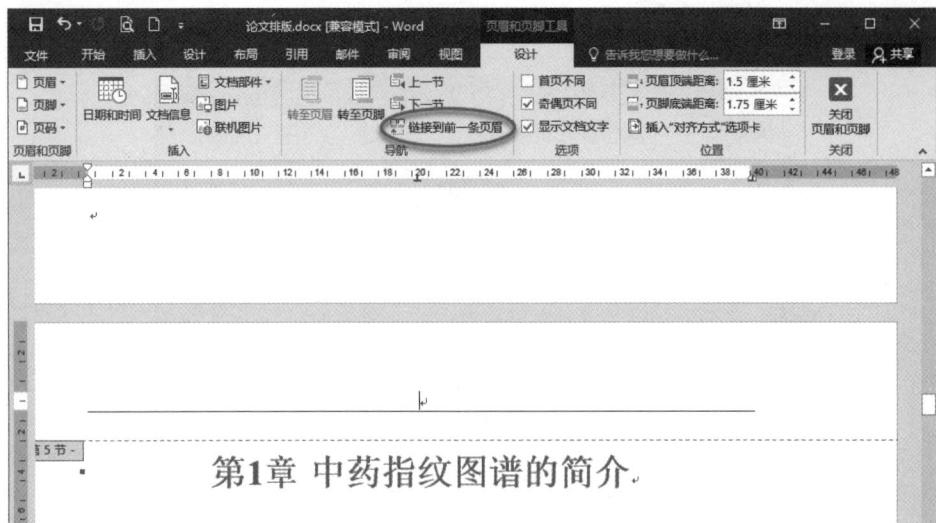

图 3-59 "页眉和页脚工具"动态选项卡

然后选择"插入"组中"文档部件"下拉列表中的"域",在对话框中依次选择类别中的"链接和引用"和域名中的"StyleRef",在域属性中选择"标题 1",在域选项中勾选"插入段落编号",单击"确定"按钮插入编号。

再次选择"文档部件"下拉列表中的"域",在对话框中依次选择类别中的"链接和引用"和域名中的"StyleRef"(图 3-60),在域属性中选择"标题 1",在域选项中均不勾选(如不选择"插入段落编号"即代表插入章名),单击"确定",完成奇数页页眉的添加。

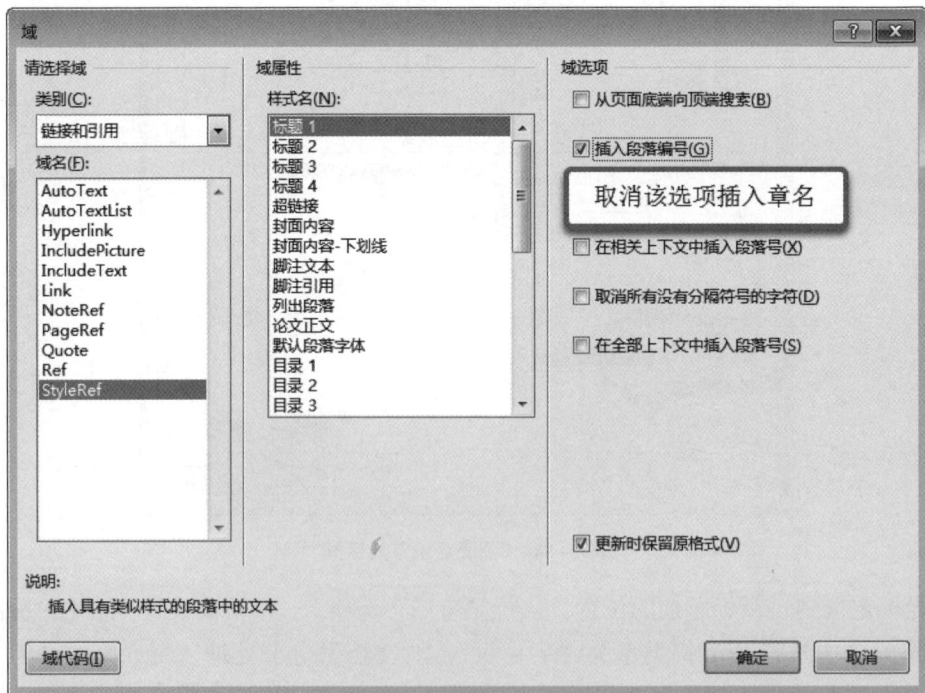

图 3-60 插入"域"对话框

将光标移至偶数页页眉处,重复上步,在"文档部件"→"域"对话框中,依次选择类别中的"连接和引用"和域名中的"StyleRef",在域属性中选择"标题 2",在域选项中勾选"插入段落编号",单击"确定"按钮插入节编号。再次选择"文档部件"下拉列表中的"域",不选择

"插入段落编号",进行节名的添加,单击"确定",完成偶数页页眉的添加。

在参考文献和致谢的页眉中,单击"链接到前一个页面"按钮,使之取消与上一节相同的格式。

⑩将光标定位到第2页(论文首页即封面,不设页码),执行"插入"选项卡→"页眉和页脚"组中"页脚"命令,在下拉列表中选择"编辑页脚",在"页眉和页脚工具"动态选项卡单击"链接到前一个页眉"按钮,使之取消与上一节相同的格式,再点击"页眉和页脚"组中选择"页码"命令,在下拉列表中选择"设置页码格式",在"页码格式"对话框(图3-61)中选择"i,ii,iii…",再在"页码"下拉列表中选择页码位置为"页面底端""普通数字2"格式。

将光标定位到论文正文的第1页,执行"插入"选项卡→"页眉和页脚"组中"页脚"命令,在"页眉和页脚工具"动态选项卡→"导航"组中,单击"链接到前一个页眉"按钮,取消与上一节相同的格式。再按上步操作设置页码格式,在"页码格式"对话框(图3-61)中选择"1,2,3…",并选择起始页码为"1",单击"确定",后面页码的设置需要在"页码格式"对话框中选择"续前节"选项。

◆提示:通过设置不同的"节",可使"页眉""页脚""页码"具有不同的表现形式,分节是由"布局"→"页面设置"→"分隔符",并在下拉菜单中选择分节符类型为"下一页"来完成。

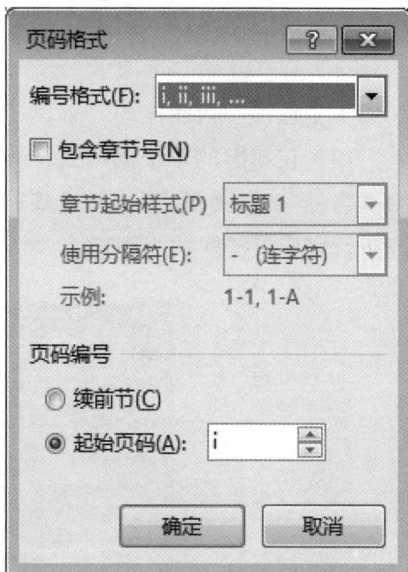

图3-61 "页码格式"对话框

3.4.1 样式

样式是指已保存的字符样式和段落样式的集合,利用它可以快速更改文本的外观,并且在编排相同格式时可以重复套用。样式的设置包括字符样式和段落样式的设置。字符样式包括字符格式的设置,如字体、字号、字形、字符间距等。段落样式包括段落格式的设置,如行距、缩进、对齐方式等。此外,在对长文档自动生成目录时,也要事先将生成目录的标题设置为相应的标题样式。

1. 系统内置样式 Word 2016预设了一个样式库,用户可以直接使用"快速样式"列表和"样式"任务窗格两种方法套用样式。

(1)利用"快速样式"列表套用样式 选中需要套用样式的文本,点击"开始"选项卡→"样式"组,在"快速样式"列表中选择一种预设样式类型,就可更改选中文本的样式。

(2)利用"样式"任务窗格套用样式 选中需要套用样式的文本,执行"开始"选项卡→"样式"组右下角的箭头,在弹出的"样式"任务窗格(图3-62)中选择应用的样式。

2. 自定义样式 当系统预设的样式都不符合要求的时候,用

图3-62 "样式"任务窗格

户可以自己创建样式，创建自定义样式的步骤如下。

（1）在"开始"选项卡→"样式"组中点击右下角的箭头，在弹出的"样式"任务窗格（图3-62）中选择"新建样式"命令。

（2）在弹出的"根据格式设置创建新样式"对话框中（图3-63）进行设置，可以设置样式的"名称""样式类型""样式基准""后续段落样式"以及"格式"。设置结束后，单击"确定"按钮就完成了新样式的创建。

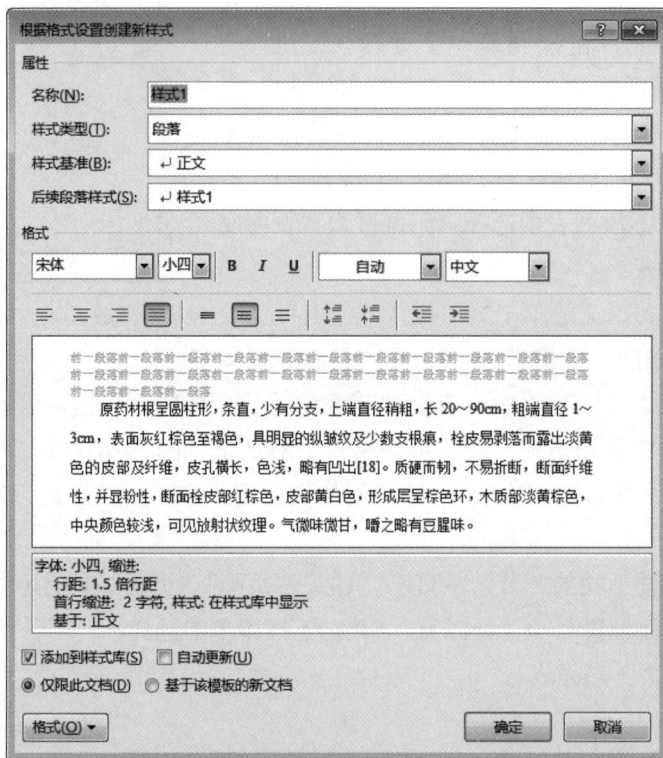

图 3-63 "根据格式设置创建新样式"对话框

在样式创建完成后，就可以在"快速样式"列表中看到并使用这个新建的样式。

3. 编辑样式 在应用样式时，有时需要对已有样式进行调整，以适应文档内容与工作的需求。

（1）更改样式 右键单击需要更改的样式，选择"修改"命令，在弹出的"修改样式"对话框中修改样式的各项参数。值得注意的是，"修改样式"对话框与创建样式对话框中的"根据格式设置创建新样式"对话框内容一样。

（2）删除样式 在样式库列表中右键单击需要删除的样式，执行"从样式库中删除"命令，即可删除该样式。

3.4.2 分隔符

Word 2016 提供的分隔符有 4 种：分页符、分栏符、自动换行符和分节符。

1. 分页符 当文本或图形等内容填满一页时，Word 会自动插入一个"分页符"并开始新的一页。但如果要在某个特定位置强制分页，可手动插入分页符，这样可以确保章节标题总在新的一页开始。

手动插入"分页符"的方式：将光标移到需要插入"分页符"的位置，执行"布局"选项卡

→"页面设置"组中"分隔符"→"分页符"命令，光标就会自动跳转到下一页，将光标后的内容移动到下一页。

2.分栏符　对文档（或某些段落）进行分栏后，Word文档会在适当的位置自动分栏。如果希望某一内容出现在下栏的顶部，就可以手动插入"分栏符"。

手动插入"分栏符"的方式：将光标移到需要的位置，执行"布局"选项卡→"页面设置"组中"分隔符"→"分栏符"命令，就会自动将光标后的内容移动到下一栏的顶部。

3.自动换行符　通常情况下，文本到达文档页面右边距时，Word将自动换行。如果需要在某些位置强制断行，就需要插入"换行符"。换行符与直接按回车键不同，它产生的新行仍将作为当前段的一部分，而不是作为新的一段出现，它在文档中显示为灰色"↓"形。

插入"换行符"的方式：将光标移到需要插入"换行符"的位置，执行"布局"选项卡→"页面设置"组中"分隔符"→"自动换行符"命令；或者在键盘上直接按"Shift+Enter"组合键。

4.分节符　在"3.1文档编辑与排版"中已介绍过，主要是对同一个文档中的不同部分采用不同的版面设置，应用分节符可以将一个文档划分为若干节，每个节可以单独设置页眉页脚、页面方向、页码、栏、页边距等格式。通过使用分节符，用户可以控制文档及其显示效果。

3.4.3 "引用"选项卡的常用功能

1.脚注和尾注　脚注和尾注用于对文档中的某处文本进行补充说明。脚注一般位于页面的底部，可以作为文档某处内容的注释；尾注通常位于文档的末尾，用于列出引文的出处等。

（1）插入脚注　插入脚注的方式：将光标移动到需要说明的文本的后面，执行"引用"选项卡→"脚注"组中"插入脚注"命令，此时会在该页面的下方出现一个可编辑区域，在这里可以输入注释的文字；同时，正文对应文档处会出现相对应的数字上标。

（2）插入尾注　在文档中插入尾注的方式：将光标移动到需要说明的文本的后面，执行"引用"选项卡→"脚注"组中"插入尾注"命令，此时会在整篇文档的最后出现一个可编辑区域，在这里可以输入注释文字；同时，正文对应文档处会出现相对应的数字上标。

（3）编辑脚注或尾注　如果需要编辑已经插入的脚注或者尾注，在标记处双击鼠标左键，光标就会移动到相应的注释文本，实现对脚注或者尾注的编辑。

（4）删除脚注或尾注　如果需要删除已经插入的脚注或者尾注，只需要删除正文中的标记符号，与之相对应的注释文本会同时被删除。

2.题注　在Word中，可为表格、图片或图形、公式或方程式以及其他选定项目加上自动编号的题注（即序号），题注由标签及编号组成。可以选择Word 2016提供的标签项目编号方式，也可以自己创建标签项目，并在标签及编号后加入说明文字。

（1）创建题注　选定要添加题注的项目，如图形、表格、公式等，或将插入点定位于要插入题注的位置，点击"引用"选项卡→"题注"组中"插入题注"命令，将出现"题注"对话框（图3-64）。

可在"标签"下拉列表中选取所选项目的标签名称，默认的标签有表格、公式、图表。在"位置"下拉列表框中可选择题注的位置，有所选项目下方、所选项目上方。一般论文中，图片和图形的题注标注在其下方，表格的题注标注在其上方。若Word自带的标签无法满足需要，可单击下方的新建标签按钮，自定义标签。在论文撰写中，一般需要新建"图""表"两个标签。"编号""自动插入题注"的用法详见下文。

（2）样式、多级编号与题注编号　为图形、表格、公式或其他项目添加题注时，可以根据需要设置编号的格式。设置方式与页码格式中的编号方式相似。

在"引用"选项卡→"题注"组中"插入题注"→"题注"→"编号"→"题注编号"下拉列表中选择一种编号的格式。如果希望编号中包含章节号，则选中"包含章节号"复选框，设置"章节起始样式"，并在章节号与编号之间"使用分隔符"（图3-65）。设置完毕，单击"确定"按钮，返回"题注"对话框。

图 3-64　"题注"对话框

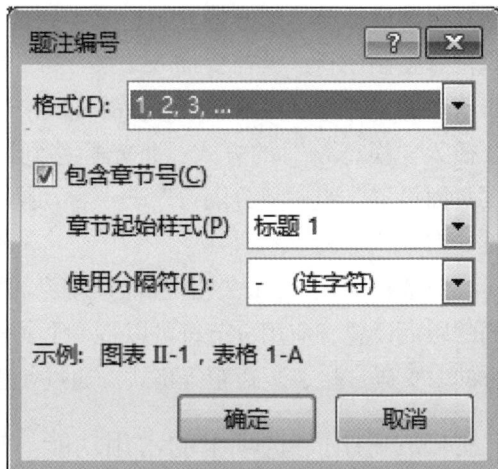

图 3-65　"题注编号"对话框

◆注意：如果需要在编号中包含章节号，必须在文档的撰写过程中将每个章节起始处的标题设置为固定的标题样式，否则在添加题注编号时无法找到在"题注编号"对话框中设定的样式类型。此外，在标题样式中必须采用项目自动编号，即章节号必须为 Word 的自动编号，Word 无法识别手动输入的章节号数字。如果不设置自动编号，将会出现出错提示，且添加的题注显示为"0 ～ X"的编号，0 就表示无法识别的章节号。

（3）自动插入题注　每一次在 Word 文档中插入某种项目或图形对象时，可通过"引用"选项卡→"题注"组中"插入题注"→"自动插入题注"命令（图3-66），在文档中自动加入含有标签及编号的题注。

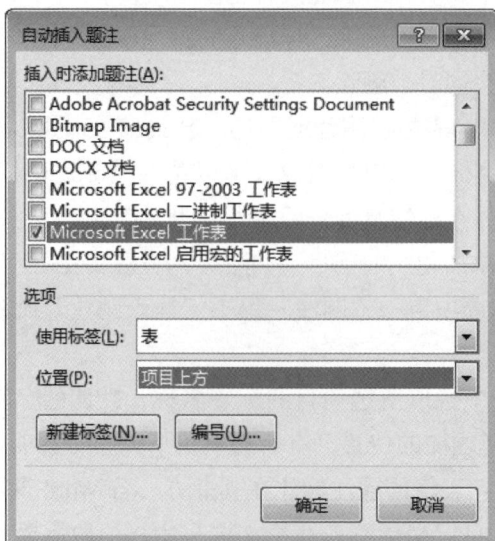

图 3-66　"自动插入题注"对话框

在"插入时添加题注"列表中选取对象类别（可用的列表项目依据所安装 OLE 应用软件而定），然后通过"新建标签"按钮和"编号"按钮，分别决定所选项目的标签、位置和编号方式。

设置完成后，一旦在文档插入设定类别的对象时，Word 会自动根据所设定的格式为该图形对象加上题注。如要中止自动题注，可在"自动插入题注"对话框中清除不想自动设定题注的项目。

3. 目录 在进行长文档编辑的时候，一般少不了目录部分。目录就是文档中各级标题以及页码的列表，通常放在文章之前。目录定位了文档中标题所在的页码，便于阅读和查找。Word 2016 中可以手动或是自动创建目录。单击目录可以跳转到所指向的位置。Word 目录分为文档目录、图目录、表格目录等多种类型。

（1）创建目录 创建目录有多种方式，使用制表位可以手工创建静态目录，操作方便，但一旦页码发生改变就无法自动更新。也可以使用标题样式、大纲级别等自动生成目录，该方法基于样式设置和大纲级别，因此要求前期在文档中预先设定，创建的目录可自动更新目录页码和结构，便于维护，对于长文档尤为方便。

①通过制表位创建静态目录：制表位主要用于定位文字。一般按一次 Tab 键就右移一个制表位，按一次 Backspace 键左移一个制表位。通过制表位创建的目录具有明显的缺点，就是目录为静态，更新维护不便。

②通过标题样式创建目录：选择"引用"选项卡→"目录"组中"目录"下拉列表中的"自定义目录"命令，打开"目录"对话框（图 3-67）。Word 2016 默认套用样式标题 1、标题 2、标题 3 的文本，按照预览中显示的模式生成目录。

Web 预览表示目录在 Web 浏览器中的显示效果。选中"使用超链接而不使用页码"复选框，表示目录在 Web 网页中不显示页码，只以超链接的方式进行显示，单击目录中的标题将会跳转到链接位置。

③通过大纲级别及其他样式创建目录：文档结构图的结构都是依据大纲级别显示，标题样式与大纲级别默认逐级对应，故可通过标题样式套用生成文档结构图。同样，目录生成也是依据该原理，可根据标题样式生成目录，亦可通过大纲级别生成。

（2）创建图表目录 图表目录是指文档中的插图或表格之类的目录。对于包含有大量插图或表格的书籍、论文，附加一个插图或表格目录，会带来很大的方便。图表目录的创建主要依据文中为图片或表格添加的题注。

执行"引用"选项卡→"题注"组中"插入表目录"命令，在"图表目录"对话框（图 3-68）中可以创建图表目录，在题注标签列表中包括了 Word 自带的标签以及自己新建的标签，可根据不同标签创建不同的图表目录。若选择标签为"图"，则可创建图目录。若选择标签为"表"，则可创建表目录。

（3）更新目录 在文档插入目录之后，如果用户对文档进行了修改，可能使文档的标题或者页码出现了变化，为了使目录和文档的内容保持一致，就需要更新已经生成的目录。

在 Word 更新目录的方式：执行"引用"选项卡→"目录"组中"更新目录"命令，在弹出的"更新目录"对话框中选择"只更新页码"或"更新整个目录"选项。

根据需要选择其中一种更新方式，然后单击"确定"按钮，就可以看到更新后的目录。

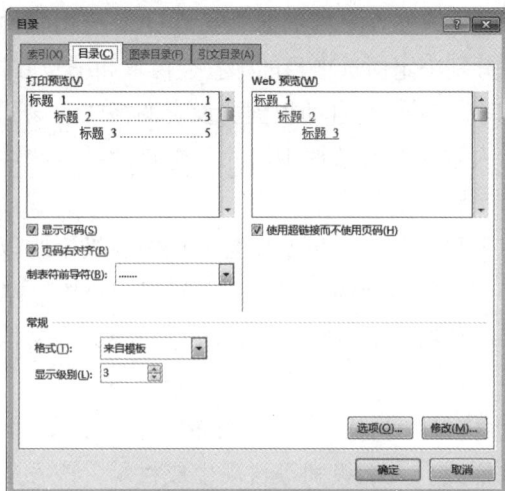

图 3-67   "目录"对话框

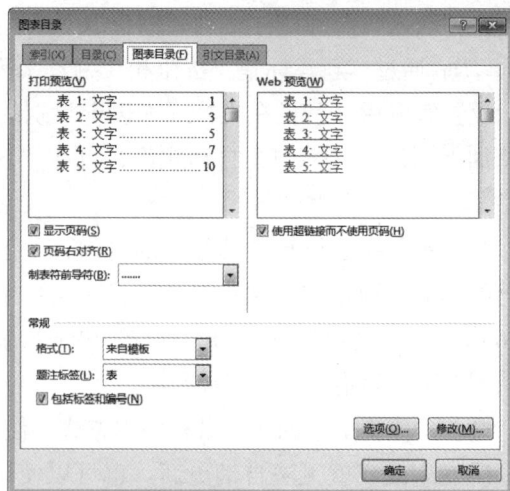

图 3-68   "图表目录"对话框

3.4.4 批注和修订

批注是对文档的部分内容进行注释与说明。Word 批注并不影响文档内容，其作用只是对文档内容进行注释或评论，而不直接修改文档。修订是对文档进行修改，即显示文档中所做的如插入、删除等编辑更改标记。使用修订功能可以查看文档中所做的所有修改，对批注和修订可以接受，也可以拒绝。

1. 添加批注   在 Word 中，添加批注的对象可以是文本、表格或者图片等文档中的所有内容。添加批注的方式：选中需要插入批注的对象，执行"审阅"选项卡→"批注"组中"新建批注"命令，此时被选中的对象被加上红色底纹，并在页边距以外的标记区域出现批注文本框（图3-69），用户就可以在这个文本框中输入批注内容。

图 3-69   添加"批注"

2. 删除批注   要快速删除某个批注，右击该批注，在弹出的快捷菜单中，选择"删除批注"命令即可删除该批注。

要快速删除文档中的所有批注，只需单击文档中的一个批注，在"审阅"选项卡→"批注"组中，单击"删除"→"删除文档中的所有批注"命令即可删除文档中的所有批注。

3. 添加修订   修订是在 Word 文档中，将审阅者对文档的修改记录下来的一种方式，所修改的内容将以红色显示，添加修订的方式：执行"审阅"选项卡→"修订"组中"修订"命令，此时该文档将进入修订状态；进入修订模式后，用户对文档所做的任何修改，系统都会自动做出标记，以设定的方式显示出来（图3-70）。

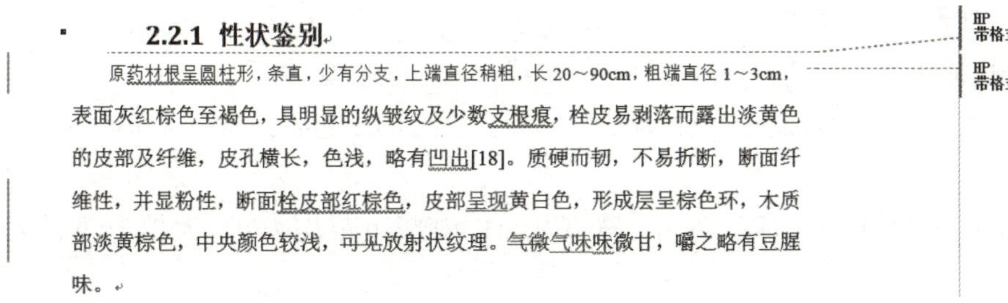

2.2.1 性状鉴别

原药材根呈圆柱形，条直，少有分支，上端直径稍粗，长 20～90cm，粗端直径 1～3cm，表面灰红棕色至褐色，具明显的纵皱纹及少数支根痕，栓皮易剥落而露出淡黄色的皮部及纤维，皮孔横长，色浅，略有凹出[18]。质硬而韧，不易折断，断面纤维性，并显粉性，断面栓皮部红棕色，皮部呈现黄白色，形成层呈棕色环，木质部淡黄棕色，中央颜色较浅，可见放射状纹理。气微气味味微甘，嚼之略有豆腥味。

带格式的: 字体: 五号

带格式的: 缩进: 首行缩进: 2 字符

图 3-70　添加"修订"

4. 接受修订或拒绝修订　当审阅者对文档进行修订之后，文档的作者可以查阅修订的内容，并根据实际的情况接受或者拒绝审阅者做出的修订。

（1）接受修订　选中某一处修订文本，执行"审阅"选项卡→"更改"组中"接受"→"接受并移到下一条"或者"接受此修订"命令，该处文本就会更新为修改后的内容。执行"审阅"选项卡→"更改"组中"接受"→"接受所有修订"命令，就可以接受该文档中的所有修订内容。

（2）拒绝修订　选中某一处修订文本，执行"审阅"选项卡→"更改"组中"拒绝"→"拒绝并移到下一条"或者"拒绝更改"命令，该处文本就会保留为修改前的内容，并且删除审阅者的修订内容。执行"审阅"选项卡→"更改"组中"拒绝"→"拒绝所有修订"命令，就可以使文档还原为审阅者修改前的文档内容。

实验

1. 打开第三章实验一"中医养生之我见 _ 源 .docx"，参考"中医养生之我见 _ 样稿 .docx"，完成下列操作。

（1）设置文稿标题格式为"隶书""初号""居中"，并添加文本效果"填充 – 蓝色，着色 1，轮廓 – 背景 1，清晰阴影 – 着色 1"，段后间距为 1 行。

（2）设置正文格式为首行缩进"2 个字符"、字号大小为"小四"、行间距为"固定值：18 磅"。

（3）对文稿第一段设置首字下沉"2 行"、距正文"0 厘米"、下沉文字格式为"加粗""幼圆"。

（4）将文稿中"1. 饮食"所在段落中的"中医"格式替换为"蓝色""黑体""突出显示"。

（5）将文稿中"饮食""睡眠""运动""其他"四个段落添加"1.2.3.…"格式的编号。

（6）删除文稿"3. 运动"部分中的空格。

（7）设置页面为"A4"上下页边距"2.5 厘米"，左右页边距"3 厘米"。

（8）设置页眉"中医养生知识"居中，页脚"第 × 页共 × 页"。

（9）表格操作

①不显示文章中"饮食""睡眠""运动""其他"表格的框线。

②将"饮食""睡眠""运动""其他"设置超链接，分别连接到文稿中的"1. 饮食""2. 睡眠""3. 运动""4. 其他"（先分别将文稿中"饮食""睡眠""运动""其他"设置为书签。）

③将表格设置"网格表 4– 着色 5"的表格样式，再将表格标题行单元格设置"浅蓝色"填充颜色。

④在表格最后插入一行，将其合并为一个单元格，输入文字"让我们一起关注自己的健

康！"（宋体，五号，加粗，水平居中）。

⑤为表格设置外边框线为"1.5 磅""深红色"的实线，内框线不变。

2. 打开第三章实验二"中药 de 起源 _ 源 .docx"，参考"中药 de 起源 _ 样稿 .docx"，完成下列操作。

（1）插入文本框：位置任意；高度 7cm，宽度 9cm；内部边距均为 0，无填充色、无线条色。

（2）在文本框内输入文本："从远古时期到秦皇朝建立，人们通过生产、生活和医疗实践逐步发现、认识和使用药物，从感性的经验过渡到理性的认识，从最初的口耳相传到形成文字记载，是中药的起源阶段，也是中药学的萌芽时期。"字体宋体、倾斜、四号字、黑色，单倍行距，两端对齐。

（3）插入艺术字：插入"中药""de""起源"，并设置为图所示样式和排版。

（4）绘制椭圆形：填充黑白横向渐变，线条色为蓝色。

（5）手工绘制线条，并调整颜色和位置如"样稿"所示的样式。

（6）在文档中输入如下密码验证流程图。

（7）在文档末输入如下数学公式。

3. 打开第三章实验三"论文排版 _ 源 .docx"，参考"论文排版 _ 样稿 .docx"，完成下列操作。

（1）将论文中章名使用样式"标题 1"，并居中；编号格式为"第 X 章"，其中 X 为自动排序。

（2）将小节名使用样式"标题 2"，左对齐；编号格式为多级符号 X.Y，X 为章数字序号，Y 为节数字序号（如 2.1）。

（3）新建样式，样式名为"样式 + 学号"。

①字体：中文字体为"宋体"，西文字体为"Times New Roman"，字号为"五号"。

②段落：首行缩进 2 字符，行距为 22 磅。

③其余格式为默认设置。

（4）将（3）中样式应用到正文中无编号的文字（注意：不包含章名、小节名、表文字、表和图的题注）。

（5）对正文中的表格添加题注，位于表格上方、居中。要求题注随章节编号，编号为"章节号" – "表在章中的序号"（第 2 章第一个表格设为"表 2–1"）。

（6）对正文中的图添加题注，位于图片底部、居中。要求题注随章节编号，编号为"章节号" – "图在章中的序号"（第 3 章第一个图设为"图 3–1"）。

（7）对正文中的《神农本草经》添加脚注，注释符号为"1"，注释文字:《神农本草经》，简称《本草经》或《本经》，是我国现存最早的药物学专著，起源于神农氏，代代口耳相传，于东汉时集结整理成书，成书作者不详。

（8）在正文前按序插入一节，使用"引用"中的目录功能，生成如下内容。

①目录。标题"目录"使用样式"标题 1"，并居中。"目录"下为目录项。

②表索引。标题"表索引"使用样式"标题 1"，并居中。"表索引"下为表索引项。

③图索引。标题"图索引"使用样式"标题 1"，并居中。"图索引"下为图索引项。

④中文摘要。标题"摘要"使用样式"标题 1"，并居中。"摘要"下为中文摘要内容。

⑤ Abstract。标题"Abstract"使用样式"标题 1"，并居中。"Abstract"下为英文摘要内容。

（9）对正文作分节处理，每章为单独一节。

（10）添加正文页眉。使用域，按以下要求添加内容，右对齐显示；对于奇数页，页眉的文字为"章序号"＋"章名"；对于偶数页，页眉的文字为"节序号"＋"节名"。

（11）添加页脚。使用域，按以下要求添加内容，居中显示：正文前的节，页码采用"i，ii，iii…"格式，且封面不设页码；正文页码采用"1，2，3…"格式，页码连续，并且每节总是从奇数页开始。

（12）更新目录、图索引、表索引。

习题

一、选择题

1. Word 文档文件的扩展名是（　　　）

　A.txt　　　　　　　B.wps　　　　　　　C.dotx　　　　　　　D.docx

2. Word 中，如果用户选中了大片文字后，按了空格键是（　　　）

　A. 在选中的文字后插入空格　　　　B. 在选中的文字前插入空格

　C. 选中的文字被空格代替　　　　　D. 选中的文字被送入回收站

3. 在 Word 中，有图1、图2……图10，共计10张图，如果删除了图2，希望图3、图4……图10自动变为图2、图3……图9，则应将图1、图2……图10设置成（　　　）

　A. 脚注　　　　　B. 尾注　　　　　　C. 题注　　　　　　D. 索引

4. 在 Word 中打开文件操作会实现（　　　）

　A. 将文件从内存调入寄存器　　　　B. 将文件从外存调入内存

　C. 将文件从 U 盘调入硬盘　　　　　D. 将文件从硬盘调入寄存器

5. 在 Word 中，要设置字符颜色，应先选文字，再选择"开始"功能区（　　　）分组的命令。

　A. 段落　　　　　B. 字体　　　　　　C. 样式　　　　　　D. 颜色

6. 在 Word "页面设置"对话框中的"文档网格"选项卡中，当选择（　　　）选项时，只能设置每行与每页的参数值

　A. 无网格　　　　　　　　　　　　B. 只指定行网格

　C. 指定行与字符网格　　　　　　　D. 文字对齐字符网格

7. 在 Word 中，更改页眉与页脚的显示内容时，除了在"插入"选项卡中的"页眉与页脚"选项组中单击"页眉"下三角按钮并选择"编辑页眉"选项之外，还可以通过（　　　）方法来激活页眉与页脚，从而实现编辑页眉与页脚的操作

　A. 双击页眉或页脚　　　　　　　　B. 按 F9 键

　C. 单击页眉　　　　　　　　　　　D. 右击页眉与页脚

二、填空题

1. 在 Word 2016 中，不仅可以将文档设置为两栏、三栏、四栏等格式，还可以在栏与栏之间添加分隔线，只需在＿＿＿＿＿＿对话框中选中＿＿＿＿＿＿复选框即可。

2. 在 Word 2016 中，页眉与页脚分别位于页面的顶部与底部，是每个页面的＿＿＿＿＿中的区域。

3. 在 Word 2016 中，节与节之间的分界线是一条双虚线，该双虚线被称为＿＿＿＿＿。

4. 在 Word 2016 中，可以利用索引功能标注关键词或语句的出处与页码，并能按照一定的

规律进行排序。在创建索引之前，需要将创建索引的关键词或语句进行_____。

5．在 Word 2016 中，样式是一种命名的_____，规定了文档中的字、词、句、段与章等文本元素的格式。

6．在 Word 2016"开始"选项卡的"样式"选项组中，单击"对话框启动器"按钮，并单击"新建样式"按钮，在弹出的_____对话框中设置样式格式。

7．在 Word 2016 中，用户可以在"页面设置"对话框中的_____选项卡中设置页面中节的起始位置、页眉和页脚、对齐方式等格式。

三、简答题

1．简述在 Word 2016 中设置页眉和页脚的步骤。

2．在 Word 2016 中如何把需要的内容截成图片插入到文档中？

3．简述在 Word 2016 中目录与索引的作用，以及创建目录的操作步骤。

4 电子表格处理软件 Excel

扫一扫，查阅本章数字资源，含PPT、音视频、图片等

Excel 具有强大的数据处理与分析功能，它可处理各式各样的表格数据、统计报表，完成许多数据复杂的运算、分析和预测，可生成精美直观的表格和图表，为我们日常生活中处理各种各样的表格提供高效的工具。本章以 Excel 2016 为例介绍。

4.1 数据输入与编辑

【案例 4-1】数据输入与编辑应用

（1）打开"某医院部分住院病人费用一览表 .xlsx"，参照图 4-1，完成下列操作。

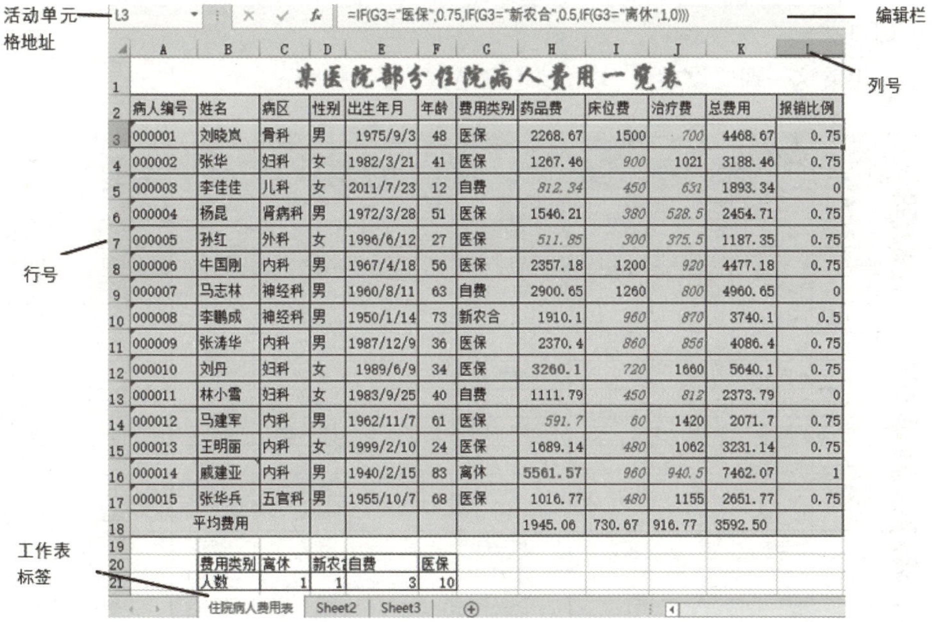

图 4-1　某医院部分住院病人费用一览表

①将 Sheet1 更名为"住院病人费用表"，完成第一列病人编号的添加，从 000001 开始，前置 0 保留。

②添加"年龄"列，并根据"出生年月"计算病人年龄。

③求出住院病人费用表中每位病人的总费用，并填入"总费用"列相应单元格中。

④求出各种费用的平均值，填入"平均费用"行相应单元格中（小数点后保留两位数）。

⑤添加"报销比例"列，并根据"费用类别"为"报销比例"列填充数据。如果"费用类别"为医保，则报销比例为 75%；如果"费用类别"为新农合，则报销比例为 50%；如果"费

用类别”为离休，则报销比例为100%；如果“费用类别”为自费，则病人承担全部费用。

⑥分别统计“费用类别”列离休、医保、新农合、自费的人数。

⑦给“姓名”为戚建亚的单元格添加批注，内容为“省级离休干部，联系方式13707726382”。

⑧在住院病人费用表中，将费用大于3000元的用“红色”“加粗”显示；费用小于1000元的用“蓝色”“倾斜”显示。

⑨在第一行前插入一个新行，输入标题为“某医院部分住院病人费用一览表”，A1：L1单元格区域“合并居中”，设置标题文字字体格式为“华文行楷”“22号”“加粗”，填充颜色“橄榄色、个性色3，深色25%”。

⑩将除标题区域外的表格单元格样式设置为“20%，着色5”，设置工作表列宽为自动调整列宽。

（2）操作步骤

①选择工作表Sheet1，鼠标右键单击标签，在弹出的菜单中选择“重命名”菜单项，输入工作表名“住院病人费用表”。右键单击A2单元格，在快捷菜单中选择“设置单元格格式”，在对话框中选择“数字”选项卡中的“文本”后按“确定”按钮，然后输入“000001”，选中A2单元格，并将光标移至A2单元格右下角，当其变为“+”时，拖曳填充柄至A16。

②选中“出生年月”后一列，单击鼠标右键，在弹出的菜单中选择“插入”，并在F1单元格中输入“年龄”，在F2单元格中输入“=year（today（））–year（E2）”（图4–2），确认后拖曳填充柄至F16即可。

◆注意：年龄这一列要设置为“数值”，且小数位数为“0”。

=year(today())-year(E2)

	A	B	C	D	E	F	G	H	I	J
1	病人编号	姓名	病区	性别	出生年月	年龄	费用类别	药品费	床位费	治疗费
2	000001	刘晓岚	骨科	男	1975/9/3	=year(today())-year(E2)			1500	700
3	000002	张华	妇科	女	1982/3/21		医保	1267.46	900	1021
4	000003	李佳佳	儿科	女	2011/7/23		自费	812.34	450	631
5	000004	杨昆	肾病科	男	1972/3/28		医保	1546.21	380	528.5
6	000005	孙红	外科	女	1996/6/12		医保	511.85	300	375.5
7	000006	牛国刚	内科	男	1967/4/18		医保	2357.18	1200	920
8	000007	马志林	神经科	男	1960/8/11		自费	2900.65	1260	800
9	000008	李鹏成	神经科	男	1950/1/14		新农合	1910.1	960	870
10	000009	张涛华	内科	男	1987/12/9		医保	2370.4	860	856
11	000010	刘丹	妇科	女	1989/6/9		医保	3260.1	720	1660
12	000011	林小雪	妇科	女	1983/9/25		自费	1111.79	450	812
13	000012	马建军	内科	男	1962/11/7		医保	591.7	60	1420
14	000013	王明丽	内科	女	1999/2/10		医保	1689.14	480	1062
15	000014	戚建亚	内科	男	1940/2/15		离休	5561.57	960	940.5
16	000015	张华兵	五官科	男	1955/10/7		医保	1016.77	480	1155
17	平均费用							1945.062		

图4–2 计算年龄

③选中K1单元格，输入“总费用”，选中K2单元格，执行“公式”选项卡→“函数库”组中“插入函数”，选择“SUM”求和函数，选择函数区域“H2：J2”，或直接在编辑栏输入“=Sum（H2：J2）”即可，确定后拖曳填充柄至K16，或双击填充柄。

④合并A17至C17单元格，选中H17单元格，执行“公式”选项卡→“函数库”组中“插入函数”，选择“AVERAGE”求平均函数，选择函数区域“H2：H16”，或直接在编辑栏输入函

数"=AVERAGE(H2:H16)"，确认后拖曳填充柄至 K17。选中数据区域"H17:K17"，右键点击，选择"设置单元格格式"，在"设置单元格格式"对话框→"数字"选项卡中选择"数值"，设置数值的小数位数为"2"。

⑤选中 L1 单元格，输入"报销比例"，在 L2 单元格输入条件函数"=IF（G2=" 医保 ",0.75，IF（G2=" 新农合 "，0.5，IF（G2=" 离休 "，1，0)))"，确认后拖曳填充柄至 L16（图 4-3）。另一种方法是选择 L2 单元格，按照以下步骤输入包含嵌套 IF 函数的公式。

	L2	▼	:	× ✓	f_x	=IF(G2="医保",0.75,IF(G2="新农合",0.5,IF(G2="离休",1,0)))					
▲	A	B	C	D	E	F	G	H	I	J	K	L
1	病人编号	姓名	病区	性别	出生年月	年龄	费用类别	药品费	床位费	治疗费	总费用	报销比例
2	000001	刘晓岚	骨科	男	1975/9/3	48	医保	2268.67	1500	700	4468.67	0.75
3	000002	张华	妇科	女	1982/3/21	41	医保	1267.46	900	1021	3188.46	0.75
4	000003	李佳佳	儿科	女	2011/7/23	12	自费	812.34	450	631	1893.34	0
5	000004	杨昆	肾病科	男	1972/3/28	51	医保	1546.21	380	528.5	2454.71	0.75
6	000005	孙红	外科	女	1996/6/12	27	医保	511.85	300	375.5	1187.35	0.75
7	000006	牛国刚	内科	男	1967/4/18	56	医保	2357.18	1200	920	4477.18	0.75
8	000007	马志林	神经科	男	1960/8/11	63	自费	2900.65	1260	800	4960.65	0
9	000008	李鹏成	神经科	男	1950/1/14	73	新农合	1910.1	960	870	3740.1	0.5
10	000009	张涛华	内科	男	1987/12/9	36	医保	2370.4	860	856	4086.4	0.75
11	000010	刘丹	妇科	女	1989/6/9	34	医保	3260.1	720	1660	5640.1	0.75
12	000011	林小雪	妇科	女	1983/9/25	40	自费	1111.79	450	812	2373.79	0
13	000012	马建军	内科	男	1962/11/7	61	医保	591.7	60	1420	2071.7	0.75
14	000013	王明丽	内科	女	1999/2/10	24	医保	1689.14	480	1062	3231.14	0.75
15	000014	戚建亚	内科	男	1940/2/15	83	离休	5561.57	960	940.5	7462.07	1
16	000015	张华兵	五官科	男	1955/10/7	68	医保	1016.77	480	1155	2651.77	0.75
17		平均费用						1945.06	730.67	916.77	3592.50	

图 4-3　IF 函数设置

A. 在 IF 函数的"Logical_test"参数文本框中输入"G2=" 医保 ""，Value_if_true 参数文本框中输入"0.75"（图 4-4）。

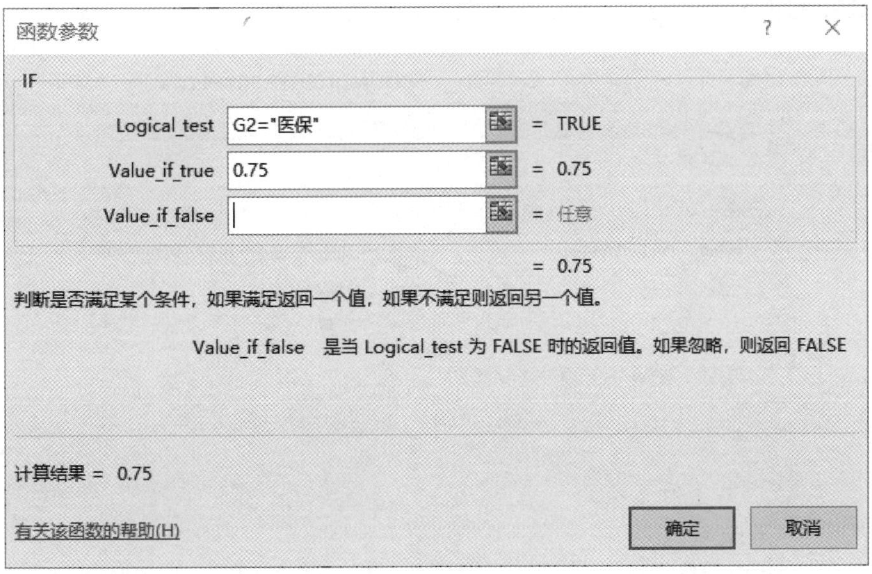

图 4-4　"IF 函数参数"对话框

B. 将鼠标定位于"Value_if_false"参数文本框中，单击工作表左上角的名称框，并在弹出的下拉列表中选择 IF 函数，即可打开又一个 IF 函数参数对话框。在新打开的 IF 函数参数对话框中，依次设置"Logical_test"参数为"G2="新农合""，Value_if_true参数为"0.5"。

C. 将鼠标定位于"Value_if_false"参数文本框中，单击工作表左上角的名称框，并在弹出的下拉列表中选择 IF 函数，又打开一个 IF 函数参数对话框。在新打开的 IF 函数参数对话框中，依次设置"Logical_test"参数为"G2="离休""，Value_if_true参数"1"，Value_if_false参数为"0"（图 4-5）。

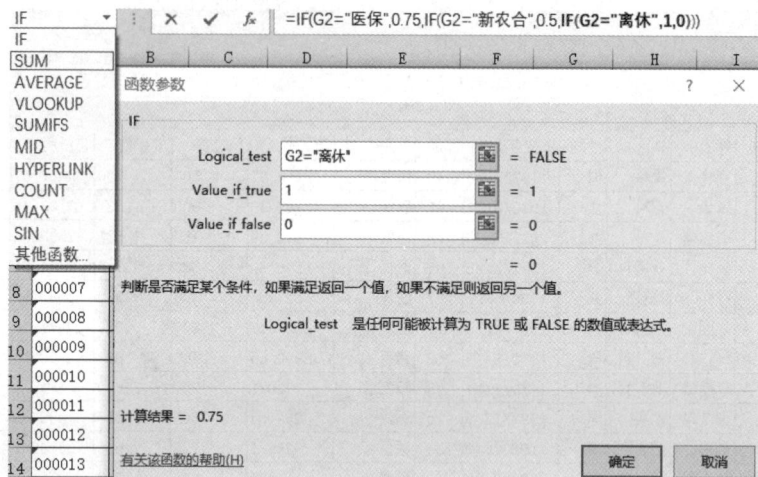

图 4-5　多次嵌套函数输入方法

D. 单击"确定"按钮，完成公式输入，编辑栏显示完整公式输入内容。拖曳填充柄至 L16。

◆注意：公式中的双引号必须要在英文状态下输入。

⑥在 B19：F19 和 B20 单元格中分别输入"费用类别""离休""新农合""自费""医保"和"人数"；选中 C20 单元格，在"公式"选项卡的"函数库"组中单击"其他函数"按钮，依次选择"统计""COUNTIF"，在"COUNTIF"函数对话框中设置"Range"（统计范围）参数为"$G$2：$G$16"，Criteria 参数（统计条件）为"C19"，编辑栏将显示完整公式为"=COUNTIF（$G$2：$G$16，C19）"（图 4-6），确认后拖曳填充柄至 F20。

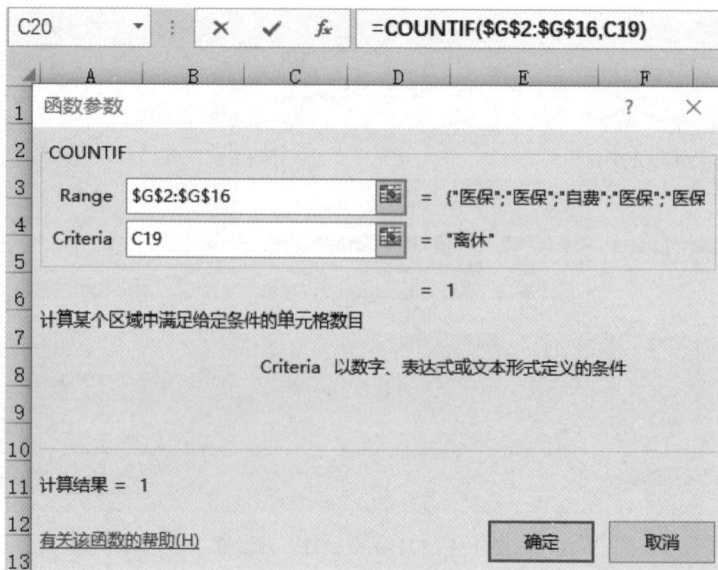

图 4-6　统计函数设置

⑦选中B15单元格，单击"审阅"选项卡→"批注"组中"新建批注"命令，输入批注内容为"省级离休干部，联系方式13707726382"（图4-7）。

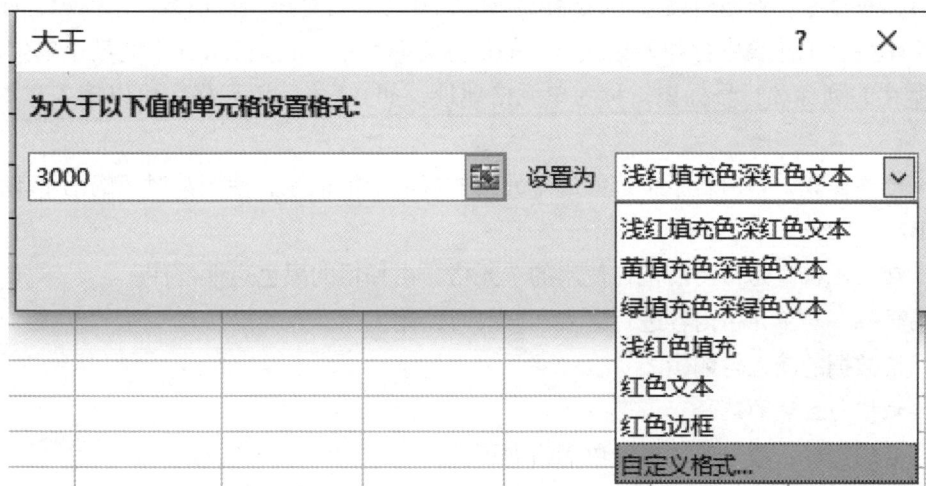

图4-7   新建批注

⑧选中H2：J16单元格区域，在"开始"选项卡的"样式"组中单击"条件格式"按钮，依次选择"突出显示单元格规则"→"大于"命令（图4-8），在"大于"对话框（图4-9）左侧文本框中输入"3000"，单击"设置为"下拉列表框，执行"自定义格式"命令，并在随后的"设置单元格格式"对话框中设置颜色为标准色中的"红色"，字形为"加粗"；小于1000元的操作类似，颜色设置为"蓝色"，字形设置为"倾斜"。

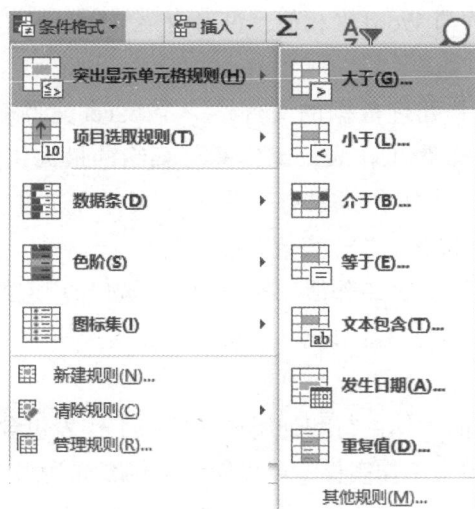

图4-8   "条件格式"设置

图4-9   "大于"对话框

⑨选中工作表的第一行，在"开始"选项卡→"单元格"组中单击"插入"按钮的下拉箭头，在弹出的菜单中选择"插入工作表行"（图 4–10），选中 A1：L1，在"开始"选项卡→"对齐方式"组中单击"合并后居中"按钮，输入"某医院部分住院病人费用一览表"，在"开始"选项卡→"字体"组中设置单元格字体格式为"华文行楷""22 号""加粗"，填充颜色为"橄榄色、个性色 3，深色 25%"。

图 4–10　"插入工作表行"设置

⑩选择 A2：L18 单元格，在"开始"选项卡→"样式"组中点击"单元格样式"命令，在下拉列表菜单中选择"20%，着色 5"。选中除标题行以外的单元格区域，执行"开始"选项卡→"单元格"组中"格式"命令，在下拉列表中选择"自动调整列宽"。

4.1.1 电子表格的创建与使用

1.Excel 基本知识　Excel 是一款功能强大的电子软件，其基本信息元素主要包括工作簿、工作表、单元格等，其主要功能包括数据记录和整理、数据运算、高效的数据分析、图表及信息的传递和共享。工作窗口及界面与 Word 很相似，窗口由菜单栏、工具栏、编辑栏、状态栏和一个空工作簿文档组成。

（1）工作簿　用来存储并处理数据的文件，一个 Excel 文件就是一个工作簿，其扩展名为 .xlsx。每个工作簿可包含多张工作表，工作簿可容纳的最大工作表数目与可用内存有关，Excel 2016 默认情况下新建一个工作簿只有三张工作表（可通过"文件"→"选项"→"常规"→"新建工作簿时"→"包含的工作表数"设置）。

工作簿有多种类型，包括 Excel 工作簿（*.xlsx）、Excel 启用宏的工作簿（*.xlsm）、Excel 二进制工作簿（*.xlsb）、Excel97–2003 工作簿（*.xls）等类型。其中 *.xlsx 是 Excel 2016 默认保存类型。

（2）工作表　Excel 窗口的主体由行和列组成，每张工作表包含 1048576 行和 16384 列。工作表由工作表标签来标识，单击工作表标签可以使该工作表成为当前工作表，对工作表的更名、添加、删除、移动、复制等操作都可以在工作表标签上完成。在工作表中可进行数据输入和编辑等操作。

（3）列标和行号　列标用英文字母标识，如 A、B 等；行号用阿拉伯数字来标识，如 1、2 等。

（4）单元格　工作表中行和列相交形成的框称为单元格，它是 Excel 中的最小单位，每个单元格用其所在的列标和行号标识，称为单元格地址，如 A1 格。单元格中可以输入文本、数值、公式等。

（5）单元格区域　是由若干个连续的单元格构成的矩形区域，使用某对角的两个单元格地址标识，如 B20：F21。

（6）活动单元格　是指当前正在使用的单元格，由加粗的黑色边框框住。

（7）编辑栏　对单元格内容进行输入和修改时使用。

2. 单元格数据的输入与编辑

（1）单元格与区域的选择

①单元格的选择：单击要选择的单元格即可。

②连续单元格区域的选择：首先选择区域中的起始单元格，然后拖动鼠标至结束单元格即可，或点击起始单元格的同时按住 Shift 键，再单击结束单元格 +Shift 键。

③不连续单元格区域的选择：首先选择第一个单元格，然后按住 Ctrl 键逐一选择其他单元格即可。

④选择整行：将鼠标置于需要选择行的行号上，当光标变成向右箭头时，单击即可。另外，选择一行后，按住 Ctrl 键再选择其他行号，即可选择不连续的整行。

⑤选择整列：与选择行的方法相似，也是将鼠标置于需要选择的列的列标上，单击即可。

⑥选择整个工作表：直接单击工作表左上角行号与列标相交处三角形按钮即可，或者按住 Ctrl+A 组合键选择整个工作表。

（2）数据的输入

1）输入文本数据：选定单元格，直接由键盘输入，完成后按回车键或单击编辑栏中输入按钮，如果单元格列宽容不下文本字符串，又不想加宽列，则按"Alt+Enter"键可换行。

◆注意：在输入数据时，以英文状态的单引号"'"或者以等号作为前导并将数据用双引号括起时，系统会将输入的内容自动识别为文本数据，并以文本形式在单元格中保存和显示。例如键入'01087365288，或者键入 = "01087365288"，则系统会将"01087365288"识别为文本数据。

2）输入数值数据：数值数据的输入与文本数据输入类似，但数值数据的默认对齐方式是右对齐。一般情况下，如果输入的数据长度超过 11 位，则以科学计数法（如 1.23456E+14）显示数据。

①输入分数：由于 Excel 中的日期格式与分数格式一致，所以在输入分数时应在分数前面加上 0 和空格。例如，要输入"3/5"时先输入数字 0，然后输入一个空格，再输入分数 3/5 即可。

②输入日期和时间：日期和时间也是数据，具有特定格式。输入日期时，可用"/"或"–"分隔年、月、日，如 2014–9–18。输入时间时，可用"："分隔时、分、秒，如 11：23：30。Excel 会把它们识别为日期或时间型数据。

3）填充输入：对重复或有规律变化的数据的输入，可用数据的填充来实现。选定已填充内容的单元格或区域右下角的填充柄，拖动它可以自动填充数据，如星期、月份、季度、等差数列等。

①复杂填充：如果输入的数据成等比数列或其他更复杂的填充，可以在"开始"选项卡→"编辑"组中，单击"填充"→"序列"按钮，打开"序列"对话框（图 4–11）。在此对话框中，根据需要选择序列填充的方向和类型，设置步长值等，设置完成后，单击"确定"按钮，完成序列数据的输入。

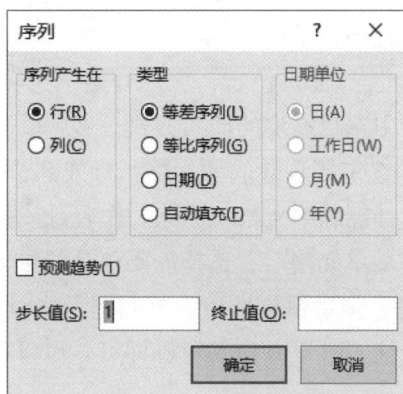

图 4–11 "序列"对话框

②自定义序列：序列数据通常有两类，一类是纯数字序列，另一类是文本或文本加数字序

列，例如甲、乙、丙……，1月、2月、3月……，只要输入序列的第一项，然后拖曳填充柄就可以自动生成 Excel "自定义序列" 中已定义的序列。在 "文件" 选项卡上单击 "选项" 按钮，打开 "Excel 选项" 对话框，选择 "高级" 选项卡，在 "常规" 区域中点击 "编辑自定义列表" 按钮，打开 "自定义序列" 对话框（图 4-12）。在 "自定义序列" 中列出了 Excel 中预置的序列，在左侧列表框中选择 "新序列"，在右侧 "输入序列" 提示框内输入新的文字序列后，单击 "添加"→"确定" 按钮即可。

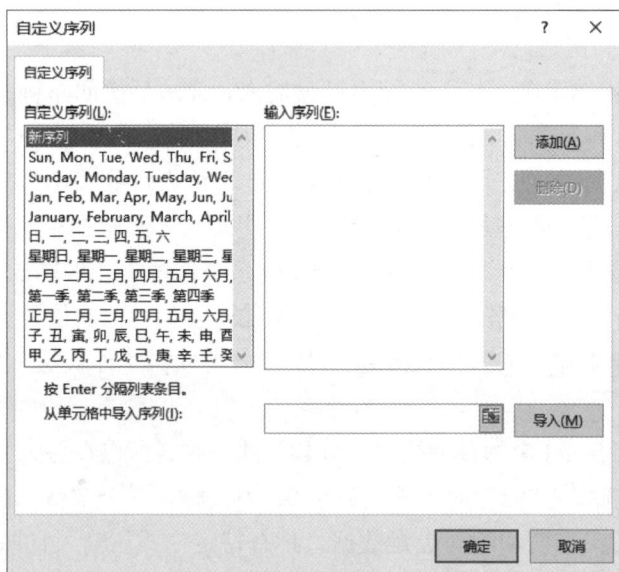

图 4-12 "自定义序列" 对话框

4）为单元格添加批注：给单元格添加批注就是为选定的单元格增加一个文字说明，其实现步骤为：选中要添加批注的单元格，在 "审阅" 选项卡的 "批注" 组中，单击 "新建批注" 按钮，弹出批注框，在批注框中输入批注内容。添加了批注的单元格在其右上角有一个红色的小三角形标记。

5）出错值：当输入的公式有错误时，在单元格中会显示出错结果代码 "#NAME?"，提示公式有错。

3. 数据编辑

（1）修改单元格内容　双击单元格，在单元格中直接输入新的内容；或单击单元格，在编辑栏中输入内容，以新内容取代原有内容。

（2）插入单元格、行或列　选择插入位置，在 "开始" 选项卡的 "单元格" 组中单击 "插入" 下拉箭头，在弹出的选项卡中选择需要的插入方式，然后单击 "确定" 按钮。

（3）删除单元格、行或列　选定要删除的单元格、行或列，在 "开始" 选项卡的 "单元格" 组中单击 "删除" 下拉箭头，选择删除单元格、删除工作表行或删除工作表列。

（4）复制和移动单元格　移动单元格时，选择需要移动的单元格，并将鼠标置于单元格的边缘，当光标变成四向箭头形状时，拖动鼠标即可。复制单元格时，将鼠标置于单元格的边缘上，当光标变成四向箭头形状时，按住 Ctrl 键并拖动鼠标即可。也可利用工具栏中的 "剪切" "复制" 以及 "粘贴" 按钮完成。

（5）粘贴选项　在 "开始" 选项卡的 "剪贴板" 组中单击 "粘贴" 按钮的下拉箭头，可选取具有多个选项的粘贴功能（图 4-13），单击 "选择性粘贴"（图 4-14），则提供更多粘贴选项。

图4-13 "粘贴"选项

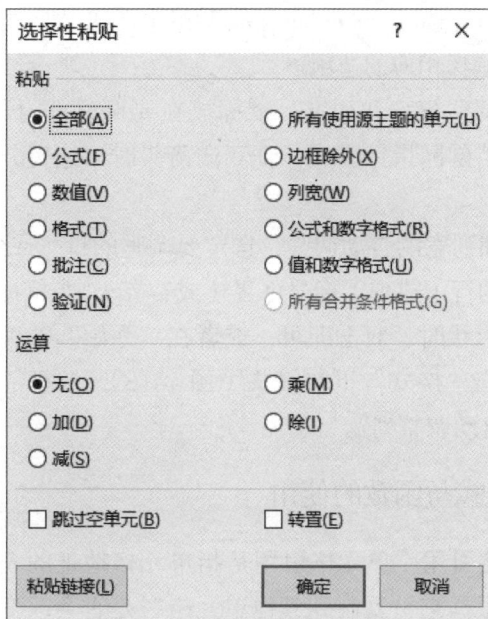

图4-14 "选择性粘贴"对话框

（6）单元格的格式化　选定要格式化的单元格或单元格区域，选择"开始"选项卡"对齐方式"组的右下角"对话框启动器"，在弹出的对话框中可对单元格内容的数字格式、对齐方式、字体、填充、单元格边框以及保护方式等格式进行定义。

4. 工作表的格式化　工作表的格式化是指对单元格的格式如字体、字号、对齐方式、边框、颜色、行高等进行设置。

（1）设置字体、对齐方式、数字　使用"开始"选项卡→"字体"组、"对齐方式"组、"数字"组中的功能按钮实现常用的设置；也可通过点击以上功能组右下角的"对话框启动器"进行相应的格式设置。

①使用条件格式：根据设置的条件，动态显示有关格式，单击"开始"选项卡→"样式"组中的"条件格式"下拉箭头，进行相应的设置。

②套用表格格式：系统预定义了几十种工作表格样式供用户套用，这些格式组合了数字、字体、边界、模式、列宽和行高等属性，套用这些格式既可以节省大量的时间，又有较好的美化效果。操作方法："开始"选项卡→"样式"组中单击"套用表格格式"下拉箭头，选择所需的表格样式（图4-15）。

（2）设置行高、列宽　在建立工作表时，所有单元格具有相同的宽度和高度。当单元格中字符串超过列宽（或行高）时，超出部分不能显示，这时就要调整列宽（或行高），以便信息的完整显示。方法有3种。

①精确调整行高和列宽：选中需要调整的行或

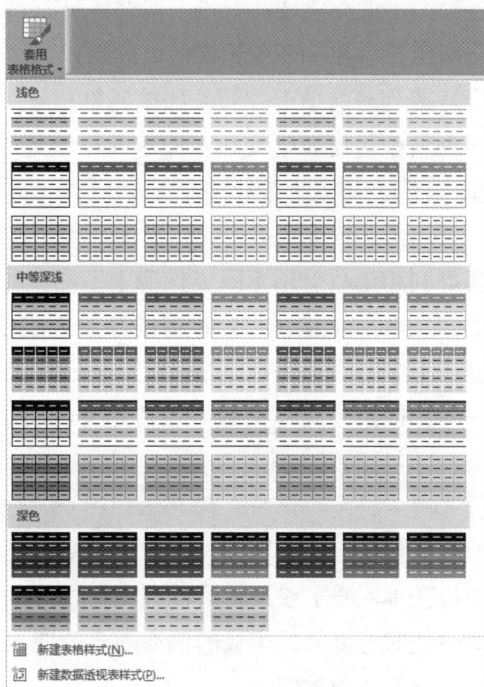

图4-15 "套用表格格式"对话框

列，在"开始"选项卡→"单元格"组中单击"格式"下拉箭头（图 4-16），选择相应的选项。

②鼠标调整行高和列宽：鼠标放在要调整的行号（或列标）分隔线上，当鼠标指针变成一个双向箭头时，拖曳分割线至适当的位置即可。

③行高和列宽的自动调整：选定要调整的行（或列），将鼠标移到要调整的行（或列）标号下界（或右界），当鼠标指针呈一个双向箭头的形状时，双击即可；或者在"开始"选项卡→"单元格"组中单击"格式"下拉箭头（图 4-16），选择"自动调整行高"或者"自动调整列宽"。

4.1.2 公式与函数的使用

1. 单元格引用　单元格引用是指单元格地址的表示方法，而单元格地址根据它被复制到其他单元格时是否会改变，通常分为相对引用、绝对引用、混合引用和三维引用 4 种。

（1）相对地址与引用　相对地址是指直接用列号和行号组成的单元格地址。相对引用是指把一个含有单元格地址的公式复制到一个新的位置，对应的单元格地址发生变化，即引用单元格的公式而不是单元格的数据。如在 G3 单元格中输入"=B3+C3+D3+E3+F3"，将 G3 单元格复制到 G4 单元格后，G4 中的公式变为"=B4+C4+D4+E4+F4"。

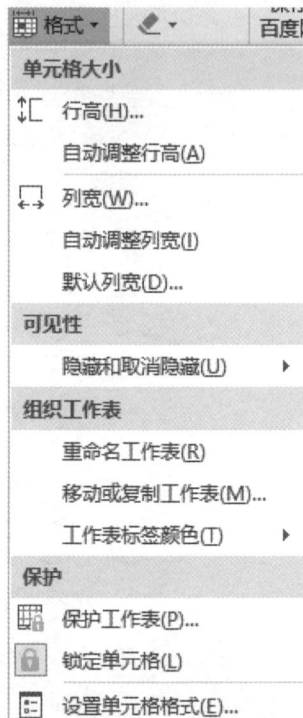

图 4-16　单元格行高、列宽设置

（2）绝对地址与引用　绝对地址是指在列号和行号的前面加上"$"字符而构成的单元格地址。绝对引用是指在把公式复制或填入新单元格位置时，其中的单元格地址与数据保持不变。如 $B$2，表示对单元格 B2 的绝对引用。

（3）混合地址与引用　混合地址是指在列号或行号之一采用绝对地址表示的单元格地址。混合引用是指在一个单元格地址的引用中，既引用绝对地址，又引用相对地址，是在单元格地址的行号或列号前加上"$"。如单元格地址"$A1"表示"列号 A"不发生变化，而"行 1"随被引用到新位置而发生变化；而单元格地址"A$1"表示"列号 A"随被引用到新位置而发生变化，而"行 1"不发生变化。

（4）三维地址引用　三维地址引用是指在同一个工作簿中引用不同工作表中的单元格，同时还可利用函数引用不同工作簿中不同工作表中的单元格。格式为"工作表名！单元格地址"。例如，在 Sheet1 中的 C2 单元格等于 Sheet2 中的 D2 单元格与 Sheet3 中的 E2 单元格之和，可在 Sheet1 中的单元格 C2 中输入"=Sheet2！D2+Sheet3！E2"。

2. 使用公式与函数　在使用 Excel 进行数据处理时，经常需要对数据进行各种运算。利用 Excel 提供的强大运算功能，可以方便地完成各种运算。

（1）公式的使用　在 Excel 中，公式是以等号（=）开始，由数值、单元格引用（地址）、函数或操作符组成的序列；或者说由运算对象和运算符按照一定规则连接而成。运算对象可以是常量、文本、数字或逻辑值，利用公式可以根据已有数值计算出一个新值，当公式中相应单元格的值改变时，由公式生成的值亦随之改变。运算符包括算术运算符、关系运算符、文本运算符和引用运算符 4 种类型。

①算术运算符：+（加）、-（减）、*（乘）、/（除）、%（百分比）、^（指数）。

②关系运算符:=（等于）、＞（大于）、＜（小于）、＞=（大于等于）、＜=（小于等于）、＜＞（不等于）。

③文本运算符：如 &（连接）。

④引用运算符：冒号（区域运算符）、空格（交集运算符）、逗号（联合运算符），它们通常在函数表达式中表示运算区域。

（2）函数　函数是系统预先定义并按照特定顺序、结构来执行、分析数据，处理任务的功能模块。定义好的公式可以直接引用，既可以作为公式中的一个运算对象，也可以作为整个公式来使用。Excel 既可以在单元格中直接输入函数名和参数，又可以使用"公式"选项卡的"函数库"，函数的参数也可以是另一个函数，称为嵌套函数。

Excel 2016 提供了很多可以直接使用的函数，如常用函数、财务函数、查找与引用函数等。通过这些函数，可以对某个区域内的数值进行一系列运算。

Excel 函数的一般形式为函数名（参数 1，参数 2，……）。其中，函数名指明要执行的运算，参数指定使用该函数所需数据，参数可以是常量、单元格、区域、区域名、公式或其他函数。

输入函数有两种方法：一是插入函数法，二是直接输入法。一般来说，插入函数法较为方便，通过"公式"选项卡→"函数"组中"插入函数"命令来实现。以下介绍若干常用函数。

①求和函数 SUM

格式：SUM（number1，number2，……）。

功能：求指定参数所表示的一组数值之和。

②平均值函数 AVERAGE

格式：AVERAGE（number1，number2，……）。

功能：求指定参数所表示的一组数值的平均值。该函数只对参数的数值求平均，如区域引用中包含了非数值数据，AVERAGE 不会把它包含在内。例如：B1：B3 区域中分别存放着数据 60、70、80，如果在 B4 中输入"=AVERAGE（B1：B3）"，则 B4 中的输出值为"70"，即（60+70+80）/3，但如果在上例中的 B1 单元格中输入文本"中医学"，则 B4 的输出值就变成了"75"，即为（70+80）/2，B1 单元格虽然包含在区域引用内，但并没有参与平均值计算。

③条件函数 IF

格式：IF（Logical_test，Value_if_true，Value_if_false）。

功能：根据 Logical_test 的逻辑计算真假值，返回不同结果，为"真"执行 Value_if_true 操作，为"假"执行 Value_if_false 操作。IF 函数可嵌套 7 层，用 Value_if_true 及 Value_if_false 参数可以构造复杂的检测条件。

④条件求和函数 SUMIF

格式：SUMIF（range，criteria，sum_range）。其中，range 表示条件判断的单元格区域；criteria 表示指定条件表达式；sum_range 表示需要计算的数值所在的单元格区域。

功能：对符合指定条件的单元格区域内的数值进行求和。

例如，在"某医院部分住院病人费用一览表"（图 4-1）中，求"自费"病人"总费用"的和为"=SUMIF（G3：G17，"自费"，K3：K17）"。

⑤计数函数 COUNT

格式：COUNT（value1，value2，……）。

功能：计算参数列表中数字的个数。

⑥条件计数函数 COUNTIF

格式：COUNTIF（range，criteria）。其中，参数 range 表示需要计算满足条件的单元格区域，参数 criteria 表示计数的条件。

功能：对区域中满足指定条件的单元格进行计数。

⑦四舍五入函数 ROUND

格式：ROUND（number，num_digits）。其中，参数 number 为将要进行四舍五入的数字，num_digits 是得到数字的小数点后位数。

功能：将某个数字四舍五入到指定的位数。

需要说明的是，如果 num_digits > 0，则舍入到指定小数位，例如，输入公式"=ROUND（3.1415926，2）"，输出值为"3.14"；如果 num_digits=0，则舍入到整数，例如，输入公式"=ROUND（3.1415926,0）"，输出值为"3"；如果 num_digits < 0，则在小数点左侧（整数部分）进行舍入，例如，输入公式"=ROUND（759.7852，−2）"，输出值为 800。

⑧最大值函数 MAX 和最小值函数 MIN

格式：MAX（number1，number2，……），MIN（number1，number2，……）。

功能：用于求参数列表中对应数字的最大值或最小值。

⑨排位函数 RANK

格式：RANK（number,ref,order）。其中,number 表示需要排位的数字,ref 表示排名次的范围,order 表示排位的方式（降序或升序），零或省略表示降序；非零值表示升序。

功能：返回一个数字在数字列表中的排位。

例如，A1：A10 单元格中的内容分别为 1，2，3，4，5，6，7，8，9，10，若需计算 A1 在 A1 ~ A10 中按降序排名的情况位次，则在 A11 单元格中键入"=RANK（A1,$A$1:$A$10,0）"，输出结果为"10"，即第 10 位；当需按升序排名时，公式改为"=RANK（A1,$A$1:$A$10,1）"，输出结果将变为"1"。

3. 常见错误信息　　在输入公式，特别是输入复杂与嵌套函数时，往往因为参数的错误或括号与符号的多少而引发错误信息。处理工作表中的错误信息是审核工作表的一部分工作。通过所显示的错误信息，可以帮助用户查找可能的原因，从而获得解决方法。Excel 2016 中常见的错误信息与解决方法如下。

（1）######　　单元格中的数值或公式太长而超出了单元格宽度时将产生该错误信息。用户可通过调整列宽的方法解决该错误信息。

（2）#DIV/O!　　当公式被 0（零）除时会产生此错误信息。用户可通过在没有数值的单元格中输入"#N/A"，使公式在引用这些单元格时不进行数值计算并返回 #N/A 的方法来解决该错误信息。

（3）#NAME?　　当在公式中使用了 Excel 不能识别的文本时会产生该错误信息。用户可通过更正文本的拼写、在公式中插入函数名称或添加工作表中未被列出的名称等方法来解决该错误信息。

（4）#NULL　　当试图为两个并不相交的区域指定交叉点时会产生该错误信息。用户可以通过使用联合运算符","（逗号）来解决该错误信息。

（5）#NUM!　　当公式或函数中某些数字有问题时将产生该错误信息。用户可通过检查数字是否超出限定区域，并确认函数中使用的参数类型是否正确的方法来解决该错误信息。

（6）#REF!　　当单元格引用无效时将产生该错误信息。用户可通过更改公式或粘贴单元格内容后，单击"撤销"按钮恢复工作表中单元格内容的方法来解决该错误信息。

（7）#VALUE!　当使用错误的参数或运算对象类型时，或当自动更改公式功能不能更改公式时，将产生该错误信息。用户可通过确认公式或函数所需的参数或运算符是否正确，并确认公式引用的单元格中所包含的是否均为有效数值的方法来解决该错误信息。

4.1.3 工作表管理

创建工作表后，可以对工作表进行编辑以及各种格式设置，对工作表进行管理。

1. 工作表的添加、删除、重命名

（1）添加工作表　选中要添加工作表的位置，在"开始"选项卡→"单元格"组中单击"插入"按钮的下拉箭头，并选择"插入工作表"命令；也可右键单击，在弹出的快捷菜单中选择"插入"→"工作表"。

（2）删除工作表　选中要删除的工作表，在"开始"选项卡→"单元格"组中单击"删除"按钮的下拉箭头，并选择"删除工作表"命令；也可右键单击，在弹出的快捷菜单中选择"删除"命令。

（3）工作表重命名　右键单击要重命名的工作表标签，在弹出的快捷菜单中选择"重命名"命令，或者双击工作表标签，输入新的名称后，按回车键即可。

2. 工作表的移动和复制

（1）移动工作表　拖动工作表标签至合适的位置后放开即可。

（2）复制工作表　按住"Ctrl"键，拖动工作表标签至合适的位置后放开即可。

3. 工作表的拆分和冻结

（1）拆分工作表　拆分工作表就是把当前工作表窗口拆成几个窗格，每个窗格都可以使用滚动条来显示工作表的一部分，使用拆分窗口可以在一个文档窗口查看工作表的不同部分。

具体操作：选中单元格，该单元格将成为拆分的分割点，在"视图"选项卡→"窗口"组中单击"拆分"按钮。

（2）冻结工作表　如果工作表的数据很多，当使用竖直滚动条或水平滚动条查看数据时，将出现行标题或列标题无法显示的情况，使得查看数据很不方便。冻结窗口功能可将工作表的上窗格和（或）左窗格冻结在屏幕上，在滚动工作表时行标题和列标题会一直显示在屏幕上。

具体操作：选择要冻结的单元格作为冻结点（该点上边和/或左边的所有单元格都将被冻结，一直显示在屏幕上），在"视图"选项卡→"窗口"组中单击"冻结窗口"按钮，并在弹出菜单中选择"冻结拆分窗格"命令；也可根据需要选择"冻结首行"或"冻结首列"。在"视图"选项卡→"窗口"组中单击"冻结窗口"按钮，并在弹出的菜单中选择"取消冻结窗格"命令，即可取消窗口冻结。

4. 边框与底纹的设置　默认情况下工作表是没有边框和底纹的，但可以通过边框和底纹的设置增强视觉效果，使数据的显示更加直观和清晰。

（1）设置边框　选择要设置边框的单元格区域后，在区域内单击右键，在弹出的快捷菜单中选择"设置单元格格式"→"边框"选项卡（图4–17）。

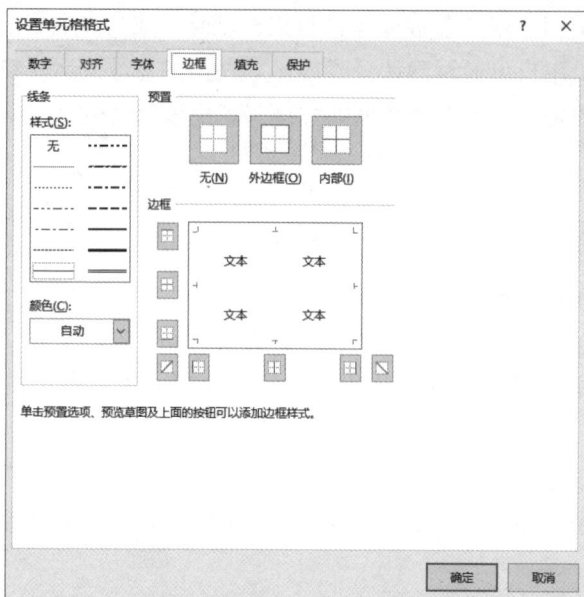

图 4-17 "设置单元格格式"对话框

（2）设置底纹　通过"设置单元格格式"的"填充"选项卡，对单元格的底纹进行设置。在"背景色"区域中选择填充颜色，单击"填充效果"按钮设置渐变色。除此之外，还可以在"图案颜色"下拉列表框中选择填充图案的颜色，在"图案样式"下拉列表框中选择图案。

5. 条件格式　使用条件格式可以实现数据的突出显示，并且可以使用"数据条""色阶"和"图标集"3种内置单元格图形效果样式。设置条件格式，可以在"开始"选项卡的"样式"组中，单击"条件格式"下拉列表框中的相应按钮。

（1）突出显示单元格规则　Excel内置了7种突出显示规则，包括"大于""小于""介于""等于""文本包含""发生日期"和"重复值"。

（2）项目选取规则　Excel内置了6种项目选取规则，包括"前10项""前10%""最后10项""最后10%""高于平均值"和"低于平均值"。

（3）数据条　数据条分为"渐变填充"和"实心填充"两类，每类各有6种颜色的数据条供选择，数据图的长短反映了值的大小，允许在条件格式规则中设置最大值和最小值来控制数据条的显示。

（4）色阶　色阶是通过颜色的深浅表现单元格中的数据，包括"三色刻度"和"二色刻度"等12种外观供选择。

（5）图标集　图标集允许在单元格中呈现不同的图标来区分数据的大小，分为"方向""形状""标记"和"等级"4大类。

（6）新建规则　可以通过自定义规则和显示效果创建满足自己需求的条件格式。自定义条件格式步骤：选择要突出显示的区域，在"开始"选项卡→"样式"组中，单击"条件格式"→"新建规则"按钮，打开"新建格式规则"对话框（图4-18）。如果是将单元格中的值作为格式条件，可以选择"只为包含以下内容的单元格设置格式"等选项，然后设置条件；如果是将公式作为格式条件，选择"使用公式确定要设置格式的单元格"选项，然后输入公式（必须以等号开始）。单击"格式"按钮，打开"设置单元格格式"对话框，根据要求进行字体、字号、颜色等格式设置，完成后单击"确定"按钮。

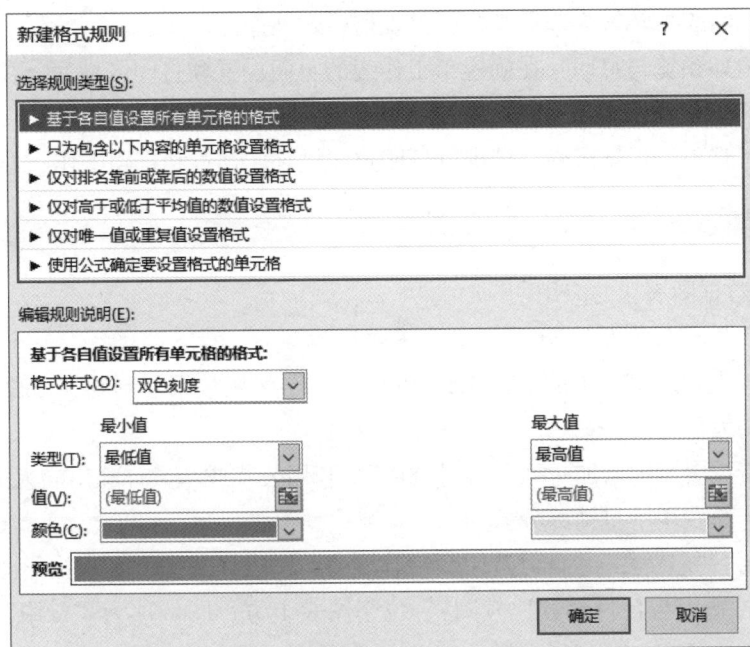

图 4-18　"新建格式规则"对话框

6. 工作表的页面设置　在打印工作表之前，应正确设置页面格式，这些设置可以通过"页面设置"对话框完成。单击"页面布局"选项卡→"页面设置"组的右下角对话框启动器，打开"页面设置"对话框（图 4-19）。

（1）"页面"选项卡　可以选择横向或纵向打印，缩小或放大工作簿，或强制它适合于特定页面大小以及起始页码等。

（2）"页边距"选项卡　设置工作表上、下、左、右 4 个边界的大小，还可设置水平居中方式和垂直居中方式。

（3）"页眉页脚"选项卡　可设置页眉和页脚，还可以通过任意勾选其中的复选框对页眉、页脚的显示格式进行设置。

（4）"工作表"选项卡　可以对打印区域、打印标题、打印效果及打印顺序进行设置。

7. 套用表格格式　Excel 套用表格格式功能提供了 60 种表格格式，使用它可以快速对表格进行格式化操作。套用表格格式的步骤：选中需格式化的单元格，在"开始"选项卡→"样式"组中，单击"套用表格格式"下拉列表框中的相应按钮，打开"套用表格式"对话框，根据实际情况确定是否勾选"表包含标题"复选框，单击"确定"按钮。然后在"表格工具"→"设计"动态选项卡的"工具"组中，单击"转换为区域"按钮，在打开的对话框中

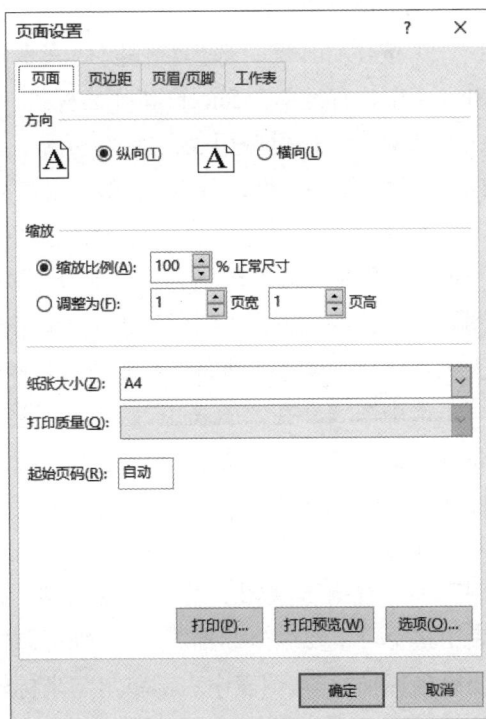

图 4-19　"页面设置"对话框

单击"是"按钮，将表格转换为普通表格，但表格格式被保留。

8. 工作表的打印预览与打印　在确定了工作表的页面设置和打印区域后，在打印前应预览打印页面，以确保符合要求。单击"页面设置"对话框中的"打印预览"按钮，或者单击"文件"选项卡→"打印"选项，根据需要，可进行打印页面设置、预览和打印操作。

4.2 数据的图表化

【案例 4-2】数据图表化的应用

（1）打开"住院病人费用表 .xlsx"，完成下列操作。

①把"住院病人费用表"中的 B2：B17 和 K2：L17 区域数据复制到 Sheet2 中，并将 Sheet2 更名为"自付费用表"。

②在"自付费用表"中增加一列"自付费用"，利用公式或函数计算出病人的费用自付部分，公式为自付费用 = 总费用 − 报销部分。

③选取"姓名""总费用""自付费用"创建图表，图表样式为"簇状柱形图"（样式 1）；图表标题为"病人总费用与自付部分比较图"，位于图表上方；图例项为"费用"（在右侧显示），设置图表填充颜色"渐变""线性向下"。

④把柱形图中的"自付费用"系列改为图表类型为"带数据标记的折线图"，创建"线柱组合图表"。

⑤选取"姓名""总费用"创建"三维饼图"（样式 10）；图表标题为"病人总费用饼图"，位于图表上方，图例项为"姓名"（在底部显示），并添加数据标签（放置于最佳位置），设置图表填充颜色"渐变""线性向右"。

（2）操作步骤

①按住 Ctrl 键，选择"住院病人费用表"中的 B2：B17 和 K2：L17 区域，把数据复制到 Sheet2 中，右键单击 Sheet2 工作表标签，单击"重命名"，把 Sheet2 更名为"自付费用表"。

②双击"自付费用表"D1 单元格，输入"自付费用"，选中 D2 单元格，输入公式"=B2-B2*C2"后按回车键，单击 D2 单元格填充柄并完成"自付费用"列的自动填充。

③按住 Ctrl 键，选择 A1：B16 和 D1：D16 区域，执行"插入"选项卡→"图表"组中"插入柱形图或条形图"命令，在下拉列表中选择"二维柱形图"→"簇状柱形图"，插入图表。单击选中图表后，选择"图表工具"→"设计"动态选项卡"图表样式"中"样式 1"。

选中图表，在"图表工具"→"设计"动态选项卡"图表布局"组中单击"添加图表元素"，在下拉列表中选择"图表标题"→"图表上方"，然后将标题改为"病人总费用与自付部分比较图"；单击"添加图表元素"，在下拉列表中选择"图例"→"右侧"。单击"添加图表元素"，在"坐标轴"下拉列表中选择"主要纵坐标轴"，在"轴标题"下拉列表中选择"主要纵坐标轴"，在图表中右键单击"坐标轴标题"→"设置坐标轴标题格式"→"大小与属性"→设置"文字方向"为"竖排"（图 4-20），修改标题内容为"费用：元"。

选中图表，执行"图表工具"→"格式"动态选项卡"形状样式"组→"形状填充"，在下拉列表中选择"渐变""浅色

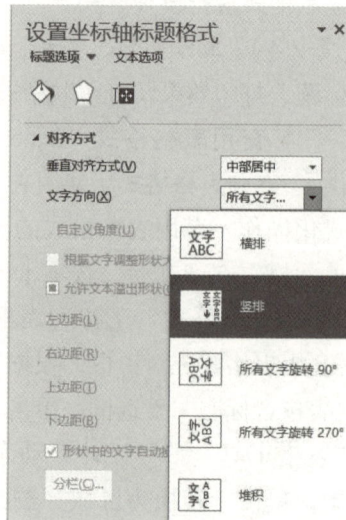

图 4-20　设置坐标轴标题格式

变体""线性向下",效果如图 4-21 所示。

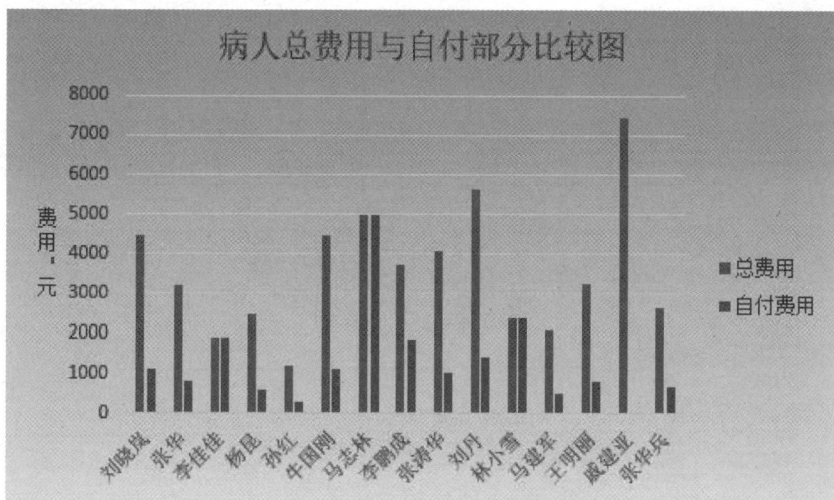

图 4-21 簇状柱形图的效果

④选中图表,在图例中右键单击"自付费用"系列,在弹出的快捷菜单中单击"更改系列图表类型"命令,在弹出的对话框中单击"组合"选项,在右侧的面板中为"自付费用"选择"带数据标记的折线图",点击"确定",图表中的"自付费用"系列就由柱形图变成折线图(图4-22)。

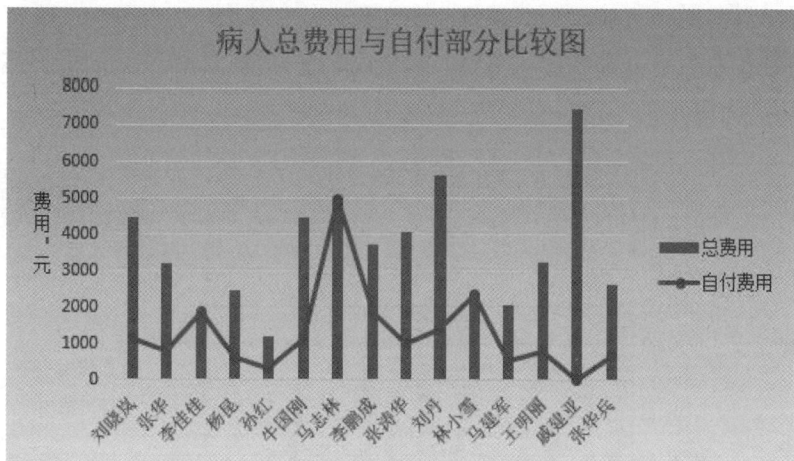

图 4-22 线柱组合图表的效果

⑤在"自付费用"表中选取 A1:B16,执行"插入"选项卡→"图表"组中"插入饼图或圆环图"命令,在下拉列表中选择"三维饼图",单击选中插入的图表,执行"图表工具"→"设计"动态选项卡,在"图表样式"组中选择"样式 10"。

选中图表,在"图表工具"→"设计"动态选项卡"图表布局"组,单击"添加图表元素",在下拉列表中选择"图表标题"→"图表上方",然后将标题改为"病人总费用饼图";在"图表工具"→"设计"动态选项卡"图表布局"组,单击"添加图表元素",在下拉列表中选择"图例"→"底部",在"图表工具"→"设计"动态选项卡"图表布局"组,单击"添加图表元素",在下拉列表中选择"数据标签"→"最佳匹配"。

选中图表,执行"图表工具"→"格式"动态选项卡→"形状样式"组→"形状填充",在下拉列表中选择"渐变""浅色变体""线性向右",设置好的图表如图 4-23 所示。

图 4-23 饼图的效果

4.2.1 Excel 图表基本知识

图表是工作表数据的图形化表示,使数据内容表现得更加形象、直观、清晰易懂、易于阅读和评价。用户可以通过图表直观了解数据之间的关联和变化趋势。Excel 具有非常丰富和强大的图表处理能力,Excel 2016 提供了柱形图、折线图、组合图、饼图、面积图等 14 大类 73 子类型的图表显示方式,并且图表可随着数据的修改而变化。

图表一般由数据系列、分类名称、图例、网格线、坐标轴、标题等部分组成(图 4-24)。

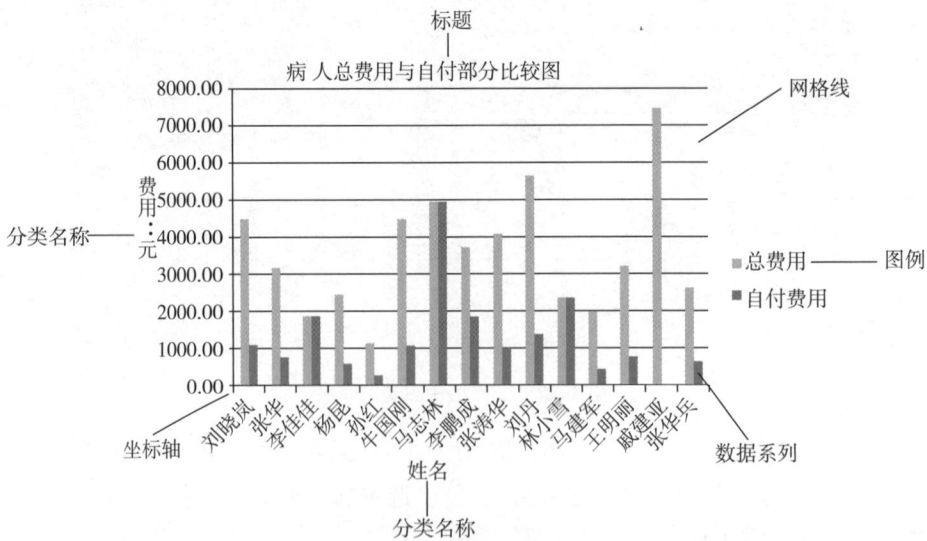

图 4-24 图表的组成

1. 数据系列 数据系列又称系列,指构成图表内容的一组数据,每个数据系列对应着工作表的某一行。在图表中,每个数据系列用不同颜色或图案加以区分。

2. 分类名称 分类反映系列中元素的数目,一般将工作表数据的行或列标题作为分类轴的名称使用。如在"住院费用表"中,要表示各个病人的总费用与自付费用的对比,可以把"姓名"当成分类轴使用。

3. 图例　定义图表中的不同系列。

4. 网格线　标出坐标轴上的主要间距。用户还可以在图表上显示次要网格线，用以标出主要间距之间的间距。

5. 坐标轴　图表是以坐标轴为界来显示的。当用户的指针停留在某个图表项上时，会出现包含图表项名称的图表提示。如当指针停留在图例上时，出现包含"图例"的图表提示。

6. 标题　用来表明图表名称的文字。

4.2.2 图表的创建

Excel 中可以创建一个嵌入的图表，也可以创建一个独立的图表。嵌入式图表的数据和图表在同一个工作表中，独立图表则是在数据工作表之前插入一张"ChartN"（N=1，2…）的单独图表。

1. 常见的图表类型

（1）柱形图　通常把每个数据点显示为一个垂直柱体，其高度对应数值，用来显示数据的变化或描述各项之间的比较关系。

（2）折线图　用直线将各段数据点连接起来，以折线方式描述图表中数据的连续变化，常用来分析数据的变化趋势。

（3）组合图　在同一个坐标轴中包含多种数据系列，它是图表创建的高级应用。

（4）饼图　用于显示整体与局部的关系以及所占的比例。饼图通常只含一个数据系列。

2. 创建图表　首先选择用于创建图表的数据，如在"自付费用表"中选择 A1：B16 和 D1：D16 区域，执行"插入"选项卡→"图表"组（图 4-25），在"图表"组中选择所需的类型，Excel 2016 可自动创建图表。

图 4-25　"插入"图表对话框

3. 编辑图表　创建的默认图表未必能满足用户的需求，用户可以对图表进行编辑，包括更换图表的类型、调整图表的数据源以及将图表放置在适当的位置。

（1）更改图表类型　切换到"图表工具"→"设计"动态选项卡，单击"类型"组中的"更改图表类型"按钮，弹出对话框（图 4-26），单击左侧窗口内的图表类型的选项，选定右侧窗口内的子类型后，点击"确定"，工作表中的图表类型就会自动修改。

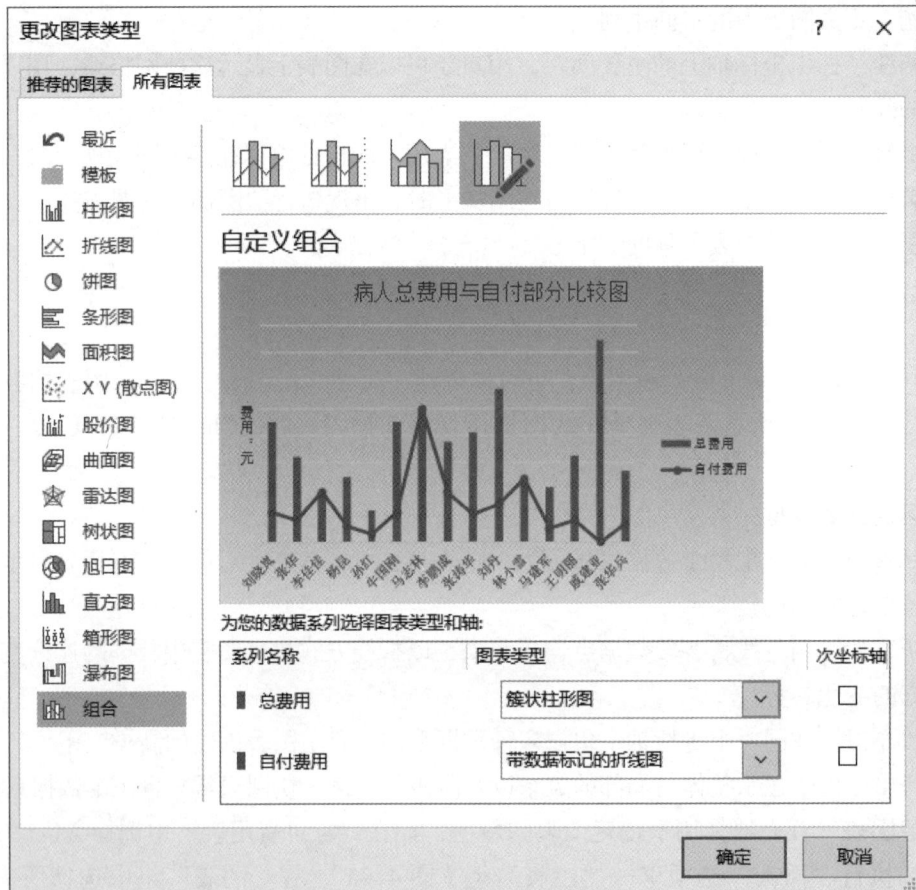

图 4-26 "更改图表类型"对话框

（2）调整图表的数据源　用户可以对创建的图表中的数据源区域进行重新选择。切换到"图表工具"→"设计"动态选项卡，单击"数据"组中的"选择数据"按钮，弹出"选择数据源"对话框（图 4-27），单击"图表数据区域"右侧的单元格引用按钮，选择新的数据源区域，然后再单击单元格引用按钮，返回到"选择数据源"对话框，此时在"图表数据区域"文本对话框中已经引用新的数据源的地址，单击"确定"，图表跟着数据源区域的变化而发生变化。

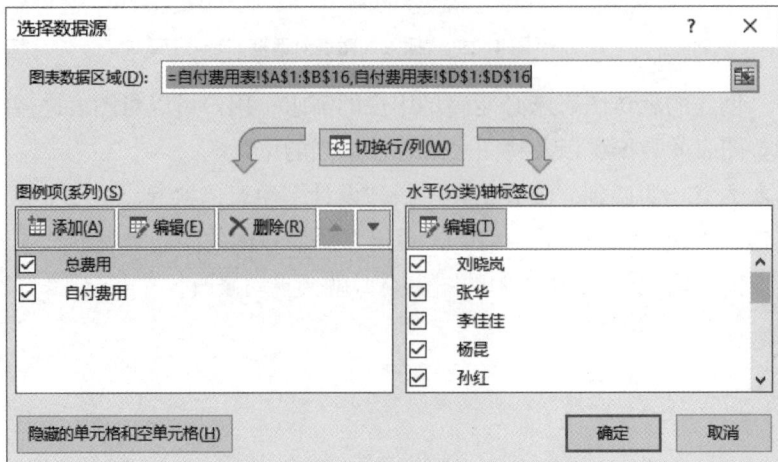

图 4-27 "选择数据源"对话框

（3）移动图表　用户可以使用"移动图表"功能按钮对图表的位置调整。选中"自付费用表"中的图表，切换到"图表工具"→"设计"动态选项卡，单击"位置"组中的"移动图表"按钮，弹出"移动图表"对话框（图4-28），单击"对象位于"按钮，在下拉列表中选择图表要放置的工作表，然后点击"确定"。"新工作表"按钮会把创建的图表作为一张新的工作表插入数据工作表之前，默认表名为"ChartN"（N=1，2…）。

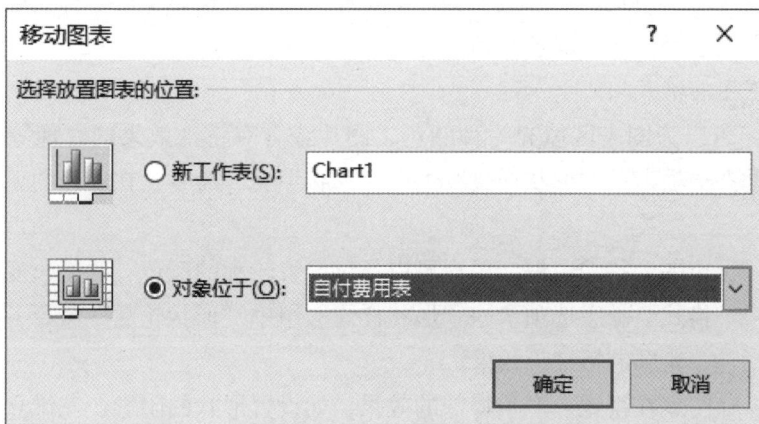

图 4-28 "移动图表"对话框

4.调整图表布局

（1）应用预设图表布局 不同的图表中各元素的位置不同，系统预设了多种图表布局方式来满足用户的不同需求。执行"图表工具"→"设计"命令，选择"图表布局"组中"快速布局"的"布局 N"（N=1，2，…），此时系统就将图表按预设的图表布局进行显示（图4-29）。

（2）手动调整图表布局

①设置图表标题：图表标题主要用于说明图表的主题内容。选中图表，在"图表工具"→"设计"动态选项卡中，选择"图表布局"组中"添加图表元素"的"图表标题"按钮，在展开的下拉列表中选择合适的选项，即可把图表的标题居中或置于图表上方，或选中图表标题文本框，按需修改标题内容。

②设置坐标轴标题：坐标轴标题用于说明图表的纵坐标或横坐标所表达的数据内容。在"图表工具"→"设计"动态选项卡中，单击"图表布局"组中的"添加图表元素"，选择"坐标轴"按钮，在展开的下拉列表中单击"主要纵坐标轴"，在"图表工具"→"设计"动态选项卡中，单击"图表布局"组中的"添加图表元素"，选择"轴标题"按钮，在展开的下拉列表中单击"主要纵坐标轴"，选择纵坐标轴标题，输入纵坐标的标题名称。通过类似的步骤可设置横坐标的标题名称。

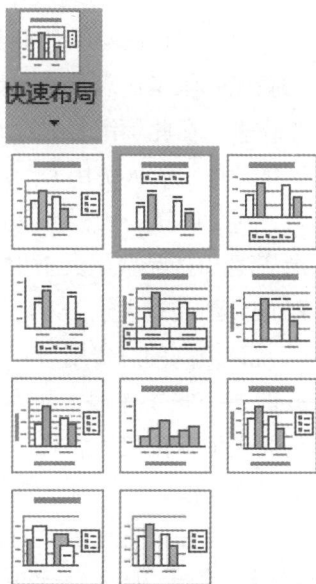

图 4-29 "快速布局"设置

③设置图例：图例在图表中一般以方框形式显示，一种颜色指定图表中的一种数据系列。执行"图表工具"→"设计"动态选项卡→"图表布局"组中"添加图表元素"的"图例"命令，在展开的下拉列表中选择图例放置的位置。

④数据标签：为了更加清楚地表示图表中数据系列所代表的数据值，可以为图表添加数据标

签。执行"图表工具"→"设计"动态选项卡→"图表布局"组中"添加图表元素"的"数据标签"命令，在展开的下拉列表中选择数据标签的显示方式。

5. 设置图表格式

（1）应用预设形状样式　为了使图表看起来更美观，我们可以为图表的元素设置不同的样式，在"图表工具"→"格式"动态选项卡"形状样式"组中预设了很多种轮廓、填充色与形状效果的组合，为更改图表样式提供了便利。

（2）手动设置图表格式

①形状填充：可以为图表区填充一种颜色、图片或含有特殊效果的纹理等。执行"图表工具"→"格式"动态选项卡→"形状样式"组中"形状填充"命令，在展开的下拉列表中单击所选中的格式。

②形状轮廓：是包围形状的边框。用户可以通过设置轮廓的颜色、线型改变形状的轮廓。执行"图表工具"→"格式"动态选项卡→"形状样式"组中"形状轮廓"命令，在展开的下拉列表中选择轮廓的颜色、轮廓的粗细等效果。

③形状效果：让图表在视觉上产生特殊的效果，如设置形状的阴影、三维立体、发光及凹凸等效果。执行"图表工具"→"格式"动态选项卡→"形状样式"组中"形状效果"命令，在展开的下拉列表中选择需要的效果。

④设置阴影：执行"图表工具"→"格式"动态选项卡→"形状样式"组中"形状效果"命令，在展开的下拉列表中单击"阴影"选项，在下面的列表中选择所需的阴影效果。

4.3 数据管理与应用

【案例 4-3】数据管理应用

（1）打开"住院病人费用表 .xlsx"，完成下列操作。

①新建一张工作表，命名为"排序"，把"住院病人费用表"中 A2：L17 的数据复制到"排序"工作表，在此工作表中对"费用类别"升序排列基础上，对"总费用"降序排序。

②把"住院病人费用表"A2：L17 内容复制到一张新的命名为"筛选"的工作表中，使用统计函数，对"筛选"表根据下列要求进行统计并将结果填入相应单元格。

A. 筛选出药品费用大于 1500 元的病人记录。

B. 统计药品费大于 1800 元的记录条数。

C. 统计最高的总费用。

③新建一张工作表，更名为"分类汇总"，复制"住院病人费用表"中的 B2：C17 和 H2：K17 到此表中，按照"病区"对"药品费""床位费""治疗费""总费用"进行分类汇总，汇总方式为求平均值。

④对"排序"工作表进行高级筛选，要求"费用类别"选择医保，"药品费"要求 ≥ 1800，"年龄"大于等于 30 且小于 50，并将结果保存在该工作表中。

⑤根据"住院费用表"，创建一个数据透视表，要求显示各病区病人各种费用的总和；分类字段为"费用类别"；求和项为"药品费""床位费""治疗费""总费用"；将对应的数据保存在新的工作表中，命名为"数据透视表"。

（2）操作步骤

①单击工作表标签最右侧"插入工作表"按钮，添加一张新的工作表，并将它命名为"排序"，把"住院病人费用表"A2：L17 单元格的内容复制到此表中。选中"排序"工作表 A1：

L16区域，执行"数据"选项卡→"排序和筛选"组中"排序"命令，在弹出的对话框（图4-30）中点击"主要关键字"右侧的下拉列表，选中"费用类别"选项，再点击"添加条件"命令按钮，在"次要关键字"右侧的下拉列表中选择"总费用"选项，在"次序"右侧的下拉列表中选择"降序"，点击"确定"按钮，即可得到在"费用类别"升序的基础上，再对"总费用"进行降序排序的结果（图4-31）。

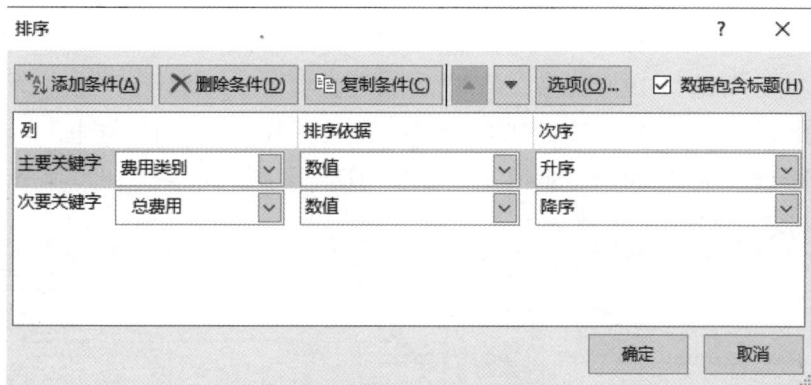

图4-30 "排序"对话框

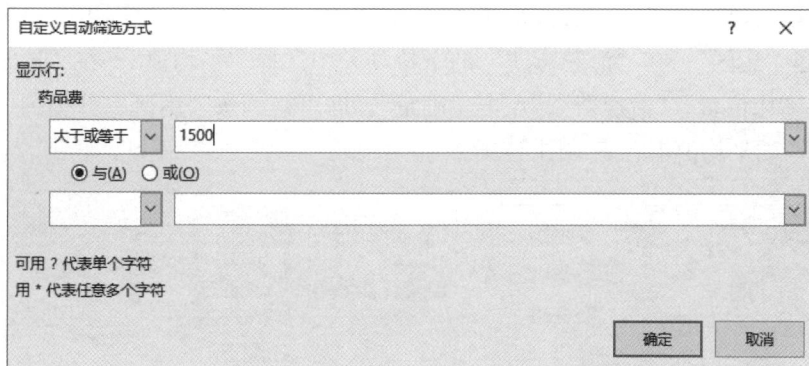

图4-31 排序结果

②把"住院病人费用表"A2：L17数据拷贝到"Sheet3"，并把Sheet3更名为"筛选"，执行"数据"选项卡→"排序和筛选"组中"筛选"命令，启动筛选功能，单击"药品费"字段右侧的下三角按钮，在展开的下拉列表中单击"数字筛选"打开"自定义自动筛选方式"对话框（图4-32），在展开的下拉列表中再点击"大于或等于"，在弹出的对话框中输入"1500"，单击"确定"按钮，此时工作表就会将筛选结果显示出来（图4-33）。

图4-32 "自定义自动筛选方式"对话框

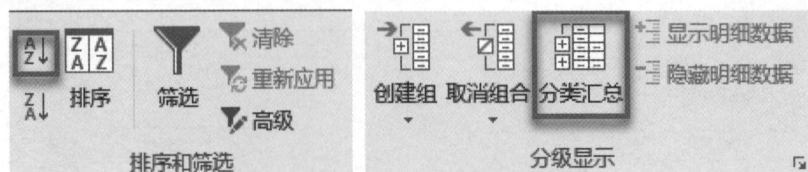

图 4-33 筛选结果

将光标定位于"筛选"H19 单元格,单击"公式"选项卡→"函数库"组中"插入函数"后,在对话框选"统计"类别中的"COUNTIF"函数,在"函数参数"对话框中(图 4-34)进行如下设置:在"Range"和"Criteria"框内分别输入"H2:H16"和">=1800",按"确定"按钮即可在 H19 得到满足条件的记录数 7。

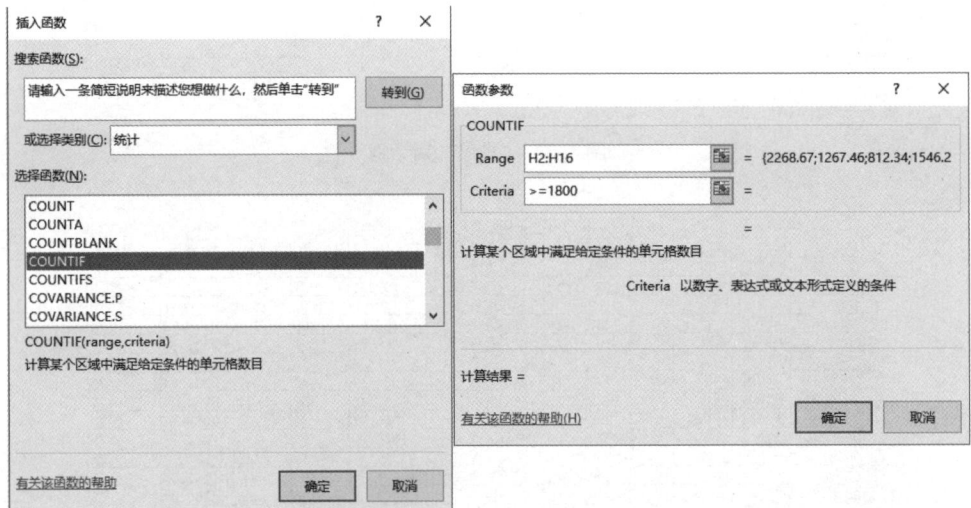

图 4-34 COUNTIF"函数参数"对话框

将光标定位于"筛选"H20 单元格,单击"公式"选项卡→"函数库"组中"插入函数"后,在对话框选"常用函数"中的"MAX"函数,在第一行"Number1"文本框中输入或选择单元格区域"K2:K16",确定后得到最高的总费用为"7462.07"。

③将"住院病人费用表"B2:C17 和 H2:J17 数据复制到一张新的工作表,并把此工作表更名为"分类汇总"。选中"病区"列的任意单元格,执行"数据"选项卡→"排序和筛选"组中"升序"命令(图 4-35 左),执行"数据"选项卡→"分级显示"组中的"分类汇总"命令(图 4-35 右),单击弹出的"分类汇总"对话框(图 4-36 左)的"分类字段"右侧的下三角,在下拉列表中选择"病区";在"汇总方式"的下拉列表中选择"平均值";在"选定汇总项"中,勾选"药品费""床位费""治疗费",点击"确定",即可得到按"病区"分类的"药品费""床位费""治疗费"的平均值汇总表(图 4-36 右)。

图 4-35 "升序"和"分类汇总"命令

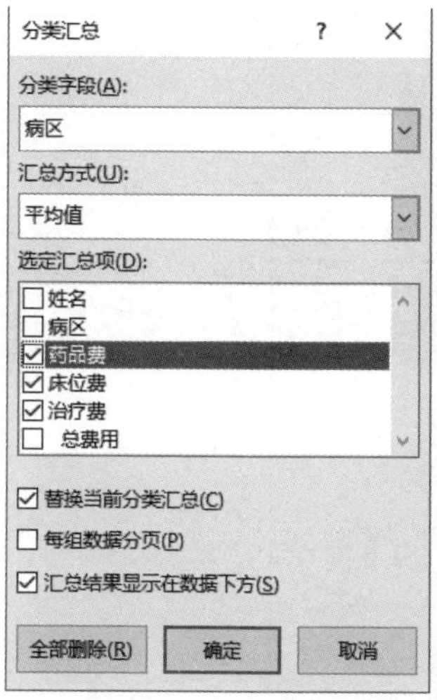

	A	B	C	D	E	F
1	姓名	病区	药品费	床位费	治疗费	总费用
2	李佳佳	儿科	812.34	450	631	1893.34
3		**儿科 平均值**	812.34	450	631	
4	张华	妇科	1267.46	900	1021	3188.46
5	刘丹	妇科	3260.1	720	1660	5640.1
6	林小雪	妇科	1111.79	450	812	2373.79
7		**妇科 平均值**	1879.783	690	1164.333	
8	刘晓岚	骨科	2268.67	1500	700	4468.67
9		**骨科 平均值**	2268.67	1500	700	
10	牛国刚	内科	2357.18	1200	920	4477.18
11	张涛华	内科	2370.4	860	856	4086.4
12	马建军	内科	591.7	60	1420	2071.7
13	王明丽	内科	1689.14	480	1062	3231.14
14	戚建亚	内科	5561.57	960	940.5	7462.07
15		**内科 平均值**	2513.998	712	1039.7	
16	马志林	神经科	2900.65	1260	800	4960.65
17	李鹏成	神经科	1910.1	960	870	3740.1
18		**神经科 平均值**	2405.375	1110	835	
19	杨昆	肾病科	1546.21	380	528.5	2454.71
20		**肾病科 平均值**	1546.21	380	528.5	
21	孙红	外科	511.85	300	375.5	1187.35
22		**外科 平均值**	511.85	300	375.5	
23	张华兵	五官科	1016.77	480	1155	2651.77
24		**五官科 平均值**	1016.77	480	1155	
25		**总计平均值**	1945.062	730.6667	916.7667	

图 4–36 “分类汇总”对话框及汇总结果

④选中“排序”工作表，首先在“排序”工作表无内容的区域按题目要求填写条件区域，如在 N7：Q8 中设定筛选条件（“费用类别”为医保，“药品费”>=1800，“年龄”大于等于 30 且小于 50）（图 4–37）。

费用类别	药品费	年龄	年龄
医保	>=1800	>=30	<50

图 4–37 条件区域

单击表中的任意单元格，执行“数据”选项卡→“排序和筛选”组中“高级”命令，打开“高级筛选”对话框（图 4–38 左），在“列表区域”中自动填入了数据清单的区域，将光标定位于“条件区域”文本框内，用鼠标拖选前面创建的筛选区域 N7：Q8，在“条件区域”文本框内自动填入条件区域，单击“确定”按钮，完成高级筛选操作（图 4–38 右）。

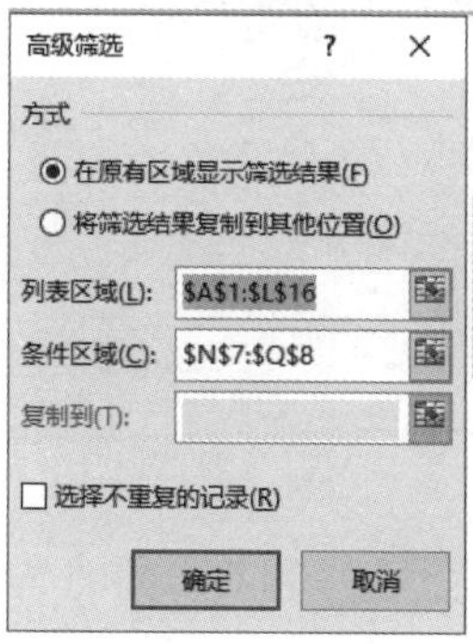

	A	B	C	D	E	F	G	H	I	J	K	L
1	病人编号	姓名	病区	性别	出生年月	年龄	费用类别	药品费	床位费	治疗费	总费用	报销比例
4	000010	刘丹	妇科	女	1989/6/9	34	医保	3260.1	720	1660	5640.1	0.75
6	000001	刘晓岚	骨科	男	1975/9/3	48	医保	2268.67	1500	700	4468.67	0.75
7	000009	张涛华	内科	男	1987/12/9	36	医保	2370.4	860	856	4086.4	0.75

图 4–38 “高级筛选”对话框及筛选结果

⑤把光标定位于“住院病人费用表”数据区域的任意单元格，执行“插入”选项卡→“表格”组中“数据透视表”命令，在弹出的“创建数据透视表”对话框（图 4–39）中选择数据区域，单击“新工作表”选项，在弹出窗口的右侧“数据透视表字段”对话框中将“病区”“费用类别”“药品费”“床位费”“治疗费”打勾，可以看到选中的字段会自动添加到下面“行标签”“列标签”及“数值”区域中，此时，该新工作表就根据“住院病人费用表”创建了数据透视表，并将其更名为“数据透视表”（图 4–40）。

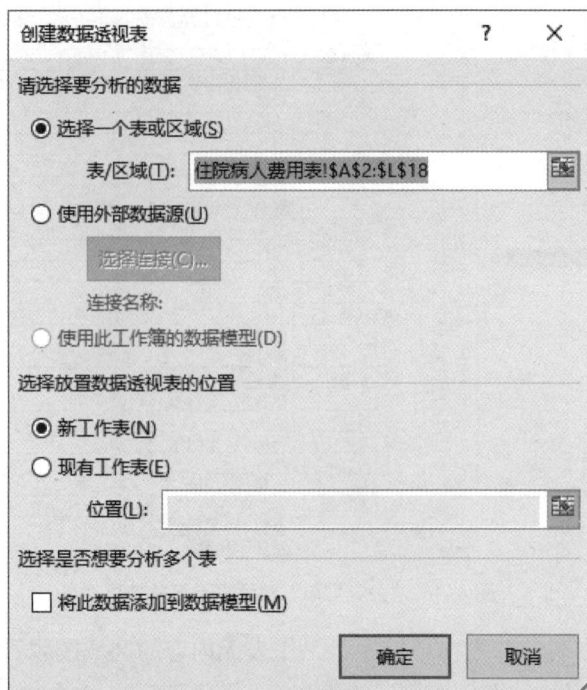

图 4-39 "创建数据透视表"对话框

图 4-40 数据透视表效果

4.3.1 数据管理

1. 数据排序 在一张 Excel 表格制作完成以后，可以通过 Excel 2016 对表格进行排序设置，使其查看更加直观、明了。Excel 可以设定一个或多个排序条件，也可以由用户设定排序序列，然后按照用户自定义的序列进行排序。

（1）对单列数据进行排序 在工作表中对某一列数据进行排序，排序的条件只有一种，这种排序叫单列排序。单列数据排序是一种最简单的排序方式。选择工作表中需要进行排序的列中的任意单元格，执行"数据"选项卡→"排序和筛选"组中的"升序"或"降序"命令，即可完成工作表的单列数据排序。

◆提示：若选中工作表中的某一列，执行"排序和筛选组中"的"升/降序"命令，则会弹出"排序提醒"对话框（图4-41）。此时用户要选择"扩展选定区域"单选按钮，以使排序扩展到整个工作表的数据记录；如果选择"以当前选定区域排序"，则排序只针对当前列，整个数据表格记录会变乱。

（2）对多系列数据进行排序　在Excel中还可以设置多个排序条件，对不同的排序条件设置先后顺序，这种排序叫多系列排序。选择

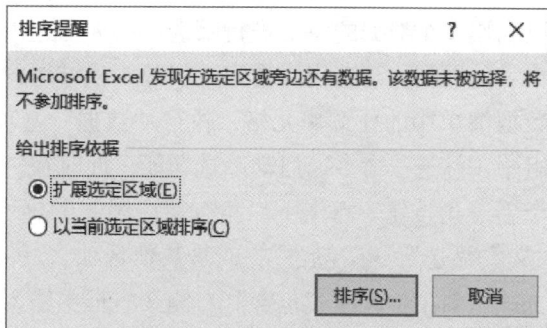

图4-41　"排序提醒"对话框

工作表数据清单中的任意单元格，执行"数据"选项卡→"排序和筛选"组中"排序"命令，弹出"排序"对话框，在展开的"主要关键字"下拉列表中选择第一排序的列名，在"次序"下拉列表中选择排序次序（升序或降序），点击"添加条件"命令按钮，按照刚才的步骤设置第二个排序的列名和次序，再依次设置需要排序的顺序条件，点击"确定"。Excel 2016最多可设置64个排序条件。

◆提示：根据需要，用户可以改变排序关键字的顺序，在"排序"对话框中选择"主要关键字"或者"次要关键字"，单击"上移"或"下移"按钮即可。

（3）自定义排序　当需要按照某个特定的系列排序时，Excel允许用户自定义排序内容，并将其运用到数据中。选择工作表数据清单中的任意单元格，执行"数据"选项卡→"排序和筛选"组中"排序"命令，弹出"排序"对话框，在展开的"次序"下拉列表中选择"自定义序列"（图4-42左），在弹出的"自定义序列"对话框中，在"输入序列"文本框中输入所需序列，输入的序列一项占一行，添加了一个春、夏、秋、冬的序列，完成后点击"添加"按钮（图4-42右），回到"排序"对话框中再选择关键字的列名，即可按照用户自定义后的序列进行排序。

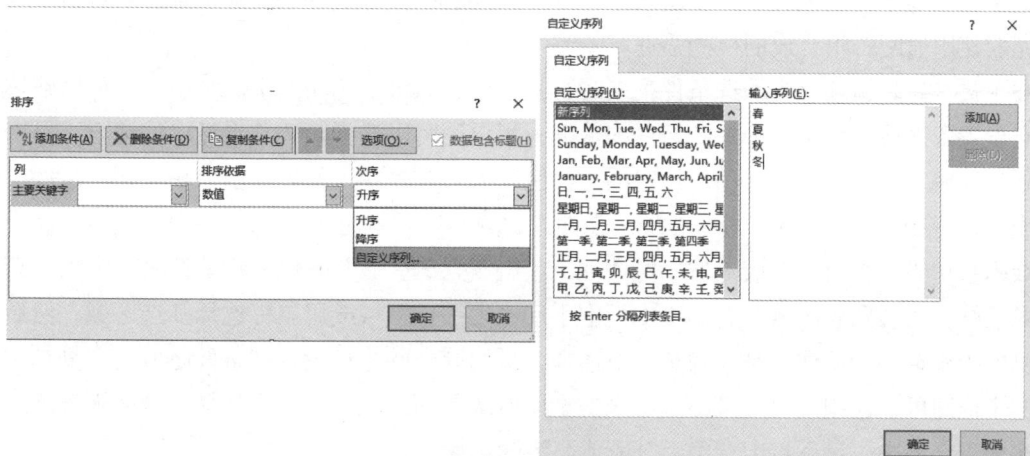

图4-42　自定义排序

2. 数据筛选　在 Excel 表格中，如果数据较多，想要迅速找出一组数据十分困难。这时可以通过 Excel 2016 提供的筛选功能，在众多数据中筛选出需要的数据，并将满足筛选条件的记录显示出来。

（1）按照文本特征进行筛选　在对文本数据的筛选中，我们可以利用文本数据的特征进行筛选，例如筛选出包含或者不包含指定文字的数据，筛选出以指定文字开头或结尾的数据等。选中工作表数据清单中的任意单元格，执行"数据"选项卡→"排序和筛选"组中"筛选"命令，启动筛选功能，此时在每个字段名右侧出现一个下三角按钮，点击下三角按钮，展开下拉列表（图 4-43），点击"文本筛选"→"包含"（或是其他选项），弹出"自定义自动筛选方式"对话框，在"包含"右侧文本框中输入筛选条件，即可完成文本特征的筛选。

图 4-43　"筛选"功能

（2）按照数据特征进行筛选　除了进行文本特征筛选外，我们还可以按照数据特征进行筛选，例如筛选出大于或者小于某个数据值的记录等。选中工作表数据清单中的任意单元格，执行"数据"选项卡→"排序和筛选"组中"筛选"命令，启动筛选功能，点击字段名右侧的下三角按钮，展开下拉列表，点击"数字筛选"→"大于"（或是其他选项），弹出"自定义自动筛选方式"对话框，在"大于"右侧文本框中输入数值，点击"确定"可完成数据特征的筛选。

（3）按照关键字搜索　Excel 在筛选列表中有"搜索"文本框，便于用户按关键字筛选。用户可自定义搜索关键字，使得筛选更加方便、快捷。选中工作表数据清单中的任意单元格，执行"数据"选项卡→"排序和筛选"组中"筛选"命令，启动筛选功能，点击字段名右侧的下三角按钮，展开下拉列表，在搜索文本框中输入关键字，即可完成自定义关键字的筛选。

（4）使用通配符进行模糊筛选　是指在设置筛选条件时，用"*"来代替任意一组字符，用"？"代替任意单个字符，以组合的形式进行模糊筛选。选中工作表数据清单中的任意单元格，执行"数据"选项卡→"排序和筛选"组中"筛选"命令，启动筛选功能，点击字段名右侧的下三角按钮，展开下拉列表，点击"文本筛选"→"自定义筛选"，弹出"自定义自动筛选方式"对话框，在"等于"右侧文本框中输入用"*"或（和）"？"组合成的筛选条件，点击"确定"，即可完成使用通配符组合成的模糊筛选。

（5）使用高级筛选　当筛选条件很多时，就要用到高级筛选功能了。高级筛选可以筛选出满足所有设置条件或只满足其中一个条件的数据，用户还可以选择筛选结果显示的地方，可以显示在原来的区域，也可以显示在用户指定的工作区域内。首先在工作表空白处输入筛选条件，选中工作表数据清单中的任意单元格，执行"数据"选项卡→"排序和筛选"组中"高级"命令，启动高级筛选功能，弹出"高级筛选"对话框，单击"列表区域"右侧的折叠按钮，弹出"高级筛选"对话框，在"列表区域"右侧文本框中手动输入筛选区域或用鼠标选择筛选区域，然后再次按右侧的折叠按钮，返回"高级筛选"对话框，再用同样的方法设置"条件区域"，"复制到"右侧的文本框则可以让用户自定义筛选出来的记录所放置的区域，如果不选择，那么筛选结果显示在原来的工作表中。最后点击"确定"完成高级筛选操作。

◆提示：

①在"自定义自动筛选方式"对话框中，"与"表示同时满足两个条件，"或"表示满足任意

一个条件即可。

②将光标定位于数据区域中，执行"排序和筛选"→"清除"命令，即可清除筛选条件。

③用户输入通配符"*""？"时，一定要在英文半角状态时进行输入，否则系统不识别。

④在使用高级筛选时，如果筛选条件是同时满足多个条件，则筛选条件可在同一行多列填写，如果在同一列分行填写，则只要满足条件之一即可。如图4-44所示的条件，其布尔逻辑表达式为：（费用类别＝"医保"AND 药品费 >1800 AND 年龄 >=30 AND 年龄 <60）OR（费用类别＝"自费"）。

费用类别	药品费	年龄	年龄
医保	>=1800	>=30	<50
自费			

图4-44　高级筛选条件设置

3. 分类汇总　用户可以运用 Excel 2016 中的分类汇总功能，方便地对数据进行统计汇总工作。所谓分类汇总就是将数据先分类，然后进行各种类型的汇总，其实就是 Excel 2016 根据数据自动创建公式，利用自带的求和、平均值等函数实现分类统计计算，并将结果显示出来。

（1）创建分类汇总　在创建分类汇总之前，需要对数据进行排序，以便将数据中关键字相同的数据集中在一起。选择数据区域中的任意单元格，执行"数据"选项卡→"分级显示"组中的"分类汇总"命令，在弹出的"分类汇总"对话框中设置各种选项即可。该对话框中主要包含下列几种选项。

①分类字段：用来设置分类汇总的字段依据，包含数据区域中的所有字段。

②汇总方式：用来设置汇总函数，包含求和、平均值、最大值等11种函数。

③选定汇总项：设置汇总数据列。

④替换当前分类汇总：表示在进行多次汇总操作时，选中该复选框可以清除前一次的汇总结果，按照本次分类要求进行汇总显示。

⑤每组数据分页：选中该复选框，表示打印工作表时，将每一类分别打印。

⑥汇总结果显示在数据下方：选中该复选框，可以将分类汇总结果显示在本类最后一行（系统默认是放在本类的第一行）。

（2）嵌套分类汇总　嵌套分类汇总是对某项指标汇总，然后将汇总后的数据再汇总，以便进一步分析。首先将数据区域进行排序，执行"数据"选项卡→"分级显示"组中"分类汇总"命令，在弹出的"分类汇总"对话框中设置各种选项，单击"确定"按钮，然后再次执行"分类汇总"命令，在弹出的"分类汇总"对话框中取消上次分类汇总的"选定分类汇总项"选项组中的选项，重新设置"分类字段""汇总方式"与"选定汇总项"选项，并取消"替换当前分类汇总"选项，单击"确定"按钮，即可完成嵌套分类汇总操作。

◆提示：

①分类汇总前，数据要按照分类字段排序。

②可以通过执行"分类汇总"对话框的"全部删除"命令来清除工作表中的分类汇总。

（3）创建行列分级　在 Excel 2016 中，用户还能以行或列为单位，创建行与列分级显示。首先选择要进行分级显示的单元格区域，然后执行"数据"选项卡→"分级显示"组中"创建组"命令，在下拉列表中选择"组合"选项，在弹出的"创建组"对话框中，选中"行"单选按钮即可。列分级显示与行分级显示的操作方法相同，选择需要进行列分级显示的数据区域，在"创建组"对话框中选择"列"单选按钮即可。

（4）操作分类数据　在显示分类汇总结果的同时，分类汇总表的左侧会自动显示分级显示按钮，使用分级显示按钮可以显示或隐藏分类数据。

4. 数据透视表　数据透视表是一种交互式、交叉制作的报表。使用数据透视表可以汇总、分析、浏览及提供汇总数据。数据透视表强大的功能主要体现在可以使杂乱无章、数量庞大的数据包快速有序地显示出来，是 Excel 2016 不可缺少的数据分析工具。

（1）创建数据透视表　选择需要创建数据透视表的工作表数据区域，该数据区域要包含列标题。执行"插入"选项卡→"表格"组中"数据透视表"命令，选择"数据透视表"选项，即弹出"创建数据透视表"对话框，对话框主要包含以下选项。

①选择一个表或区域：选中该单选按钮，表示可以在当前工作簿中选择创建数据透视表的数据。

②使用外部数据：选中该单选按钮后单击"选择连接"按钮，在弹出"现有连接"对话框中选择要连接的外部数据即可。

③新工作表：选中该选项，表示可以将创建的数据透视表显示在新的工作表中。

④现有工作表：选中该选项，表示可以将创建的数据透视表显示在当前工作表指定位置中。

在对话框单击"确定"，即可在工作表插入数据透视表，并在窗口右侧自动弹出"数据透视表字段"任务窗格，用户在"选择要添加到报表的字段"列表框中选择需要添加的字段即可。

用户也可以在数据透视表中创建以图形形状显示数据的数据透视图。选中数据透视表，执行"数据透视表工具"的"分析"动态选项卡→"工具"组中"数据透视表"命令，在弹出的"插入图表"对话框中选择所需的图表类型即可。

（2）编辑数据透视表　创建数据透视表之后，为了适应数据分析，需要编辑数据透视表。其编辑内容主要包括更改数据的计算类型、设置数据透视表样式、筛选数据等。

①更改数据计算类型：在"数据透视表字段列表"任务窗格中的"值"列表框中，单击"数值类型"选择"值字段设置"选项，在弹出的"值字段设置"对话框中的"计算类型"列表框中选择需要的计算类型即可（图 4-45）。

◆提示：用户也可以通过执行"数据透视表工具"的"分析"动态选项卡→"活动字段"组中"字段设置"命令，在其列表中选择相应选项的方法来更改计算类型。

②设置数据透视表样式：Excel 2016 为用户设置了浅色、中等深浅、深色 3 种类型共 80 余种表格样式。选择数据透视表，在"设计"动态选项卡→"数据透视表样式"下拉列表中选择一种样式即可。

③筛选数据：选择数据透视表，在

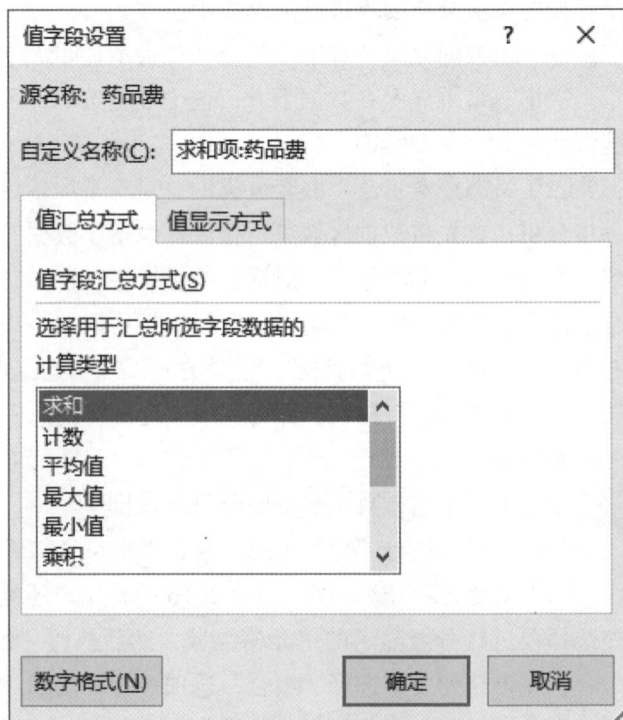

图 4-45　"值字段设置"对话框

"数据透视表"字段列表任务窗格中，将需要筛选数据的字段名称拖动到"筛选器"列表框中。此时，在数据透视表上方将显示待筛选字段列表，用户可单击"全部"右侧的下三角按钮对数据进行筛选。

此外，用户还可以在"行标签""列标签"或"数值"列表框中单击需要筛选的字段名称后的下三角按钮，在下拉列表中选择"移动到报表筛选"选项，也可以将该字段设置为可筛选的字段。

4.3.2 Excel 高级运用

1. 共享工作簿　对于工作组来讲，经常会共享某份工作簿，用来传递相互工作的数据。此时，用户可以使用 Excel 2016 中的共享功能，来达到在同一个工作簿中快速处理数据的目的。设置共享工作簿的时候，可以为工作簿设置保存修订记录和更新时间，以保证工作簿中数据的时刻更新。

（1）创建更新工作簿　执行"审阅"选项卡→"更改"组中"共享工作簿"命令，在弹出的对话框（图 4-46）中勾选"允许多用户同时编辑，同时允许工作簿合并"复选框，然后切换到"高级"选项卡中设置修订与更新参数即可。

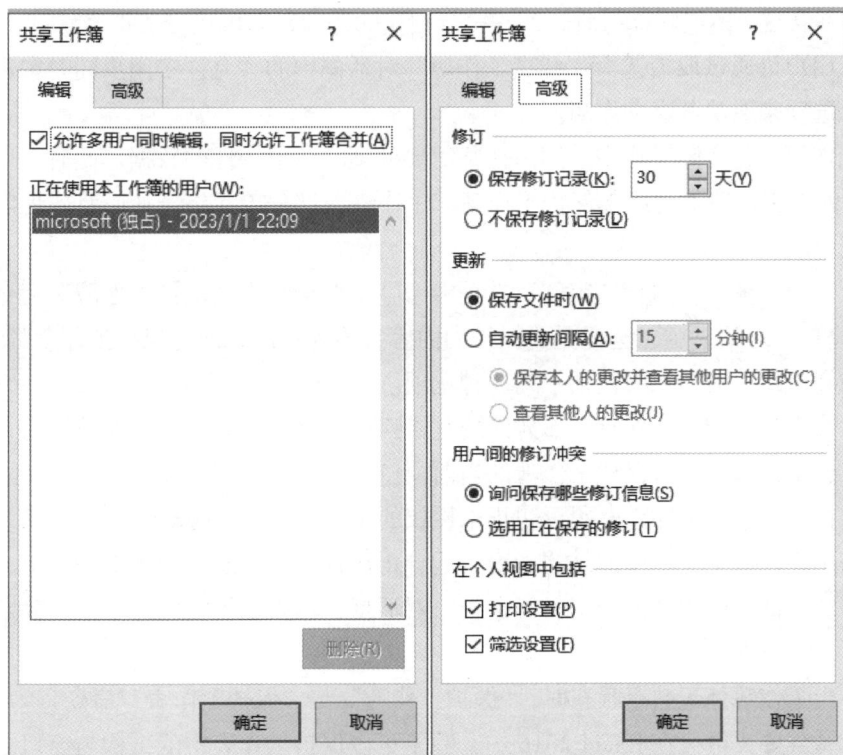

图 4-46　"共享工作簿"对话框

◆提示：用户只有在"共享工作表"弹出框的"编辑"选项卡中选中了"允许多用户同时编辑，同时允许工作簿合并"选项，"高级"选项卡中的各项才显示为可用状态。

（2）查看与修订共享工作簿　在 Excel 2016 中创建共享工作簿后，用户可以使用修订功能更改共享工作簿中的数据，同时也可以查看其他用户对共享工作簿的修改，并根据情况接受或拒绝更改。

①开启或关闭修订功能：执行"审阅"选项卡→"更改"组中"修订"→"突出显示修订"

命令，在弹出的对话框（图4-47）中选中"编辑时跟踪修订信息，同时共享工作簿"复选框。

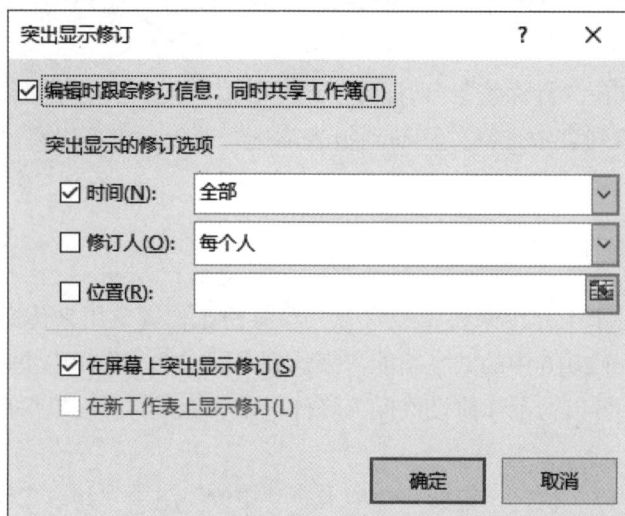

图4-47　"突出显示修订"对话框

②浏览修订：当用户发现工作簿中存在修订记录时，可以执行"审阅"选项卡→"更改"组中"修订"→"接受/拒绝修订"命令，并执行相应的选项，即可接受或拒绝修订。

◆提示：用户可通过取消选中"共享工作簿"对话框中的"允许多用户同时编辑，同时允许工作簿合并"选项来取消共享工作簿。

2. 保护工作簿　在实际工作中，用户往往需要处理一些保密性的数据。此时，用户可以运用Excel 2016中保护工作簿的功能来保护工作簿、工作表或部分单元格，从而有效地防止数据被其他用户复制或更改。

（1）保护结构与窗口　执行"审阅"选项卡→"更改"组中"保护工作簿"命令，在弹出的"保护结构和窗口"对话框中，选择需要保护的内容，输入密码，即可保护工作表的结构和窗口。在"保护结构和窗口"对话框中包括下列3种选项。

①结构：选中该选项，可保持工作簿的现有格式，删除、移动、复制等操作均无效。

②窗口：选中该选项，可保持工作簿的当前窗口形式。

③密码：在此文本框中输入密码可防止未授权的用户取消工作簿的保护。

另外，当用户保护了工作簿的结构和窗口后，再次执行"审阅"选项卡→"更改"组中"保护工作簿"命令，即可弹出"撤销工作簿保护"对话框，输入保护密码，单击"确定"按钮即可撤销保护。

◆提示：当工作簿处于共享状态时，"保护工作簿"与"保护工作表"命令将为不可用状态。

（2）保护工作簿文件　在Excel 2016中，除了可以保护工作表中的结构与窗口之外，用户还可以运用其他保护功能，以保护工作表与工作簿文件。

①保护工作表：用户可通过执行"审阅"选项卡→"更改"组中"保护工作表"命令，在弹出的"保护工作表"对话框中选中所需保护的选项，并输入保护密码。

②保护工作簿文件：是通过为文件添加保护密码的方法来保护工作簿文件。用户只需执行"文件"选项卡→"另存为"命令，在弹出的"另存为"对话框中单击"工具"下拉菜单，选择"常规选项"，并输入打开权限密码与修改权限密码，如图4-48所示。

图4-48　保护工作簿文件

◆提示：对于新建工作簿或未保存过的工作簿，单击"快速访问工具栏"中的"保存"命令，即可弹出"另存为"对话框。

（3）修复受损工作簿　用户在使用 Excel 时，经常会遇到已保存的文件无法打开，或打开后部分数据丢失，无法继续编辑等工作簿受损的情况。此时，用户可以通过下列两种方法来修复受损的工作簿。

①直接修复法：当用户启动 Excel 工作簿时，系统提示文件已损坏，只需单击"文件"选项卡→"打开"命令，浏览文件所在位置，在"打开"对话框中单击"打开"旁的下三角按钮，选择"打开并修复"即可。

② SYLK 符号链接法：当用户打开文件发现部分数据丢失时，可以通过执行"文件"选项卡→"另存为"命令，将"保存类型"设置为"SYLK（符号链接）"格式，然后，用户在保存文件的文件夹中，双击打开以"SYLK（符号链接）"格式保存的 Excel 文件，即可显示修复后的Excel 文件。

◆提示：用户也可以使用 Excel Viewer 或 EasyRecovery 等第三方软件来修复受损的 Excel文件。

3. 链接工作表　Excel 2016 为用户提供了超链接功能，以帮助用户链接多个工作表中的数据以及网页或文件中的数据，从而解决用户为结合不同工作簿中的数据而产生的需求，方便数据的整理与统计。

（1）使用超链接

①内部链接：是将多个不同类型的文件链接到工作簿中，适用于将多个工作簿或不同类型的文件集合在一个工作簿之中。用户可通过执行"插入"选项卡→"链接"组中"超链接"命令，在弹出的"插入超链接"对话框（图4-49）中超链接新建文档、原有文件、网页与电子邮件地址。

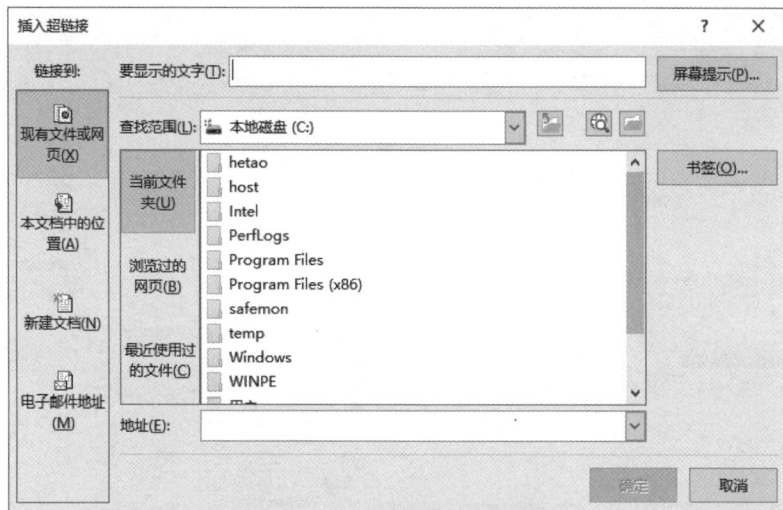

图 4-49 "插入超链接"对话框

②创建现有文件或网页的超链接：在工作表中选择需要插入链接的单元格，然后在"插入超链接"对话框"现有文件或网页"选项卡中设置相应的选项，即可链接本地硬盘中的文件与指定的网页。

◆提示：在使用"书签"选项创建特定位置的超链接时，要链接的文件或网页必须具有书签。

③创建工作簿内的超链接：在工作表中选择需要插入链接的单元格，然后在"文档中的位置"选项卡中，选择工作表并输入引用单元格的名称，即可链接同一工作簿中的工作表。

④创建新文档中的超链接：在工作表中选择需要插入链接的单元格，然后在"新建文档"选项卡中，设置新文件的名称与位置即可。另外，在"新建文档"组中设置新文档的编辑时，若在选中"何时编辑"选项下选择"以后再编辑新文档"单选按钮，系统将立即保存新建文档；而选中"开始编辑新文档"单选按钮时，系统则会自动打开新建文档，以方便用户进行编程操作。

◆提示：用户可以单击"更改"按钮来更改新文档的位置。

⑤创建指向电子邮件的超链接：在工作表中选择需要插入链接的单元格，然后在"电子邮件地址"选项卡中设置电子邮件的地址与主题即可。

（2）使用外部链接　在 Excel 2016 中，除了可以链接本文档中的文件以及邮件之外，还可以链接本工作簿之外的文本文件与网页，以帮助用户创建文本文件与网页的链接。

①通过文本创建：执行"数据"选项卡→"获取外部数据"组中"自文本"命令，在弹出的对话框中选择需要导入的文本文件，单击"导入"按钮即可。在"导入文本文件"对话框中单击"导入"按钮之后，用户只需根据"文本导入向导"对话框（图 4-50）中的提示步骤操作即可。

②通过网页创建：在工作表中选择导入数据的单元格，执行"数据"选项卡→"获取外部数据"组中"自网站"命令，在对话框中输入网站网址，选择相应的网页内容，单击"导入"按钮后选择放置位置。

③刷新外部数据：创建外部链接之后，用户还需要刷新外部数据，使工作表中的数据可以与外部数据保持一致，以便获得最新的数据。首先，打开含有外部数据的工作表，选择包含外部数据的单元格，然后执行"数据"选项卡→"连接"组中"全部刷新"→"刷新"命令。另外，选择包含外部数据的单元格，执行"数据"选项卡→"连接"组中"全部刷新"→"连接属性"命令，即可在"连接属性"对话框中设置刷新选项。

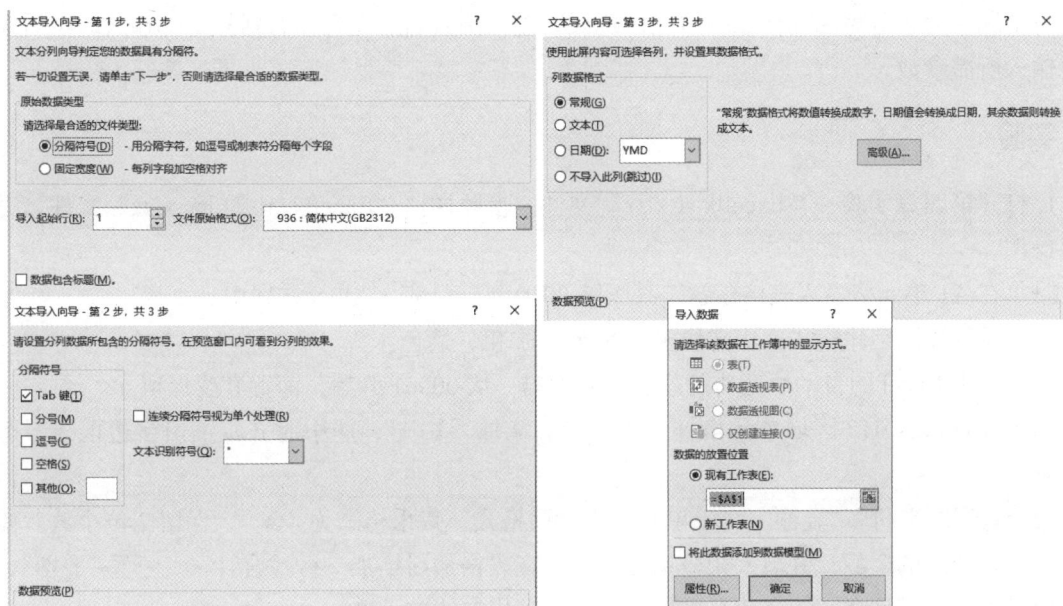

图 4-50　"文本导入向导"对话框

◆提示：在刷新数据时，如果数据来自文本，系统会弹出"导入文件文本"对话框，在该对话框按提示操作即可。

4. 内置 Power Query　Excel 2016 中集合了四大商业智能组件，用于辅助使用者实现高端数据分析展示。这四个组件被称为"Power 兄弟"，包括 Power Query、Power Pivot、Power View 和 Power Map，分别用于数据导入、数据模型管理、数据展现。

Power Query 已经内置在 Excel 2016 中，其他三个组件在使用前需要通过"文件"选项卡→"选项"命令打开 Excel 选项对话框，在"高级"选项中勾选"启用数据分析加载项 Power Pivot、Power View 和 Power Map"，在 Excel 的主选项卡中就会出现"Power Pivot"选项卡。

5. 常见操作技巧　利用 Excel 来进行数据计算和分析的过程中，注意应用一些技巧可以快速达到所需效果。

（1）用公式设置高级条件格式　当需要对选定单元格进行条件格式设置，而利用系统内置的格式不能达到所需要求，这时需要利用公式设定格式。

可以通过选定范围后单击"开始"选项卡→"样式"功能组→"条件格式"下拉菜单→"新建规则"。在"新建格式规则"对话框中，选择"使用公式确定要设置格式的单元格"，在"为符合此公式的值设置格式"输入框中输入想要的公式内容，如输入以下内容：=MAX（$B2：$F2）>=100。

输入完公式后，单击对话框右下角的"格式"命令，在"设置单元格格式"对话框中设置所需格式，设置完成后点击确定。

◆提示：在有些情况下，需要利用对单元格的混合引用来设置所需格式，这时候就可以通过公式进行条件格式设定。

（2）函数的嵌套使用　Excel 里包含大量的函数，可以进行快速计算，函数的参数可以由常量、单元格的引用、公式以及函数计算的结果构成，通过将函数计算结果嵌套在其他函数中，可以实现不需要借助于辅助单元格进行复杂计算，如某个单元格中的公式为 =LEFT（A2,LENB（A2）-LEN（A2））&"市"。

◆提示：由于每个函数的参数都是用小括号括起来，所以在函数嵌套较多时一定要注意括号的配对情况，为了避免漏加括号的情况，建议在输入函数名后先将左右括号全部输入，然后在括号中输入所需参数。

实验

1. 打开第四章实验一"Excellx_1.xlsx"文件，参照样稿"Excellx_1_样稿.xlsx"文件，完成下列操作。

（1）在 A1 单元格输入表格标题"某医院 2010 年药品表"，并合并居中。

（2）设置标题字体格式：华文仿宋，20 磅，加粗，紫色。

（3）使用 Excel 的自动填充功能添加药品编码，从 00001 开始，前置 0 要保留。

（4）设置 A2：I17 区域单元格样式为黑色，宋体，10 号，居中对齐，细田字边框线，适合的列宽。

（5）设置"单价""金额"区域单元格为货币格式，货币格式为"￥"，保留 2 位小数。使用公式求出各药品的金额，并填入相应单元格中。在表格最后增加一行"合计"、一行"平均"，使用函数求出所有药品金额的合计及平均值，并填入相应的单元格。

（6）给"单价"＞100 元的药品名称单元格添加批注，内容为"贵重药品"。

（7）在 Sheet1 工作表中，把单价≥100 元的用红色、加粗显示，＜10 元的用绿色、倾斜表示。

（8）把 Sheet1 表中药品类型为"片剂"的记录复制到 Sheet2 中，并把 Sheet2 更名为"片剂表"。

2. 打开第四章实验二"Excellx_2.xlsx"文件，参照样稿"Excellx_2_样稿.xlsx"文件，完成下列操作。

（1）把"Excellx_2.xlsx"中 Sheet1 中的数据复制到 Sheet3，并更名为"药品库存金额表"。

（2）在该表第二列增加一列，命名为"完整药品编码"。使用 IF 函数对"完整药品编码"字段进行填充，规则是药品编码字段前加上该药品类型的前两个汉字的拼音首字母，例如药品类型是片剂，则在该药品编码前加"PJ"，胶囊则加上"JN"等。

（3）使用 COUNTIF 函数统计出单价大于 100 元的贵重药品的个数，以及各种药品类型的药品个数，比如片剂药品几个、针剂药品几个、胶囊剂药品几个、院内制剂药品几个。

（4）使用 MAX 函数求出最高药品单价。

（5）利用"药品库存表"中的药品名称和单价创建一个柱形图，标题为"药品单价比较"，位于图表上方，图例项为"单价"，在右侧显示，设置图表填充颜色为"渐变""射线""从左下角"。

（6）把图表中的单价改变为折线图，并加上数据标签，显示在数据上方，并把折线图表移动到一个新的工作表中，命名为"折线图表"。

（7）利用"药品库存表"中的药品名称和库存金额创建一个三维饼图，标题为"药品库存金额"，位于图表上方，图例项为"药品名称"，在底部显示，添加数据项（放置于最佳位置），图表区填充效果为深色木质纹理，放置于一个新工作表中，标题为"库存金额饼图"。

3. 打开第四章实验三"Excellx_3.xlsx"文件，参照样稿"Excellx_3_样稿.xlsx"文件，完成下列操作。

（1）在"挂号表"中用 IF 函数在相应的单元格中填写挂号单价，规则：职称为"主任医师"挂号单价为"7.5"，"副主任医师"挂号单价为"5.5"，其余为 3.5。用公式或函数求出挂号金额，填入相应单元格，并为挂号表添加表格题目"医师挂号记录表"，设置标题字体格式：华文行楷，18磅，粗体，橄榄色，个性色3，深色50%。设置A2：F21的区域为细田字边框，居中对齐，适合的列宽。

（2）将"挂号表"的数据复制到"排序表"，在排序表中按职称升序、挂号人次降序排列数据。

（3）在"挂号表"中使用RANK函数，对挂号表中的每个医师挂号人次情况进行统计，并将排名结果保存到表中的"挂号排名"列当中。

（4）筛选出挂号金额前5位的记录，结果保存到"筛选表"。

（5）将"挂号表"的数据复制到"高级筛选表"中，筛选出"科室"=内科、"职称"=副主任医师、"挂号人次"＞=12000的记录。

（6）对各科室的挂号人次和挂号金额进行分类汇总，汇总方式为求和。

（7）创建数据透视表，对各科室的每个职称的挂号人次及挂号金额进行汇总统计。

习题

一、选择题

1. 在Excel 2016中，输入分数时，由于日期格式与分数格式一致，所以在输入分数时需要在分子前添加（　　）

    A. "–"号　　　　　　　　B. "/"号　　　　　　　　C. 0和空格　　　　　　D. 00

2. 在Excel 2016中，筛选数据时，用户可以使用（　　）组合键进行快速筛选操作

    A. Ctrl+Shift+I　　　　　B. Ctrl+Shift+L　　　　　C. Alt+Shift+L　　　　　D. Alt+Ctrl+L

3. 下列选项中，对分类汇总描述错误的是（　　）

    A. 分类汇总之前需要排序数据

    B. 汇总方式主要包括求和、最大值、最小值等方式

    C. 分类汇总结果必须与原数据位于同一个工作表中

    D. 不能隐藏分类汇总数据

4. 下列选项中，对数据透视表描述错误的是（　　）

    A. 数据透视表只能放置在新工作表中

    B. 可以在"数据透视表字段列标"任务窗格中添加字段

    C. 可以更改计算类型

    D. 可以筛选数据

5. 在Excel 2016中，用于统计给定区域满足特定条件的单元格数目的函数是（　　）

    A. SUMIF（）　　　　　B. COUNTIF（）　　　　C. COUNT（）　　　　D. SUM（）

二、填空题

1. Excel 2016中，色阶作为一种直观的指示，可以帮助用户了解数据的分布与变化情况，分为_____与_____。

2. Excel 2016中，在应用样式后，用户可以通过执行"开始"选项卡"样式"选项组中的"单元格样式"命令中的_____选项进行清除。

3. Excel 2016中的趋势线主要用来_____，而误差线主要用来显示_____，每个数据点可以显示一个误差线。

4. 用Excel 2016对数据进行排序时，如果用户只选择数据区域中的部分数据，当执行"升

序"或"降序"命令时，系统会自动弹出＿＿＿＿＿＿＿对话框。

5. 用 Excel 2016 排序或筛选数据时，用户还可以执行"开始"选项卡＿＿＿＿＿＿＿选项组中的命令，进行排序或筛选操作。

6. Excel 2016 中，在创建分类汇总之前，需要对数据＿＿＿＿＿＿＿，以便将数据中关键字相同的数据集中在一起。

7. Excel 2016 中，计算区域 A1：D5 中包含数字单元格个数的公式是＿＿＿＿＿＿＿。

三、简答题

1. 简述创建共享工作簿的操作步骤。

2. 如何创建一个自定义序列？

3. 如何隐藏行和列？如何把隐藏的行和列显示出来？

4. 如何插入人工分页符？

5 演示文稿制作软件 PowerPoint

扫一扫，查阅本章数字资源，含 PPT、音视频、图片等

　　PowerPoint 是微软公司 Office 系列办公组件之一，是当前最普及、最受欢迎的演示文稿制作工具，利用它可以制作出融文字、图形、图像、图表、声音、动画和视频于一体的演示文稿。演示文稿由若干张幻灯片组成，通过 PowerPoint 软件提供的功能进行设计、制作和放映，具有动态性、交互性和展示性，广泛应用于教学、宣传、演讲、培训、展示、推介等。采用演示文稿进行内容丰富、图文并茂、生动形象的宣讲，能够更充分地进行表达和交流。本章主要学习 Office PowerPoint 2016 的具体内容。

5.1 演示文稿的建立与编辑

　　【案例 5-1】演示文稿的建立与编辑应用

　　（1）打开文件"刮痧疗法 .txt"及图片资料，按以下要求制作效果如"刮痧 _ 样稿 .pptx"所示演示文稿。

　　①新建空白演示文稿，并保存为"刮痧 .pptx"。

　　②标题幻灯片版式，标题为"刮痧"。

　　③连续插入 9 张幻灯片，根据素材文件"刮痧疗法 .txt"的内容，完成第 2～9 张幻灯片中标题和文本内容的输入。

　　④将幻灯片 2、4、5、6、7、9 中文字转换为 SmartArt 图形。

　　⑤在幻灯片 1 和 6 中插入图片，在幻灯片 8 中插入视频。

　　⑥在幻灯片 10 中插入艺术字"刮痧养生 健康相伴"。

　　（2）操作步骤

　　①执行"文件"选项卡→"新建"，选择"空白演示文稿"。

　　执行"文件"选项卡→"保存"，选择"浏览"，在弹出的"另存为"对话框中的左侧窗格中，选择要保存演示文稿的位置；在"文件名"框中，输入演示文稿名称为"刮痧"，在"保存类型"框中，选择保存类型为"PowerPoint 演示文稿（*.pptx）"，最后单击"保存"按钮。

　　②在默认给出的第 1 张幻灯片上，单击"单击此处添加标题"，进入标题编辑状态，输入标题"刮痧"，在副标题中输入"Skin Scraping"。

　　③连续执行"开始"选项卡→"新建幻灯片"命令，插入 9 张幻灯片，根据素材文件"刮痧疗法 .txt"的内容，完成第 2～9 张幻灯片中标题和文本内容的输入。

　　④依据"刮痧 _ 样稿 .pptx"所示，选定第 2、4、5、6、9 张幻灯片中对应文字所在文本框，执行"开始"选项卡→"段落"组中"转换为 SmartArt 图形"，在下拉列表中，选择某一个 SmartArt 图形布局（或选择"其他 SmartArt 图形"，在弹出的"选择 SmartArt 图形"中做出选

择），各张幻灯片使用的 SmartArt 图形见表 5–1，效果如图 5–1。

表 5–1　各张幻灯片使用的 SmartArt 图形

幻灯片编号	SmartArt 图形分类	SmartArt 图形名称
幻灯片 2	列表	垂直项目符号列表
幻灯片 4	流程	升序图片重点流程
幻灯片 5	关系	基本维恩图
幻灯片 6	图片	六边形群集
幻灯片 9	矩阵	循环矩阵

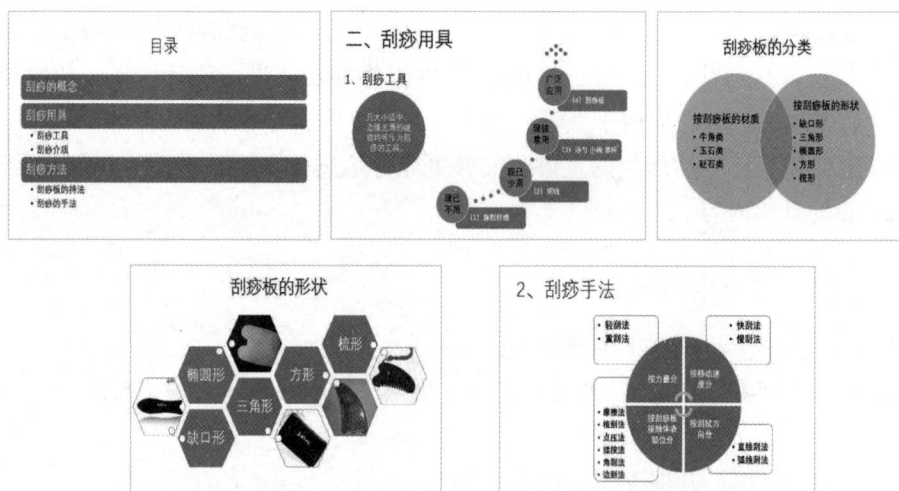

图 5–1　文字转换为 SmartArt 图形后效果

⑤在第 1 张幻灯片中，执行"插入"选项卡→"图像"组中"图片"，找到要插入的图片文件，然后双击该图片。重复这一操作，插入其他图片。执行"插入"选项卡→"插图"组中"形状"，选择矩形，在幻灯片中拖动，绘制一个矩形，右键单击该矩形，选择"置于底层"。调整图片和标题的位置和大小，效果如图 5–2。

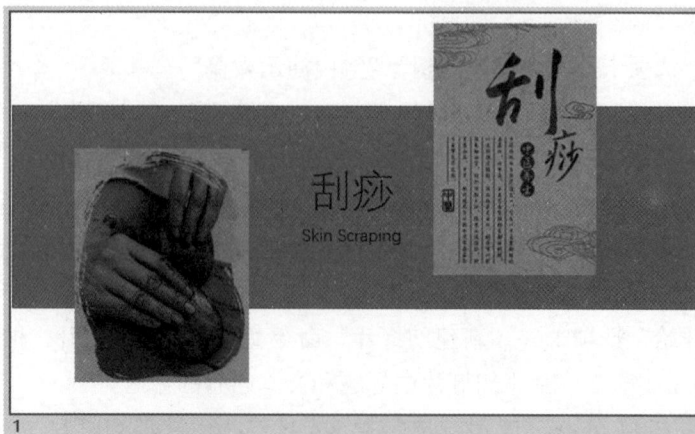

图 5–2　幻灯片 1 插入图片效果

　　在第 6 张幻灯片的 SmartArt 图形中，单击要插入图片的图片占位符，选择"从文件"→"浏览"，找到要插入的图片文件，然后双击该图片。重复这一操作，插入其他图片，效果如图 5-3。

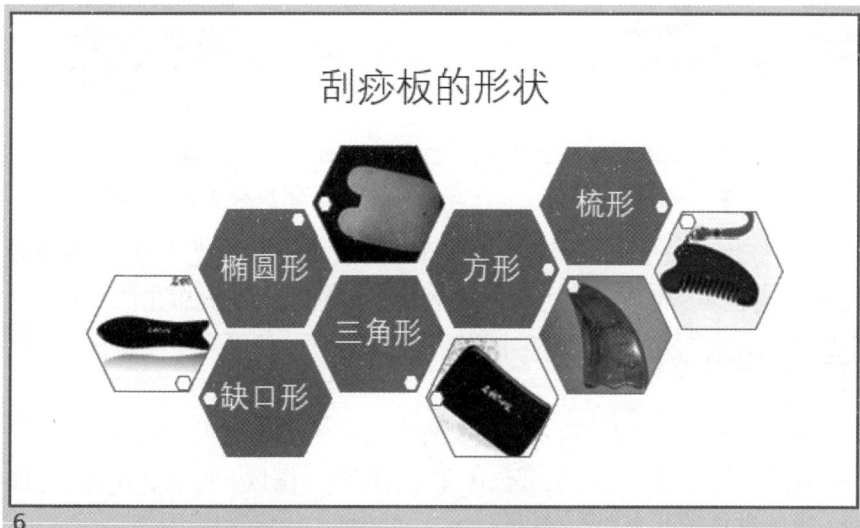

图 5-3　幻灯片 6 插入图片效果

　　在第 8 张幻灯片插入视频，在"插入"选项卡上的"媒体"组中，单击"视频"下的箭头，选择"PC 上的视频"，在弹出的"插入视频文件"对话框中，找到并单击要嵌入的视频，然后单击"插入"。选择"视频工具"→"播放"动态选项卡的"视频选项"组，在"开始"下拉列表中选择"自动"，并勾选"未播放时隐藏"复选框（图 5-4）。

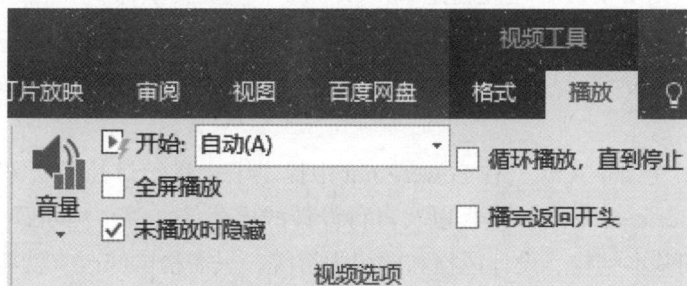

图 5-4　"视频工具"下的"播放"选项卡

　　在第 4 张幻灯片中，单击"插入"选项卡→"插图"组"形状"下拉列表，选择"基本形状"下面的"椭圆"，然后按住 Shift 键的同时鼠标左键拖动，即可画出正圆。右键单击这个圆形，选择"编辑文字"，输入文字。选中这个圆形，单击"绘图工具"→"格式"动态选项卡→"形状样式"组中"形状轮廓"和"形状填充"，分别选择"无轮廓"和"蓝色，个性色 1"。重复执行"插入"选项卡→"文本"组中"文本框"，选择"横排文本框"并单击输入文字"广泛应用""现较常用"等。单击 SmartArt 图形中的圆形，单击"SmartArt 工具"→"格式"动态选项卡→"形状样式"组中"形状填充"下拉列表，从中选择"浅蓝"色块，调整文字和图形的大小、位置，效果如图 5-5。

　　对幻灯片 9 进行必要的文字格式修改，效果如图 5-6。

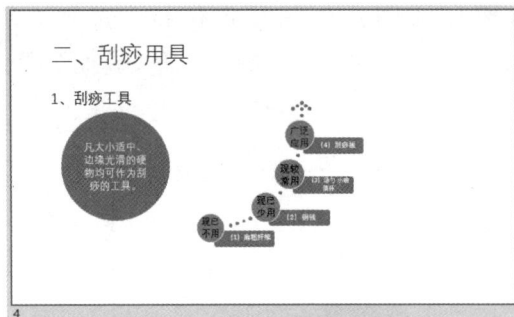

图 5-5　幻灯片 4 效果　　　　　　　　图 5-6　幻灯片 9 效果

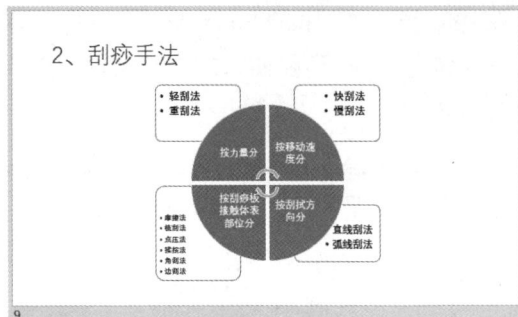

⑥在第 10 张幻灯片中，单击"插入"选项卡→"文本"组"艺术字"，在下拉列表中选择"渐变填充 - 金色，着色 4，轮廓 - 着色 4"，输入文本"刮痧养生 健康相伴"。

5.1.1 演示文稿的基本操作

应用 PowerPoint 2016 软件创建演示文稿文件，其默认扩展名为"*.pptx"。一个演示文稿文件由若干张幻灯片组成，每张幻灯片上可包含文字、图形、图像、图表、声音、动画和视频等对象。PowerPoint 2016 软件的基本操作包括演示文稿的创建、保存和视图等。

1. 演示文稿的创建　PowerPoint 2016 提供了多种创建演示文稿的方法，如创建空白演示文稿、利用主题创建演示文稿、根据现有内容创建演示文稿、根据模板创建演示文稿等。

（1）创建空白演示文稿　如果想制作一个特殊的、与众不同的演示文稿，可选择从一个空白演示文稿开始，单击"文件"选项卡→"新建"，选择"空白演示文稿"，即可创建空白演示文稿。

（2）利用主题创建演示文稿　主题是 PowerPoint 中内置文本样式和填充样式的集合，创建带主题的演示文稿就是将内置主题应用到新建的演示文稿上，主题决定了演示文稿设计风格。执行"文件"选项卡→"新建"，单击"主题"，选择合适的主题，如"天体"，然后单击"创建"按钮。

（3）利用模板创建演示文稿　在 PowerPoint 中提供了大量幻灯片模板来创建演示文稿，包括内置模板、从 Office.com 下载的模板以及自行设计的模板等，以"*.potx"为扩展名存储。模板决定了演示文稿的基本结构、设计风格和建议内容等，只需稍做修改，就能迅速创建符合要求的多页演示文稿。执行"文件"选项卡→"新建"，左键单击适合的模板，如"现代设计"，然后单击"创建"按钮。需要注意的是选定部分模板，单击"创建"按钮后，需要在线下载模板成功，才能完成演示文稿创建。

（4）从 Word 文档中发送创建演示文稿　可以将已编辑完成的 word 文档大纲发送到 PowerPoint 中，快速创建新的演示文稿。这种方式只能发送文本，不能发送图表、图像等。具体需要以下三步。

①在 Word 文档中设置大纲：将 Word 文档中需要传送到 PowerPoint 的文字和段落，分别应用内置样式标题一、标题二、标题三等（或设置大纲级别为 1 级、2 级、3 级等），分别对应 PowerPoint 中一页幻灯片的标题、一级文本、二级文本等。

②添加快速访问工具栏：依次选择 Word"文件"菜单→"选项"→"快速访问工具栏"→"不在功能区中的命令"→"发送到 Microsoft PowerPoint"命令→"添加"按钮，相应命令则显示在"快速访问工具栏"中。

③发送 Word 文档到演示文稿：单击"快速访问工具栏"中新增加的"发送到 Microsoft PowerPoint"按钮，即可将应用了内置样式的 Word 文本自动发送到新创建的演示文稿中。

2. 演示文稿的打开与保存

（1）打开演示文稿　要修改或查看已有的演示文稿，可执行"文件"选项卡→"打开"→"浏览"，选择所需的文件，将其打开并进行编辑；也可双击已经创建的演示文稿；也可执行"文件"选项卡→"最近"，在"今天""昨天""上周""更早"列表框中，选择最近使用过的演示文稿，快速打开该文件。

（2）保存演示文稿　选择菜单"文件"选项卡→"保存"命令或单击"快速访问工具栏"上的"保存"按钮都可实现文件的保存。文件在第一次被保存时，转至"另存为"菜单，选择"浏览"定位演示文稿要保存的位置；在"文件名"框中为演示文稿命名；在"保存类型"框中选择保存类型，如"*.pptx""*.pdf"等。如果文件要以其他的文件名保存，则可以直接选择"文件"→"另存为"，其他操作与第一次保存的操作相同。

3. 演示文稿的视图方式　PowerPoint 2016 的"视图"选项卡中列有普通视图、大纲视图、幻灯片浏览视图、备注页视图、阅读视图、母版视图（包括幻灯片母版视图、讲义母版视图和备注母版视图），可用于编辑、打印或放映演示文稿。

（1）普通视图　普通视图是 PowerPoint 默认视图模式，也是主要的编辑视图，用于编写和设计演示文稿。普通视图一次只能显示一张幻灯片，对显示的幻灯片可以添加文本，插入图片、表格、SmartArt 图形、图表、形状、文本框、视频、声音、超链接等对象。

（2）大纲视图　大纲视图与普通视图的唯一区别就是左侧"缩略图窗格"替换为了"大纲窗格"，右侧编辑窗格与普通视图相同。

（3）幻灯片浏览视图　幻灯片浏览视图（图 5-7）以缩略图形式显示幻灯片，用于快速组织和编排幻灯片，可方便地对幻灯片进行增加、删除、移动等。若幻灯片设置了多个节，则浏览视图按节组织。

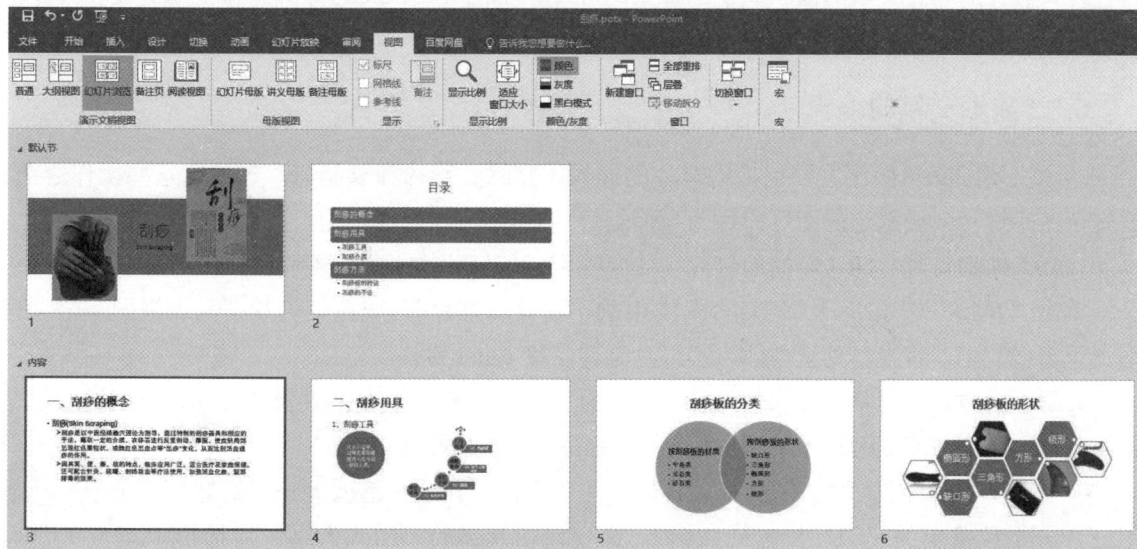

图 5-7　幻灯片浏览视图

（4）备注页视图　备注页视图（图 5-8）以整页格式查看和编辑备注，备注窗格位于幻灯片窗格下，可输入要应用于当前幻灯片的备注，以便将备注打印出来并在宣讲演示文稿时进行参考。

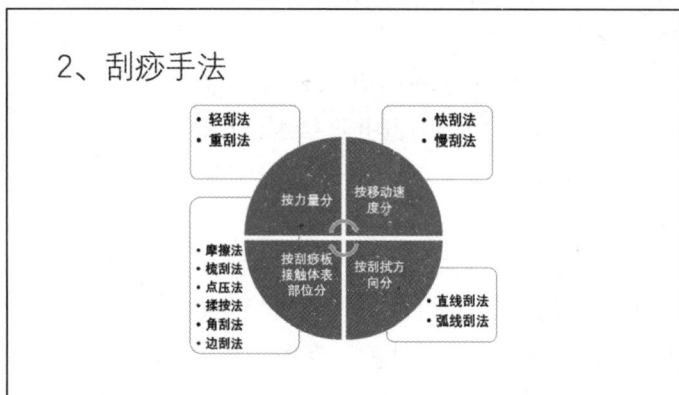

图 5-8　备注页视图

（5）阅读视图　阅读视图可根据窗口大小显示幻灯片，该视图设有简单窗口控件，方便审阅演示文稿，但不可以修改。

（6）幻灯片放映视图　幻灯片放映视图以全屏形式显示幻灯片，可以看到幻灯片演示设置的各种放映效果。单击"幻灯片放映"按钮，进入该视图方式，既可从当前选定的幻灯片进行放映，又可执行菜单"幻灯片放映"选项卡→"从头开始"命令或快捷方式 F5 从第一张幻灯片开始放映。当显示完最后一张幻灯片时，系统会自动退出放映视图。如果要终止放映过程，可在屏幕上单击鼠标右键，从弹出的快捷菜单中选择"结束放映"。

（7）母版视图　母版视图包括幻灯片母版、讲义母版和备注母版视图。在这些视图上可以编辑各种母版，对与之关联的演示文稿的每张幻灯片、备注页或讲义的样式进行全局更改，具体包括背景、颜色、字体、效果、占位符大小和位置等。

5.1.2 演示文稿的编辑

演示文稿的编辑操作主要包括幻灯片的插入、删除、移动和复制等。在执行这些操作之前，要先选定幻灯片，被选定的幻灯片称为当前幻灯片。

1. 插入新幻灯片　插入新的幻灯片，先要确定新幻灯片插入的位置和版式。

单击"开始"选项卡→"幻灯片"组中的"新建幻灯片"，或在幻灯片"大纲视图"→"大纲浏览窗格"中，将光标移至需插入幻灯片之后，按 Enter 键。

2. 导入或重用幻灯片　导入幻灯片是从具有大纲的文档中导入生成新幻灯片，重用幻灯片是指将其他已经创建完成的演示文稿中的幻灯片插入当前演示文稿中。

（1）从 Word 文档大纲中导入生成新幻灯片　执行"开始"选项卡→"幻灯片"组中"新建幻灯片"下拉菜单的"幻灯片（从大纲）"命令，在弹出的"插入大纲"对话框（图 5-9）中，选择大纲源文件"刮痧疗法_大纲.docx"，文件类型可为 Word 文档、TXT 文本文件或 RTF 格式等。

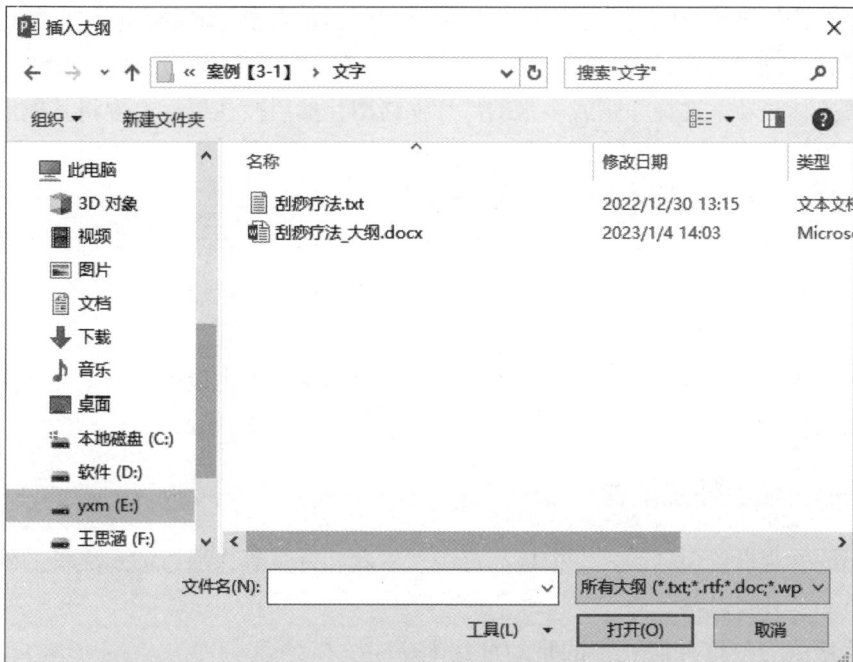

图5-9　"插入大纲"对话框

（2）重用其他演示文稿中的幻灯片　单击"开始"选项卡→"幻灯片"组"新建幻灯片"下拉菜单中的"重用幻灯片"，在右侧"重用幻灯片"对话框（图5-10）中，单击"浏览"按钮，选择"浏览幻灯片库"或"浏览文件"命令，在打开的"浏览"对话框中，选定源演示文稿。此时，在"重用幻灯片"窗格中，显示出所选演示文稿的所有幻灯片缩略图。单击要插入的幻灯片，则将该幻灯片插入到当前打开的演示文稿中。或者在"重用幻灯片"窗格中右键单击，选择"插入所有幻灯片"，则将所有幻灯片插入到当前打开的演示文稿中。

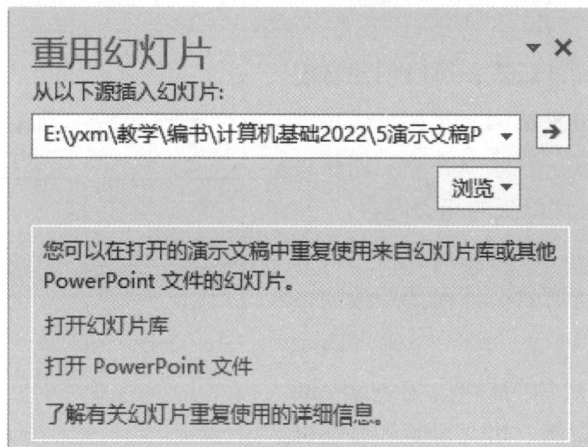

图5-10　"重用幻灯片"对话框

如果想保留原演示文稿的格式，可勾选"重用幻灯片"窗格底部的"保留源格式"复选框。

3. 删除幻灯片　在"普通视图－导航缩略图"或"大纲视图－大纲浏览"窗格中，选中需删除的一页或多页幻灯片，按Delete键；或右键单击，在弹出的快捷菜单中选择"删除幻灯片"。

4. 移动幻灯片　为了重新排列幻灯片的顺序，需要移动幻灯片。移动幻灯片的方法有两种。

（1）使用剪贴板　在"普通视图－导航缩略图""大纲视图－大纲浏览"窗格中或"幻灯片

浏览"视图中，选择要移动的一张或多张幻灯片缩略图，单击鼠标右键，在弹出的快捷菜单中选择"剪切"，然后选择要插入的位置，单击"粘贴"按钮，即可将幻灯片移动到指定位置。

（2）使用鼠标拖动　选择一张或多张幻灯片缩略图，然后按住鼠标左键将其拖曳至目标位置即可。

5. 复制幻灯片　复制幻灯片有以下两种方法。

（1）使用剪贴板　选择要复制的一张或多张幻灯片缩略图，单击鼠标右键，在弹出的快捷菜单中选择"复制"按钮，然后选择要插入的位置，单击"粘贴"按钮，即可将幻灯片复制到指定位置。

（2）使用鼠标快捷菜单　选择一张或多张幻灯片缩略图，单击鼠标右键，在弹出的快捷菜单中选择"复制幻灯片"。

5.1.3 演示文稿的外观设置

演示文稿的外观设置包括版式、模板、母版、主题和背景等，通过演示文稿的外观设置，使幻灯片具有统一的外观风格。

1. 幻灯片版式　幻灯片版式指的是幻灯片上各元素的排列格式。版式是 PowerPoint 中的一个十分重要的概念，因为它直接决定了幻灯片基本的显示格式和组合方式，选定一个规范的版式有助于增强幻灯片的可读性。一个版式通常包括标题、文本、图表、图形、图像等。PowerPoint 2016 提供了 11 种标准内置版式（图 5-11）。

选择需要定义版式的幻灯片，在"开始"选项卡的"幻灯片"组中，单击"版式"，然后选择所需的版式。

如果找不到所需的标准版式，可以创建自定义版式。自定义版式可重复使用，并且可指定占位符的数目、大小和位置、背景内容等。创建自定义版式的方法详见幻灯片母版的相关内容。

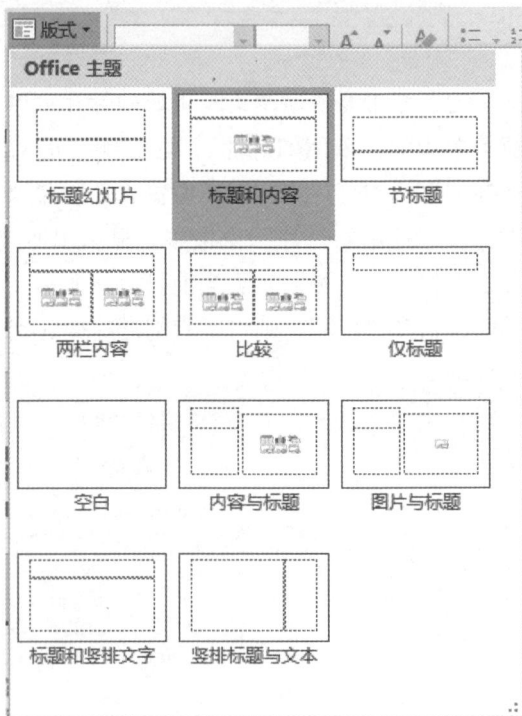

图 5-11　"版式"对话框

2. 母版　母版是一种特殊的幻灯片格式，利用它可使演示文稿中的所有幻灯片保持一致的格式和风格。如果更改了母版，这一变化将影响基于这一母版的所有幻灯片的样式。PowerPoint 2016 中的母版有幻灯片母版、讲义母版和备注母版三种，其中最常用的是幻灯片母版。

（1）幻灯片母版　幻灯片母版是一张具有特殊用途的幻灯片。它可以使演示文稿中除了标题之外的幻灯片具有相同的外观格式。通过在幻灯片母版中预设格式占位符的方式实现对标题、文本、页脚内容特征的控制，在幻灯片母版上添加的图片等对象将出现在每张幻灯片的相同位置上，设置的幻灯片背景的效果将应用在每张幻灯片上。

在"视图"选项卡的"母版视图"组中，单击"幻灯片母版"按钮，进入幻灯片母版编辑界面（图 5-12）。在左侧幻灯片母版缩略图窗格中列出当前演示文稿中所引用的全部母版和版式。

其中，带数字标识且较大的那个缩略图就是幻灯片母版，下面列出的较小缩略图就是与该母版关联的版式，此处列出了 PowerPoint 2016 默认自带的 11 种版式，单击母版或任意一个版式，即可在右侧"幻灯片"浏览窗格中查看、修改母版及版式内容。

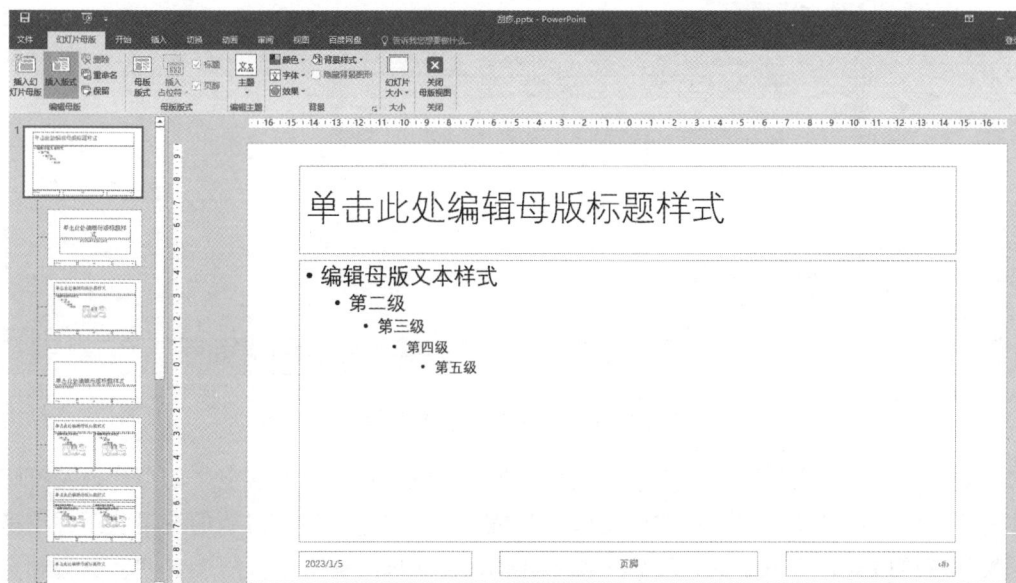

图 5-12　幻灯片母版界面

①创建幻灯片母版和版式：在"幻灯片母版"选项卡的"编辑母版"组中，单击"插入幻灯片母版"按钮，即可插入一个新母版。新插入的母版默认自带 11 种版式。同理，在"编辑母版"组中单击"插入版式"按钮，即可在当前选择的母版下创建一个新版式，该版式默认区域包括标题区、日期区、页脚区和页码区。

②修改幻灯片母版：在缩略图窗格中选定某一幻灯片母版，单击"幻灯片母版"选项卡的"母版版式"命令，可以对幻灯片母版上的标题、文本、日期、幻灯片编号、页脚 5 类占位符进行重新选择，也可重新定义占位符的大小、位置、项目符号，以及在母版上添加或删除图案、图片、音视频信息等。在幻灯片母版上进行的操作将应用到与之关联的每一张幻灯片上。母版上的文本只用其样式，而实际文本的输入必须在普通视图的幻灯片上编辑完成。在"幻灯片母版"选项卡的"母版版式"组中，取消勾选"标题"和"页脚"复选框，能够隐藏标题区、日期区、页脚区和页码区。在缩略图窗格中选定某一版式，在"母版版式"中，单击"插入占位符"下拉列表框，即可在幻灯片窗格中适当的位置绘制内容、文本、图片、图表等占位符。在母版中插入了日期、编号等占位符，并不意味着幻灯片中就会显示出来。如需在幻灯片上显示日期、幻灯片编号、页脚等信息，需进一步在"插入"选项卡的"文本"组中，单击"页眉和页脚"按钮，并在弹出的对话框中勾选相关复选框（图 5-13）。

图 5-13 "页眉和页脚"对话框

（2）讲义母版   讲义母版主要用来设置在一张打印纸中可以打印多少张幻灯片以及打印页面的整体外观。执行菜单"视图"→"讲义母版"命令就可以进入讲义母版的编辑状态，单击工具栏上的按钮就可以对相应母版进行设置（图 5-14）。讲义母版通常由页眉、日期、页脚和页码占位符以及若干张幻灯片组成，可以对讲义母版的讲义方向、幻灯片大小、每页幻灯片数量等进行设置。

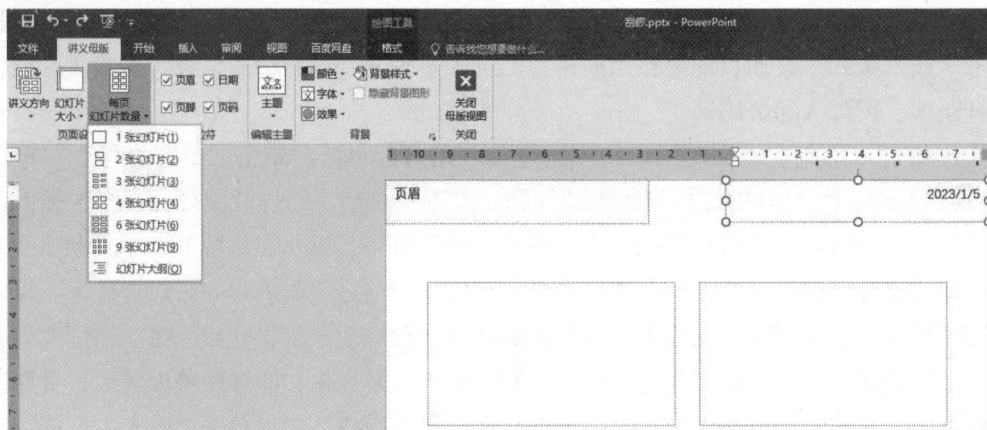

图 5-14 "讲义母版"选项卡

（3）备注母版   备注母版可以用来编辑具有统一格式的备注页，执行菜单"视图"→"备注母版"命令就可以进入备注母版的编辑状态，编辑操作与讲义母版相同。

3. 模板   模板指一个演示文稿整体上的外观设计方案，包含版式、主题和背景样式，甚至可以包含内容。在制作演示文稿时，为求获得统一的外观，用户可以自定义模板，然后存储、重用或与他人共享。此外，PowerPoint 2016 提供了多种不同类型的内置模板，也可以从 Office.com 和其他第三方网站上获取免费模板。将当前编辑的演示文稿保存为模板，在"文件"选项卡上单击"另存为"，打开"另存为"对话框，在"文件名"文本框中输入模板名称，在"保存类型"下拉列表中选择"*.potx"，单击"保存"，即可实现该模板的保存、重用和共享。

4. 主题   PowerPoint 主题是一组统一的设计元素，包括背景颜色、字体格式和图形效果等内容，是主题颜色、主题字体和主题效果三者的组合。主题字体是应用于文件中的主要字体和次要字体的集合，主题颜色是文件中使用的颜色集合，主题效果是应用于文件中各元素的视觉属性集合。主题作为一套可独立选择的方案应用于文件中，可以简化设计的过程。

在"设计"选项卡的"主题"选项组中，单击下三角按钮，在打开的主题样式列表（图5–15）中，选择要采用的演示文稿主题。应用主题后，所有幻灯片默认采用相同的主题。还可通过使用"设计"选项卡"变体"选项组中的"颜色""字体""效果""背景样式"选择不同的组合方案，分别对主题颜色、字体、效果和背景进行调整。

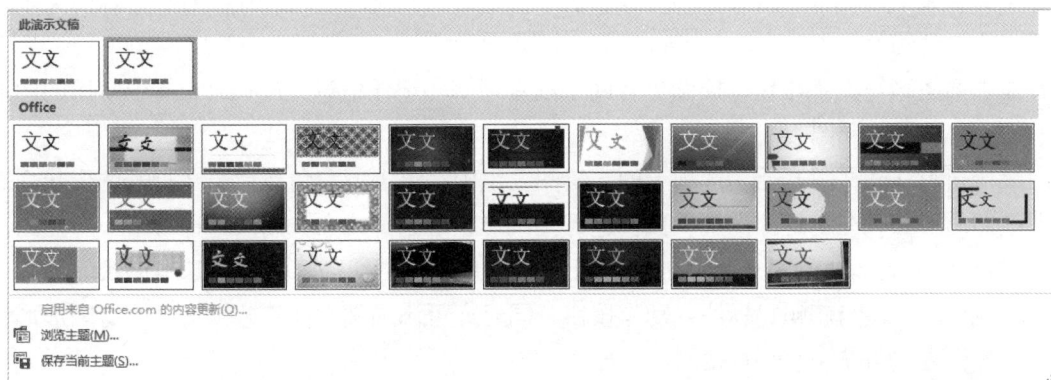

图5–15　主题样式

如果希望只对选定的幻灯片应用主题，则右键单击该主题，从弹出的快捷菜单中选择"应用于选定幻灯片"。

如果对已经设置的主题非常满意的话，可以在"主题"组单击下三角按钮，在打开的下拉列表框中单击"保存当前主题"，为其命名并保存，以供后续使用。

5. 背景　背景的主要作用是渲染演示文稿主题，目的是使幻灯片内容更好看，视觉效果更具冲击力。

（1）背景样式　背景样式是 PowerPoint 独有的样式，内置了 12 种渐变颜色搭配。在"设计"选项卡上的"变体"或"幻灯片母版"选项卡上的"背景"组中，单击"背景样式"，然后选择一种背景样式即可。

（2）自定义背景　选择"设计"选项卡"自定义"组→"设置背景格式"命令，在右侧的"设置背景格式"窗格（图5–16）中，设置纯色填充、渐变填充、图片或纹理填充、图案填充的背景。

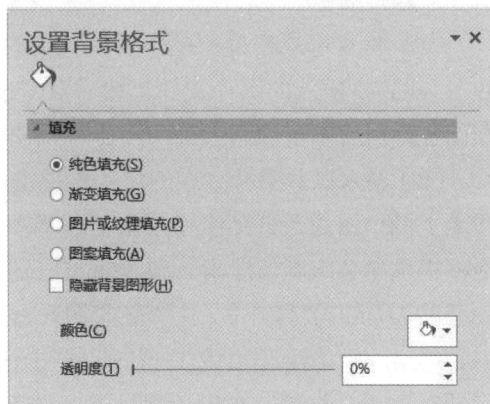

图5–16　"设置背景格式"窗格

5.1.4 在演示文稿上添加对象

演示文稿中除了包含文字外，还可添加图形、图像、表格、音视频等元素，使幻灯片更具吸引力。

1. 添加文本　通常幻灯片中可以将文本添加到文本占位符、文本框和形状中。

（1）将文本添加到文本占位符中　在占位符中单击鼠标左键，然后键入或粘贴文本。键入文本时，文本占位符中的提示文本会自动消失。

（2）将文本添加到文本框中　使用文本框可将文本放置在幻灯片上的任何位置。执行"插入"选项卡→"文本"组中"文本框"命令，单击"文本框"下的箭头，选择"横排"或"竖排"文本框，单击幻灯片后拖动指针绘制文本框，再在该文本框内部单击，即可键入或粘贴文本。

（3）将文本添加到形状中　大部分形状都可以添加文本。方法是选择形状，然后键入或粘贴文本。这些文本会作为形状的组成部分附加在形状中，并随形状一起移动和旋转。如果要添加独立于形状的文本，应使用文本框。

除了普通文本，还可以将页眉和页脚、艺术字、日期和时间、幻灯片编号等特殊的文本、公式及符号添加到幻灯片中，方法与 Word 2016 相同。

2. 添加插图　与文字相比，插图更有助于读者理解和记住信息，PowerPoint 中常用的图形有形状、SmartArt 图形和图表。

（1）绘制形状　在"开始"选项卡的"绘图"组中，单击下三角按钮，在打开的形状列表中选择要绘制的形状，在幻灯片中拖动鼠标进行基本形状绘制，或在"插入"选项卡→"插图"组中选择"形状"，也可进行基本形状绘制。可在幻灯片上绘制线条、矩形、基本形状、箭头、公式形状、流程图、星与旗帜、标注、动作按钮，同时亦可添加文本框、艺术字，改变图形形状和颜色等，操作方法与 Word 2016 相同。

（2）插入 SmartArt 图形　使用 SmartArt 图形可创建具有设计师水准的图形，而且操作简单、方便、快捷。在"插入"选项卡的"插图"组中单击"SmartArt"，在弹出的"选择 SmartArt 图形"对话框中选择所需的布局，单击确定，再单击图形左侧"文本"窗格中的"[文本]"，在其中键入文本内容或粘贴文本。

（3）添加图表　在幻灯片中添加图表有两种方法。

①使用包含图表占位符的幻灯片版式。

②使用菜单"插入"选项卡→"插图"组中"图表"命令。

3. 添加图像

（1）插入本地图片　单击要插入图片的位置，在"插入"选项卡→"图像"组中单击"图片"，找到要插入的图片文件，然后双击该图片，或单击"插入"按钮。按住 Ctrl 键同时选定多张图片，然后单击"插入"，可以同步添加多张图片。

（2）插入联机图片　在幻灯片中单击内容占位符中的"联机图片"图标，或者从"插入"选项卡上的"图像"选项组中单击"联机图片"按钮，弹出"插入图片"对话框。"插入图片"对话框提供"必应图像搜索"和"OneDrive- 个人"检索获得图片的方式（OneDrive 方式需要用户先登陆 Microsoft 账户）。在"必应图像搜索"框中输入图片关键字，如"计算机"，则返回如图5-17 所示的一组图片供用户选择。单击搜索结果左上角的筛选按钮，会弹出一个筛选列表，可以针对大小、类型、布局等属性进行图片筛选。从中选择适合的图片（可多张），单击"插入"按钮，即可将图片插入幻灯片。

图 5-17　插入联机图片

（3）插入屏幕截图　PowerPoint 2016 中可以捕获桌面打开的窗口截图，而无须退出正在使用的程序，但是一次只能添加一个屏幕截图。

单击要插入屏幕截图的幻灯片，在"插入"选项卡"图像"组中，单击"屏幕截图"，在"可用的视窗"库中选择缩略图以插入窗口截图；或单击"屏幕剪辑"，当指针变成"+"时，拖动鼠标插入当前窗口屏幕鼠标扫过的部分区域；如果要插入某一窗口的部分区域，需先切换到要剪辑的窗口，然后再回到 PowerPoint 中，在"插入"选项卡"图像"组中单击"屏幕截图"→"屏幕剪辑"，此时，PowerPoint 将最小化，只显示它后面要剪辑的窗口，拖动鼠标即可。

（4）插入相册　如果需要展示大量照片，可以利用"相册"功能，操作如下：在"插入"选项卡"图像"组中，单击"相册"下的箭头，在下拉菜单中选择"新建相册"，在"相册"对话框（图 5-18）中的"插入图片来自"下，单击"文件/磁盘"，选择要添加的多张图片，然后单击"插入"。在"插入文本"下，单击"新建文本框"可以插入文本幻灯片，但是文本内容要在创建相册后，单击幻灯片中的文本框后键入。

图 5-18　"相册"对话框

4. 添加表格 选择要添加表格的幻灯片，在"插入"选项卡"表格"组中单击"表格"→"插入表格"，或者使用带有表格的幻灯片版式，表格的编辑和属性设置过程与 Word 2016 相同。

5. 添加多媒体 在 PowerPoint 演示文稿中可以插入音频、视频、屏幕录制等多媒体对象，使得制作的演示文稿达到声情并茂的效果。

（1）插入音频 选择要添加音频的幻灯片，在"插入"选项卡"媒体"组中单击"音频"。在打开的"音频"下拉列表中选择"PC 上的音频"可以直接插入已有音频；或选择"录制音频"，打开"录音"对话框录音并将其添加到当前幻灯片中。PowerPoint 2016 支持的音频格式主要包括 WAV、MP3、MP4、MIDI、AU、AAC、AIFF 等。

另外，PowerPoint 2016 提供了"剪裁音频"功能，可以将音频的开头和结尾剪掉。选择音频，在"音频工具"→"播放"动态选项卡（图 5-19）中，单击"编辑"组中的"剪裁音频"，在"剪裁音频"对话框（图 5-20）中，播放音频以查找新的起点和终点位置。最左侧的绿色图标标记音频新的起始位置，最右侧的红色图标标记音频新的结束位置。

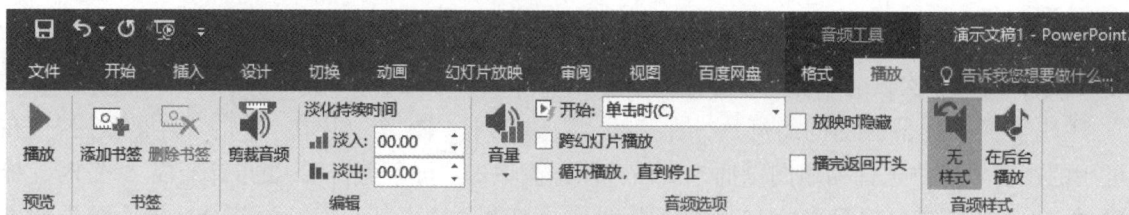

图 5-19 "音频工具"下的"播放"选项卡

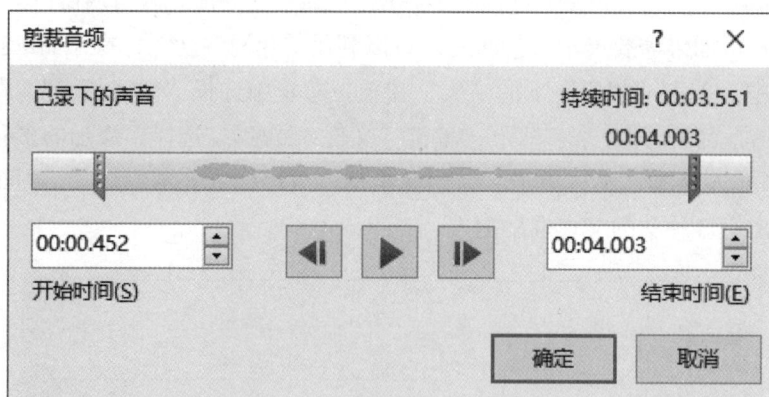

图 5-20 "剪裁音频"对话框

在播放音频前，可以通过选择音频，在"音频工具"→"播放"动态选项卡的"音频选项"组"开始"下拉列表中，根据需要选择自动播放、单击播放或跨幻灯片播放，或选择"循环播放，直到停止"复选框、"播完返回开头"复选框和"放映时隐藏"复选框。

若要删除已插入的音频，只需选择要删除音频的幻灯片，在"普通视图"中，单击声音图标，然后按 Delete 键。

（2）插入视频 PowerPoint 2016 可以将来自文件的视频直接嵌入幻灯片中，也可将视频文件链接至幻灯片。支持的视频文件格式有 ASF、AVI、MOV、MP4、MPEG、WMV 和来自剪贴画库的 GIF 动画文件等。

插入视频的方法和插入音频方法类似，在"插入"选项卡"媒体"组中，单击"视频"下的箭头，选择"PC上的视频"，在弹出的"插入视频文件"对话框中，找到并单击要嵌入的视频，然后单击"插入"。

插入视频后，在"视频工具"→"格式"或"播放"动态选项卡中，对插入的视频进行相应设置，如剪辑视频、播放形式、音量控制等。

5.2 演示文稿的设计

【案例 5-2】演示文稿的设计应用

（1）打开案例 5-2 的演示文稿"刮痧.pptx"，制作效果如"刮痧_样稿.pptx"所示的演示文稿（图 5-21）。

图 5-21　"刮痧"演示文稿的设计效果

①为演示文稿应用"计算机主题 1"主题。

②删除"计算机主题 1"主题默认标题页中的"Company LOGO"、其他页的页脚，插入"刮痧 Logo"图。

③在幻灯片 4 中，给 SmartArt 图形添加动画效果，使"麻粗纤维""铜钱""汤勺、小碗、酒杯"和"刮痧板"在单击后分别出现。

④为所有的幻灯片添加"淡出"切换效果。

⑤为目录页插入超链接，实现单击某一目录项时跳转到相应的幻灯片。

⑥在"幻灯片母版"视图中插入 4 个动作按钮，用来跳转到目录页幻灯片、上一张幻灯片、下一张幻灯片和最后一张幻灯片。

（2）操作步骤

①执行"设计"选项卡→单击"其他"→在打开的下拉列表中选择"浏览主题"→打开"选择主题或主题文档"对话框，选择需要使用的主题文件后单击"应用"按钮即可将选择的主题应用到当前演示文稿中，此处选择"计算机主题 1.thmx"主题文件，如图 5-22 所示。

②执行"视图"→"幻灯片母版"，切换到"幻灯片母版"视图（图 5-23），删除"标题幻灯片 版式"页的"Company LOGO"，删除其他所有页右上角的页脚。执行"插入"选项卡→"图像"组中"图片"命令，插入"刮痧 logo.png"图片文件到"主母版"中并调整其位置，执行"幻灯片母版"→"关闭母版视图"。

③在幻灯片 4 中，单击选中相应 SmartArt 图形，执行"动画"选项卡→选择"动画"组中"进入"类型的"出现"动画；然后单击"效果选项"，在打开的下拉列表中选择"逐个"；单击"高级动画"组中"动画窗格"命令，打开动画窗格（图 5-24）。

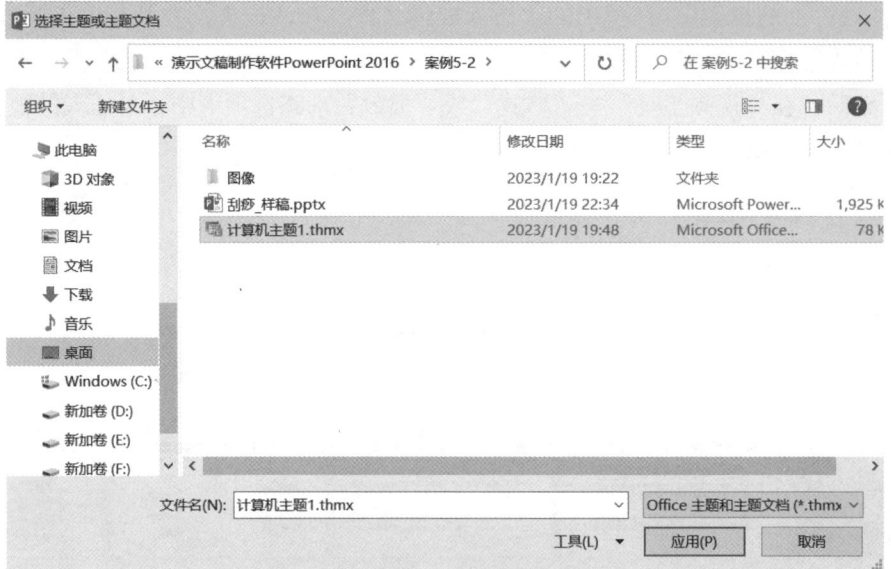

图 5-22　应用"计算机主题 1"主题文件

图 5-23　删除"标题幻灯片 版式"页的"Company LOGO"

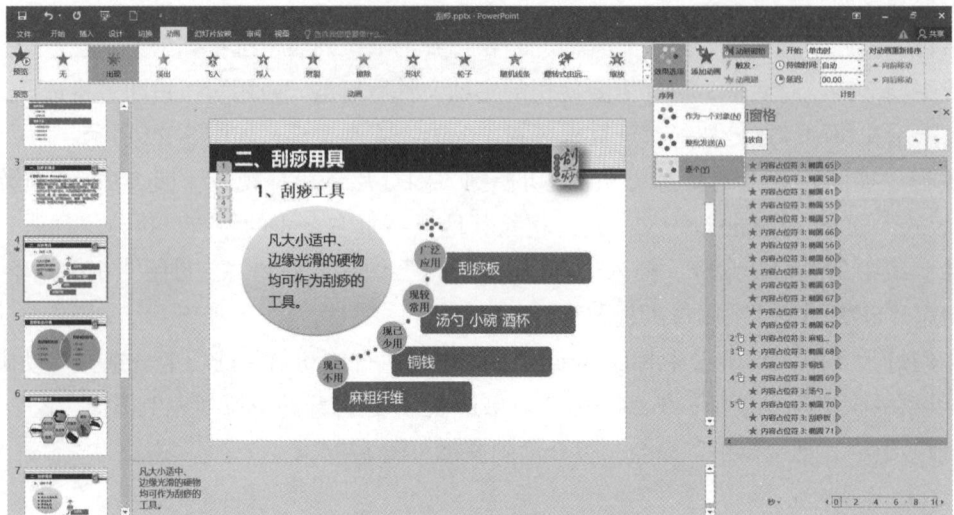

图 5-24　操作界面及动画窗格效果

在动画窗格中选中"内容占位符3：椭圆68"（图5-25），选择"动画"选项卡→"计时"组中"开始"命令，在下拉列表中选择"与上一动画同时"，动画窗格中动画列表前面的鼠标图形消失。在动画窗格中选中"内容占位符3：铜钱"，执行"动画"选项卡→"计时"组中"开始"，在下拉列表中选择"单击时"，动画窗格中动画列表前面增加鼠标图形。重复上述操作，将后面的动画开始条件修改成如图5-26所示效果。

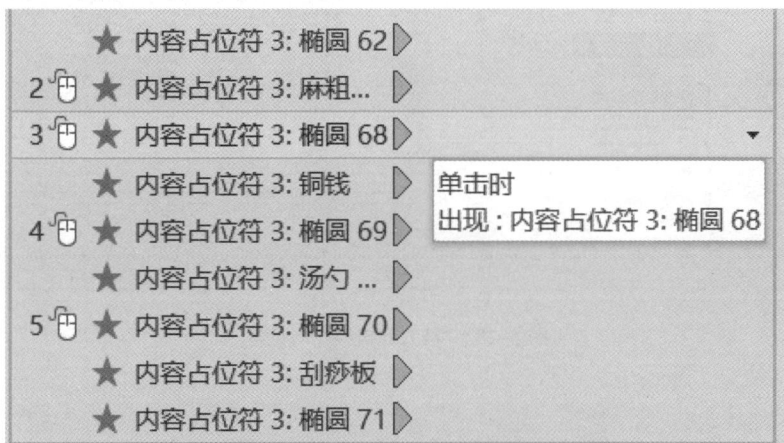

图5-25　动画窗格中选中"内容占位符3：椭圆68"

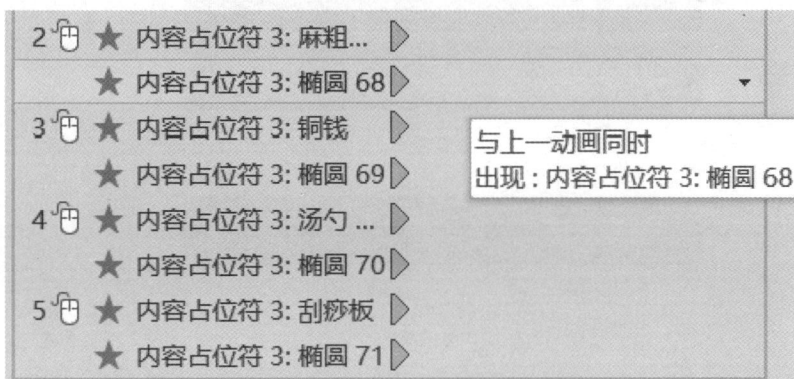

图5-26　调整开始条件后动画窗格效果

④执行"切换"选项卡（图5-27）→"切换到此幻灯片"组中"淡出"命令，然后执行"计时"组中"全部应用"命令。

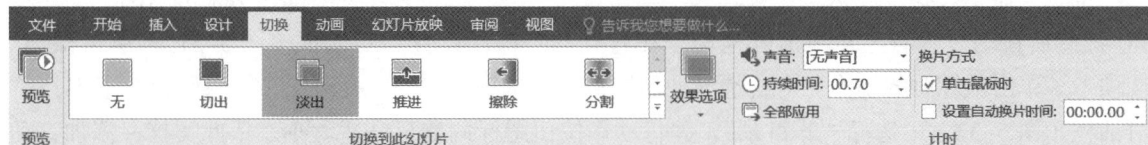

图5-27　幻灯片"切换"选项卡

⑤在目录页幻灯片2中，单击选中要添加超链接的对象或文本，例如"刮痧的概念"，执行"插入"选项卡→"链接"组中"超链接"命令，在打开的"插入超链接"对话框（图5-28）中，在左侧"连接到"下选择"本文档中的位置"，从右侧"请选择文档中的位置"中，选择要链接到的幻灯片标题，例如"3.一、刮痧的概念"，单击"确定"。重复以上操作，插入其他文本对应的幻灯片超链接，效果如图5-29所示。

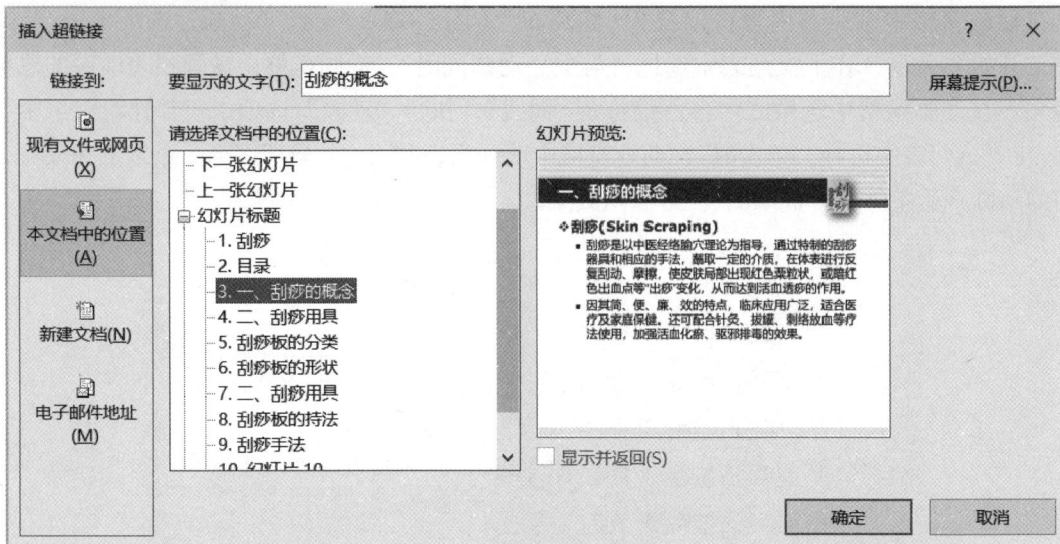

图 5-28　"插入超链接"对话框

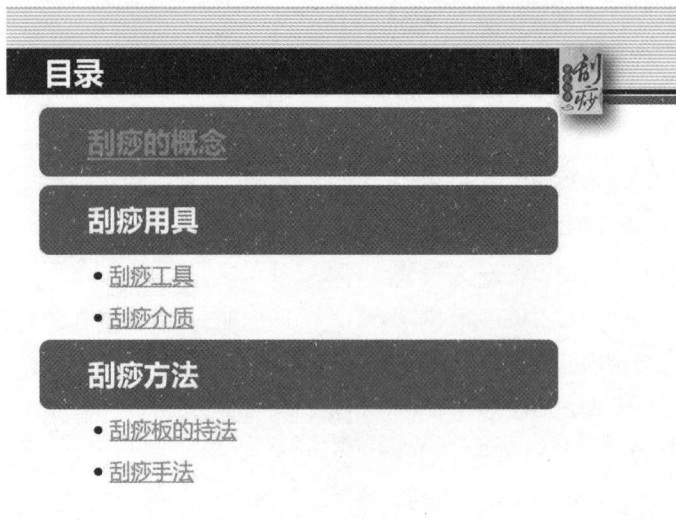

图 5-29　插入超链接的目录页效果

⑥执行"视图"选项卡→"母版视图"组中"幻灯片母版"命令，切换到"幻灯片母版"视图。单击左窗格的幻灯片母版（第 1 张较大的那张幻灯片），执行"插入"选项卡→"插图"组中"形状"命令，在"形状"下拉列表"动作按钮"（图 5-30）分类中选择房子形状的"动作按钮"，然后在幻灯片右上角单击并拖动，在打开的"操作设置"对话框（图 5-31）"单击鼠标"选项卡"单击鼠标时的动作"中，选择"超链接到"选项下"幻灯片…"，在"超链接到幻灯片"对话框（图 5-32）中选择"2.目录"，并将动作按钮图标调整至合适大小。依此类推，添加"动作按钮：后退或前一项"链接到"上一张幻灯片"，"动作按钮：前进或下一项"链接到"下一张幻灯片"，"动作按钮：结束"链接到"最后一张幻灯片"。

图 5-30　"形状"下拉列表中的"动作按钮"组

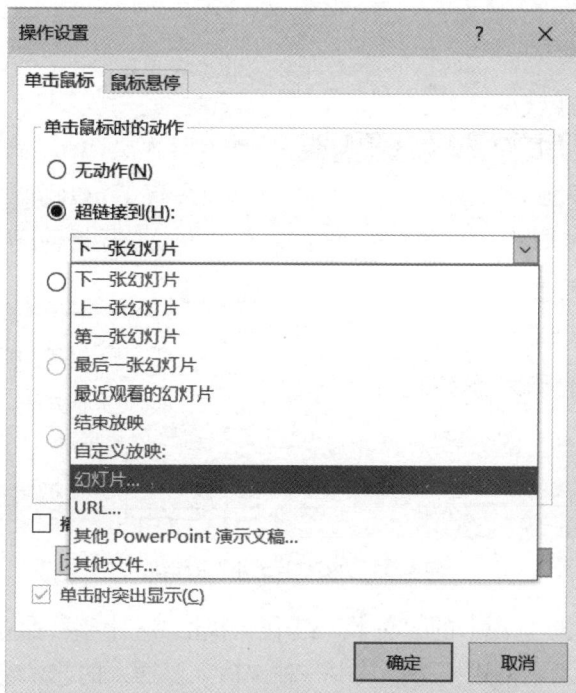

图 5-31 "操作设置"对话框

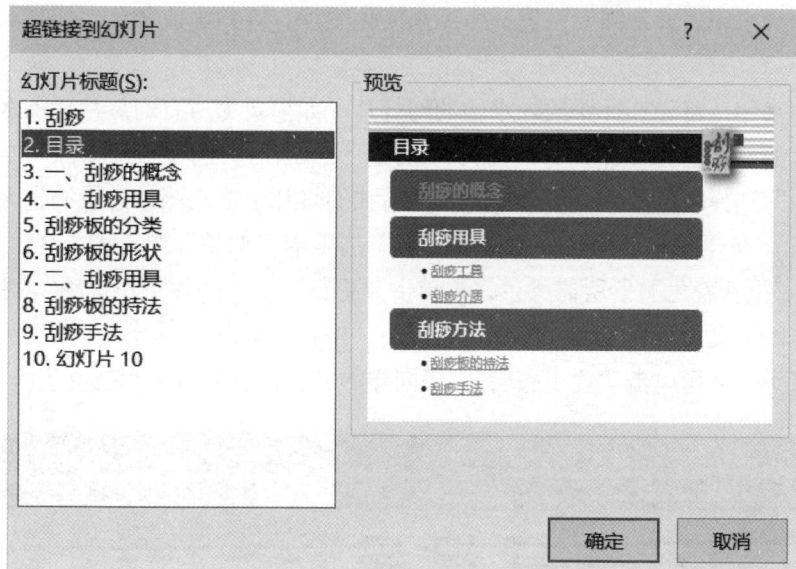

图 5-32 "超链接到幻灯片"对话框

5.2.1 演示文稿的基本设计

1. 幻灯片大小 在"设计"选项卡的"幻灯片大小"组中，在弹出的下拉列表中有两个比例模式：标准（4：3）和宽屏（16：9）。如需设置特殊大小，单击选择"自定义幻灯片大小"，在"幻灯片大小"对话框（图 5-33）可进行自定义设置。单击"幻灯片大小"，在下拉列表中有更多的预设大小选择，如 A3 纸张、A4 纸张等，也可以定义幻灯片宽度和高度。除了设置大小，还可以自定义起始编号和纵横方向。

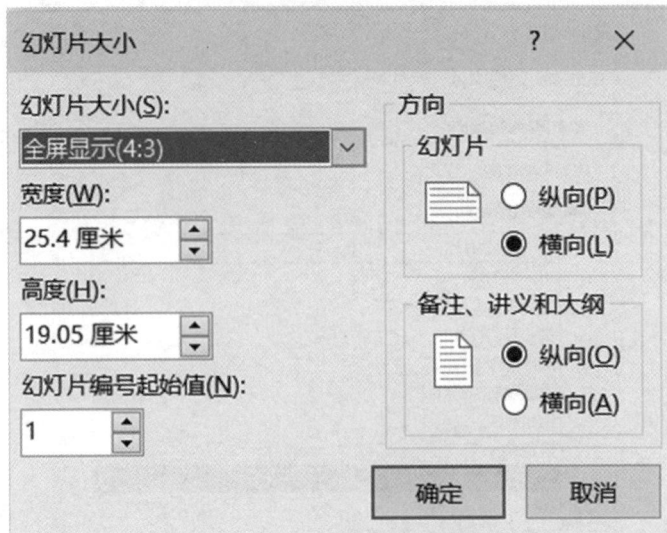

图 5-33 "幻灯片大小"对话框

2. 艺术字 在"插入"选项卡的"文本"组中，单击"艺术字"命令，打开"艺术字库"对话框，其中共有 20 种艺术字格式，选择其中一种，输入要插入的艺术字，并对其进行字体、字号、位置、形状等格式设置。

3. 水印 PowerPoint 中既可以插入图片、剪贴画作为幻灯片的背景，还可以将插入图片、文本框或艺术字作为水印。通常需要设置透明度来淡化图片、剪贴画或颜色，使其不会对幻灯片的内容产生干扰。

用图片作为水印，首先选择要插入水印的幻灯片。如果要为所有幻灯片添加水印，则在"视图"选项卡"母版视图"组中单击"幻灯片母版"。在"插入"选项卡"图像"组中，单击"图片"或"剪贴画"选择水印图片，将其插入，然后在幻灯片上拖动图片边缘调整大小，并拖动图片到合适的位置。在"图片工具"→"格式"动态选项卡"调整"组（图 5-34）中，单击"颜色"，然后单击"重新着色"下所需颜色，再单击"更正"→"图片更正选项"，在"亮度 / 对比度"下选择所需的亮度百分比。在"图片工具"→"格式"动态选项卡"排列"组中，单击"下移一层"旁的箭头，然后单击"置于底层"。用同样的方法，可以将文本框或艺术字设为水印。

图 5-34 "图片工具"下"格式"选项卡

5.2.2 演示文稿的动画效果设计

为了使幻灯片放映时更加引人注意，可以给幻灯片增加动画效果。事实上，对幻灯片内的对象，其切入方式、伴音以及时间控制等综合起来即形成动画效果。PowerPoint 2016 中的动画效果有进入、退出、强调和动作路径四种类型。进入效果是指对象进入视线的方式，如"飞入"效果是从边缘飞入幻灯片。强调效果是指对象停留在视线时的动作方式，如缩小或放大、更改颜色和闪烁等。退出效果是指对象离开视线的方式，如"旋转"是指对象从幻灯片旋出。动作路径效果是使对象沿指定路径进行运动，如可以使对象上下移动、左右移动或者沿着星形或圆形图案移动。

　　动画效果可以单独使用，也可以多个组合使用。例如，可以对一个文本框在进入时应用"飞入"效果，停留过程中应用"加粗闪烁"强调效果，退出时应用"飞出"效果，使它从左侧飞入并加粗闪烁，然后从右侧飞出。

　　1. 自定义动画　在幻灯片普通视图下，选择要添加动画的对象，单击工具栏上"动画"选项卡，在其中选择相关命令，即可实现动画效果的设置。

　　（1）设置动画效果　选中在幻灯片中需要设置动画的某个对象，选择"动画"选项卡，在"动画"组的动画对话框（图5-35）中选择所需的动画效果按钮，将其应用到所选择的对象上，或点击"添加动画"选项进行更多选择。

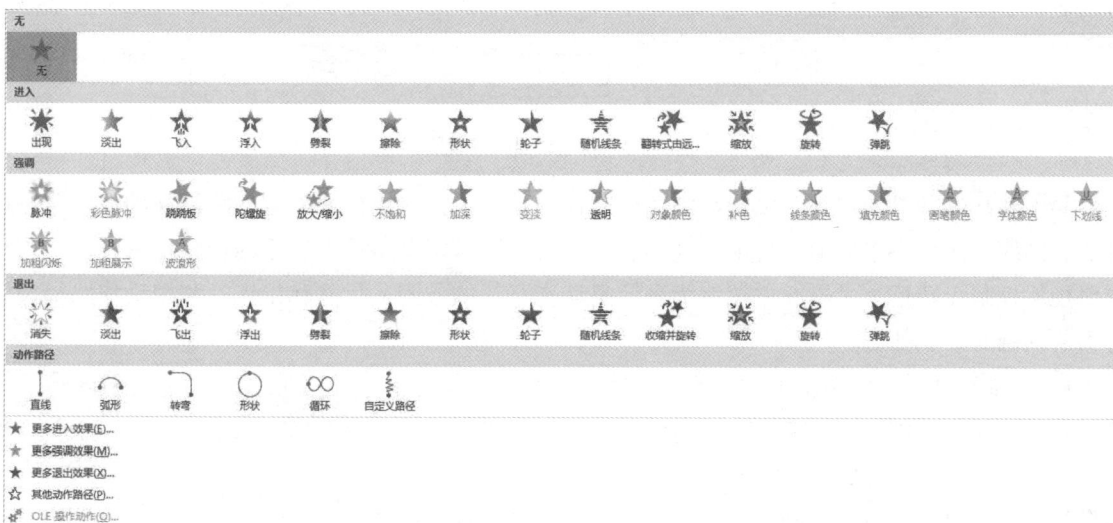

图5-35　"动画"对话框

　　（2）调整动画播放次序　执行"动画"选项卡，在"高级动画"组中选择"动画窗格"→单击"向前移动"或"向后移动"的命令按钮（图5-36）以调整动画顺序。

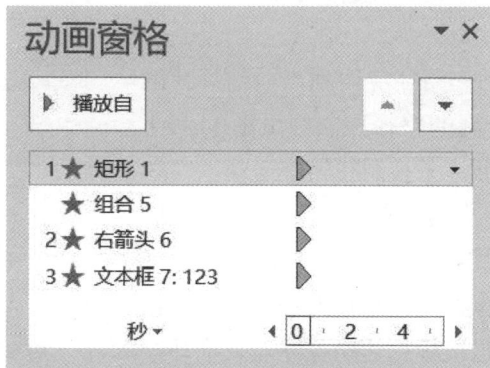

图5-36　调整动画播放顺序

　　（3）设置动画属性　若需进一步自定义动画的相关属性，则在"动画窗格"窗口单击某一动画选项的下拉列表，进入下一级菜单。如选择"效果"选项，则可对单项动画效果进行设置（图5-37）；如选择"计时"选项，可对单项动画播放时间及触发器启动进行设置。

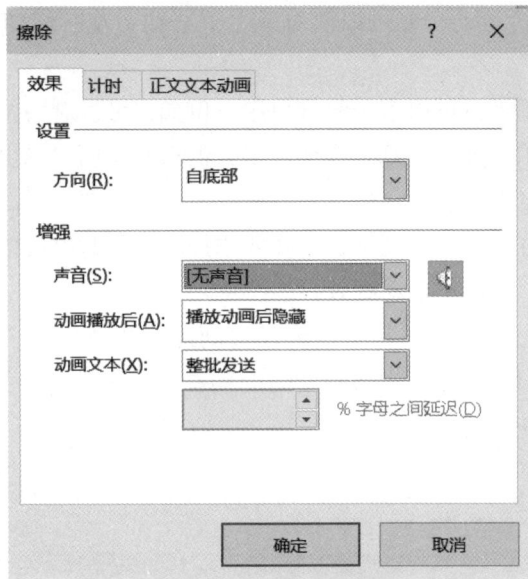

图 5-37 单项动画效果设置

（4）动画运行路径设计　设置动画运行路径，是为了让对象按照指定的路径移动，可以利用直线、曲线、任意多边形形成自由曲线等多种方式绘制自定义路径。应用动作路径后，会出现动作路径的控制线轨迹，可以通过控制线来调整动作路径的方向、尺寸和位置。利用动作路径设置对象的动画的方法如下。

1）添加动作路径：在幻灯片中选中要添加动作路径的对象，选择"动画"选项卡，在"高级动画"组中单击"添加动画"按钮，从众多的动作路径中选择一种路径后，即可给选中对象设置所选动画路径。如在"高级动画"选项组中单击"添加动画"按钮，则打开"添加动作路径"对话框（图 5-38），为所选对象添加动作路径；也可在下拉列表（图 5-35）中选择某种动作路径，或选择最下面的"其他动作路径"项，打开"更改动作路径"对话框，实现同样的动作路径效果。

2）更改动作路径：将动作路径应用到当前幻灯片的对象后，会出现一条虚线绘制的路径控制线（图 5-39），被添加动作路径的对象将按照这条控制线轨迹运动。

①选择"自定义路径"，从起始点按住鼠标左键拖动，松开鼠标即到达路径控制线的一个顶点，继续按住鼠标左键向任意方向拖动，松开鼠标到达路径控制线下一个顶点，如此反复操作，直至双击鼠标到达路径终点。拖动控制线的中间部位，可以整体移动位置。

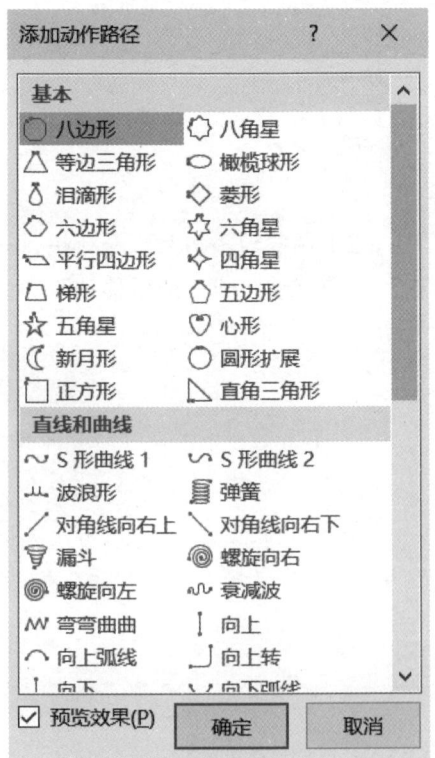

图 5-38　"添加动作路径"对话框

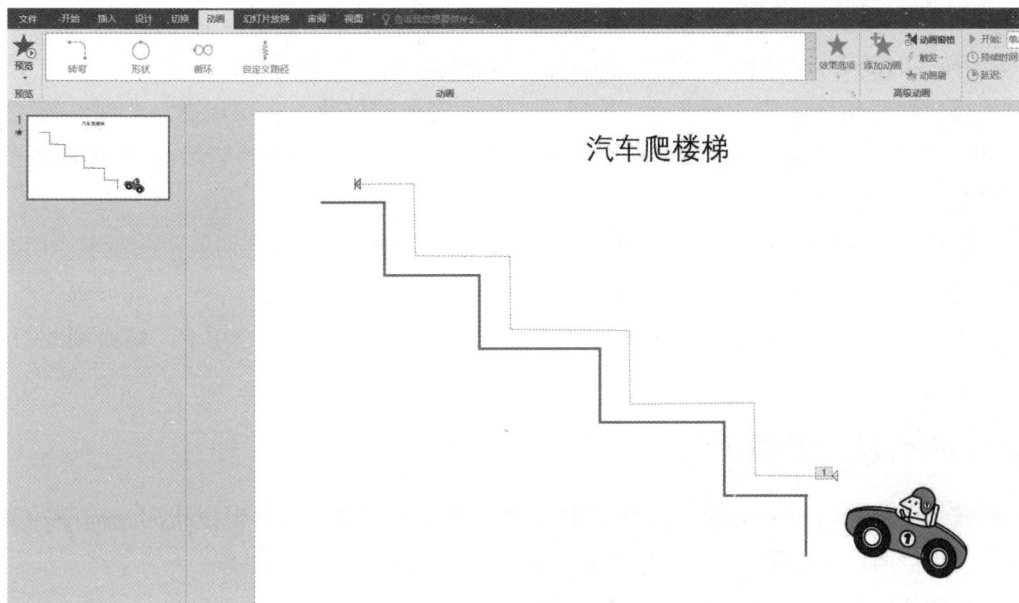

图 5-39　动作路径效果

②动作路径可以通过调整编辑顶点来改变它的移动路线。操作如下：选中需要编辑顶点的动作路径控制线，单击右键，在弹出的快捷菜单（图 5-40）中选择"编辑顶点"，此时在路径控制线上出现全部可编辑的顶点。将鼠标指向某个顶点，按住鼠标左键，将其拖动到合适的位置后释放鼠标。如果要添加顶点，在路径控制线处于编辑顶点状态下，将鼠标指向控制线，单击右键，在弹出的快捷菜单（图 5-41）中选择"添加顶点"。编辑完成后，在控制线之外的任意位置单击鼠标，即可退出路径编辑状态。

③如果要让路径动画按与原来相反的方向运动，则在路径控制线上单击右键，从弹出的快捷菜单中选择"反转路径方向"。

2. 切换效果设计　幻灯片切换效果是指演示文稿在放映时，从一张幻灯片切换到另一张幻灯片时出现的播放效果。不仅可以控制切换效果的速度、添加声音，还可以对切换效果的属性进行自定义。

（1）添加切换效果　选择要添加切换效果的幻灯片，在"切换"选项卡"切换到此幻灯片"组中，单击下三角下拉列表框，从中选择所需的幻灯片切换效果。如果要将幻灯片切换效果应用于所有幻灯片，可以在"切换"选项卡的"计时"组中，单击"全部应用"。

PowerPoint 2016 提供了细微型、华丽型和动态内容三大类共 40 多种切换效果，一张幻灯片只能应用一种切换效果。

（2）设置切换效果的属性　有些切换效果具有可自定义的属性。在普通视图"幻灯片"浏览窗格上，选择要修改切换效果的幻灯片，在"切换"选项卡上的"切换到此幻灯片"组中，单击"效果选项"选择所需的效果。

（3）设置切换效果的计时　如果要设置上一张幻灯片与当前幻灯片之间切换效果的持续时间，在"切换"选项卡"计时"组中"持续时间"框中，键入或选择所需持续时间，它将决定切

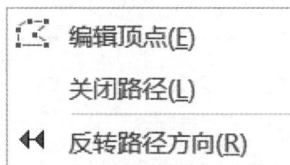

图 5-40　动作路径控制线快捷菜单

图 5-41　添加顶点快捷菜单

换速度。如果要通过指定时间切换到下一张幻灯片，在"切换"选项卡的"计时"组中，复选"设置自动换片时间"，在其后数字增减框中设置所需的时间，以秒为单位。

（4）为幻灯片切换效果添加声音 选择要添加声音的幻灯片，在"切换"选项卡的"计时"组中，单击"声音"旁的箭头，选择列表中的声音，或者选择"其他声音"，找到要添加的声音文件，然后单击"确定"。

（5）更改幻灯片的切换效果 选择要更改切换效果的幻灯片，在"切换"选项卡"切换到此幻灯片"组中，选择另一个幻灯片切换效果。

（6）删除切换效果 选择要删除切换效果的幻灯片，在"切换"选项卡"切换到此幻灯片"组中，单击"无"。

5.2.3 超链接与动作按钮

1. 超链接 在 PowerPoint 中可以从文本或对象创建超链接，链接可以指向当前演示文稿中的幻灯片、其他演示文稿中的幻灯片、网页、电子邮件地址或视频文件等。

（1）创建超链接 在"普通视图"中，选择要设置超链接的文本或对象。在"插入"选项卡"链接"组中，单击"超链接"，或者右键单击该对象，在弹出的快捷菜单中选择"超链接"选项，打开"插入超链接"对话框（图 5-42），根据需要创建指向不同对象的超链接。

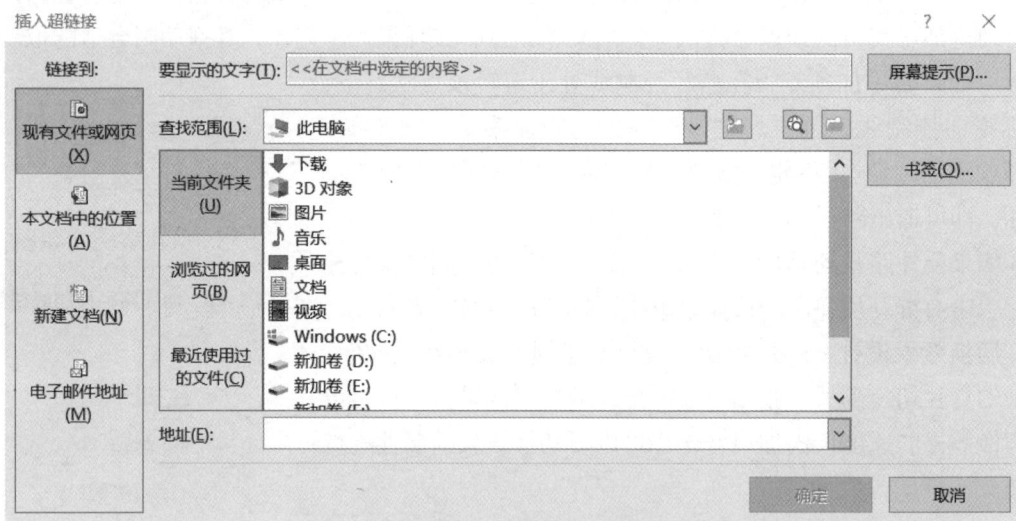

图 5-42 "插入超链接"对话框

"链接到"列表框中各选项的意义如下。

①本文档中的位置：链接目标为同一演示文稿中的幻灯片。在"插入超链接"对话框"链接到"下，单击"本文档中的位置"，在"请选择文档中的位置"下，单击要设置为超链接目标的幻灯片。

②现有文件或网页：链接到其他文件或网页。在"链接到"下，单击"现有文件或网页"，打开"插入超链接"对话框，可以从"当前文件夹""浏览过的网页""最近使用过的文件"中选择目标文档。也可找到目标演示文稿，单击"书签"按钮，打开"在文档中选择位置"对话框（图 5-43），根据标题选择要链接到的某一张幻灯片。需要注意的是，如果复制该演示文稿到其他计算机时，应确保将链接的目标文档一同复制。如果未同步复制链接的文档，或者重命名、移动、删除它，则超链接将不可用。

亦可在"地址"栏直接输入（或选择）网址或文件地址，然后单击"确定"，则可直接创建链接到网页或文件。

③电子邮件地址：链接目标为电子邮件地址。在"电子邮件地址"框中，键入要链接到的电子邮件地址，或在"最近用过的电子邮件地址"框中，单击电子邮件地址。在"主题"框中，键入电子邮件的主题。

④新建文档：链接目标为新建文档。在"新建文档名称"框中，键入要创建并链接到的文件名称，在"完整路径"下单击"更改"，选择存储文件的位置，在"何时编辑"下，单击相应选项以确定是现在编辑新文件还是以后再编辑新文件。

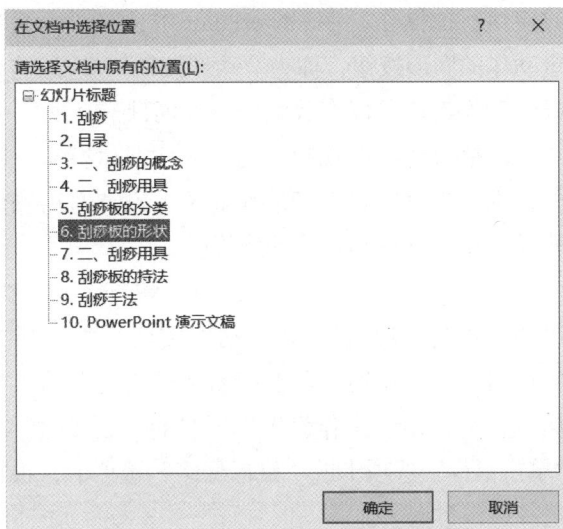

图5-43　"在文档中选择位置"对话框

（2）创建指向视频文件的链接　从演示文稿链接到视频文件，可以减小演示文稿的文件大小，便于更改或更新视频文件。

选择要插入视频链接的幻灯片，在"插入"选项卡"媒体"组中，单击"视频"下方的箭头，单击"PC上的视频"，在打开的"插入视频文件"对话框（图5-44）中选择目标文件。单击"插入"右侧下拉箭头，选择"链接到文件"。

图5-44　"插入视频文件"对话框

链接视频无法保证视频文件的兼容性。为了避免链接不可用的情况，最好先将视频复制到演示文稿所在的文件夹中，然后再链接到视频。

（3）删除超链接　选择要删除超链接的文本或对象，在"插入"选项卡"链接"组中单击"超链接"，然后在"编辑超链接"对话框中单击"删除链接"按钮。

2.动作按钮　动作按钮是为所选对象添加操作，以指定单击该对象或者鼠标在该对象上悬停时应执行的操作。在 PowerPoint 中预置了一组带有特定动作的图形按钮，称为"动作按钮"，应用这些设置好的动作按钮可以在放映幻灯片时跳转到另一张幻灯片中，播放音频或视频，运行程序或运行宏。除此之外，用户也可以自定义动作对象，例如对剪贴画、图片或 SmartArt 图形设置动作等。

（1）添加动作按钮　在"插入"选项卡"插图"组中，单击"形状"，在"动作按钮"中选择要添加的按钮形状，在幻灯片上拖动鼠标绘制形状，松开鼠标后自动弹出"操作设置"对话框（图 5-45），单击"单击鼠标"选项卡或"鼠标悬停"选项卡，根据需要选择动作类型。

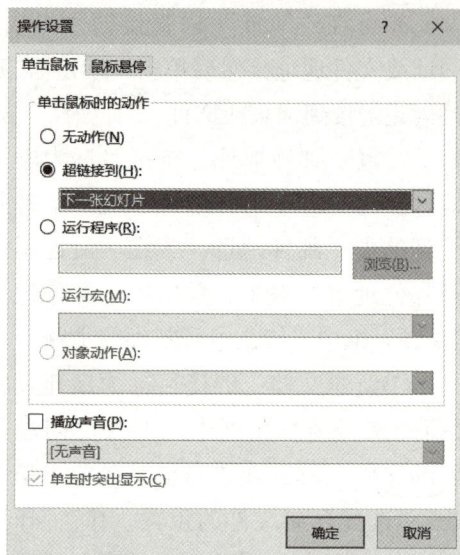

图 5-45　"操作设置"对话框

①无动作：只使用形状，但不指定相应动作。

②超链接到：创建指向下一张幻灯片、上一张幻灯片、最后一张幻灯片或另一个演示文稿的超链接等。

③运行程序：运行某个程序。单击"浏览"，然后找到要运行的程序。

④运行宏：单击"运行宏"，然后选择要运行的宏。只有演示文稿包含宏时，"运行宏"设置才可用。在保存演示文稿时，必须将它另存为"启用宏的 PowerPoint 放映（*.ppsm）"。

⑤播放声音：为动作添加声音。选中"播放声音"复选框，然后选择要播放的声音。

（2）向 OLE 对象分配操作　选择插入到演示文稿中的 OLE 对象的图标或链接，执行"插入"选项卡，在"链接"组中单击"动作"，打开"操作设置"对话框（图 5-45）选择"对象动作"，然后在列表中单击要执行的操作。OLE 是一种可用于在程序之间共享信息的程序集成技术，可通过链接和嵌入对象共享信息，在演示文稿中可通过单击"插入对象"命令插入对象链接和嵌入 OLE 对象。

（3）用图片或剪贴画作为动作按钮　执行"插入"选项卡，在"插图"组中单击"图片"或"剪贴画"，选择要添加的图片或剪贴画，单击"插入"；单击选中添加的图片或剪贴画，执行"插入"选项卡，在"链接"组中单击"动作"命令，打开"操作设置"对话框（图 5-45）进行动作设置。

5.3 演示文稿的放映与打印

在制作完成演示文稿后，可以通过各种方式设置演示文稿的放映方式，也可以将演示文稿打印。

5.3.1 演示文稿放映设置

1. 演示文稿的放映　在"幻灯片放映"选项卡"开始放映幻灯片"组中，可选择"从头开始""从当前幻灯片开始""联机演示"和"自定义幻灯片放映"之一进行放映。

（1）从头开始　从演示文稿的第一张幻灯片开始放映。

（2）从当前幻灯片开始　先选择所要播放的幻灯片为当前幻灯片，然后选择该方式进行播放。

（3）联机演示　可以通过 Microsoft 账户启动联机演示文稿，发布到互联网中，以通过 web

浏览器观看。

（4）自定义幻灯片放映　通过这种方式，建立自定义的幻灯片放映列表，在"定义自定义放映"对话框（图5-46）中可以指定从哪一张幻灯片开始播放，或者从演示文稿中选取需要的进行播放。

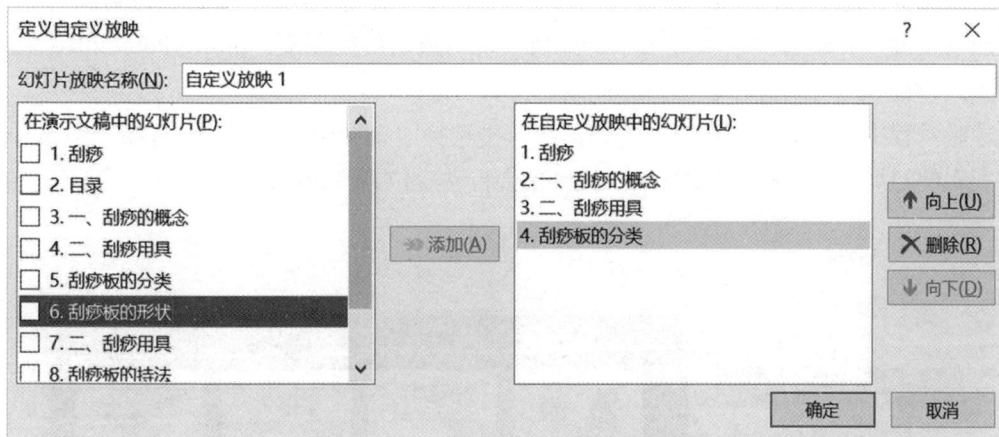

图5-46　"定义自定义放映"对话框

2. 设置放映方式　演示文稿制作完成后，有的由演讲者播放，有的让观众自行播放，这需要通过设置幻灯片放映方式进行控制。在"幻灯片放映"选项卡"设置"组中，单击"设置幻灯片放映"按钮，再打开"设置放映方式"对话框（图5-47）进行放映方式的设置。幻灯片的放映类型有以下三种：演讲者放映（全屏幕）、观众自行浏览（窗口）、在展台浏览（全屏幕）。

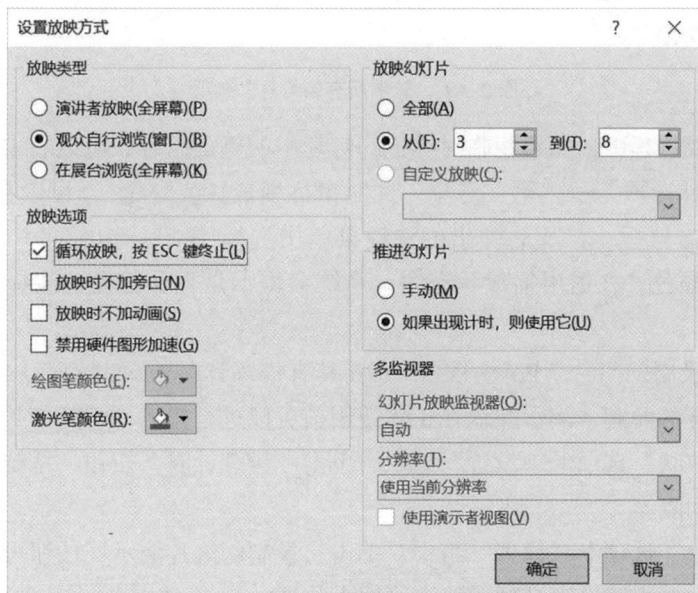

图5-47　"设置放映方式"对话框

操作方法：选择一种"放映类型"（如"观众自行浏览"），确定"放映幻灯片"范围（如第3～8张），设置好"放映选项"（如"循环放映，按ESC键终止"），再根据需要设置好其他选项，确定即可。

3. 设置隐藏幻灯片　PowerPoint 2016中可以使用隐藏幻灯片命令，让演示文稿中的某些幻灯片在放映时不显示。操作方法：选择要隐藏的幻灯片，执行菜单"幻灯片放映"选项卡→"隐藏幻灯片"命令。取消隐藏的方法是重复以上步骤。

4. 自动播放演示文稿 演示文稿的"自动播放"功能可以为用户实现各张幻灯片的自动链接播放。操作方法：执行"文件"选项卡→"另存为"命令，打开"另存为"对话框，将"保存类型"设置为"PowerPoint 放映（*.ppsx）"，然后按下"保存"按钮。只要直接双击上述文件，即可快速进入放映状态。注意，此文件只能将幻灯片从头到尾直接播放，不能再进行编辑。

5. 放映控制 在幻灯片放映过程中，如何实现对放映的控制呢？PowerPoint 2016 主要提供了三种形式：查看所有幻灯片、控制屏幕显示、利用指针。

在放映过程中右击鼠标，在出现的快捷菜单中选择"查看所有幻灯片"选项（图 5–48），选择需要查看的幻灯片（如第 7 张幻灯片），屏幕会自动定位到指定的幻灯片上。

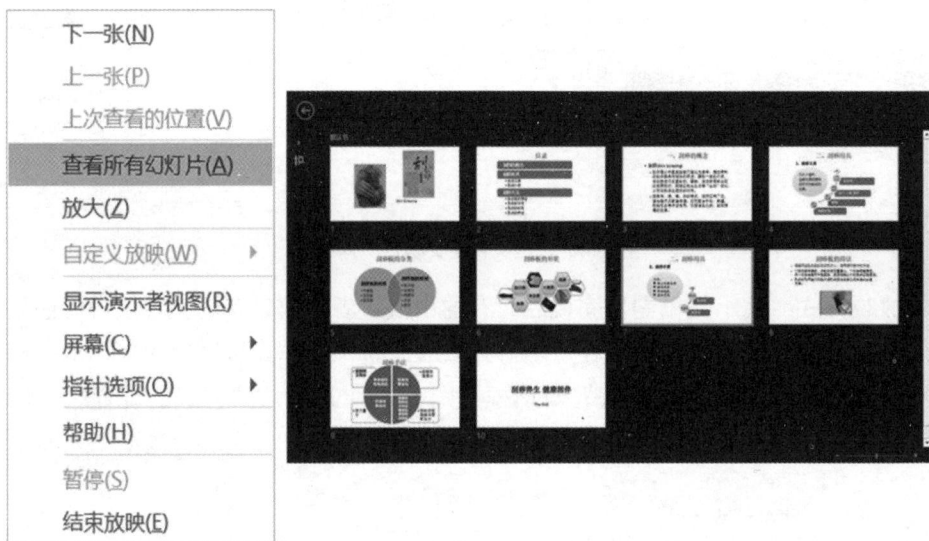

图 5–48 "查看所有幻灯片"选项

在演示文稿放映过程中，如果想临时标记幻灯片中的重点内容，可以右击鼠标，在出现的快捷菜单中选择"指针选项"→"笔"选项，此时鼠标变成一支"笔"，可以在屏幕上随意绘画。需要注意的是，右击鼠标，在随后弹出的快捷菜单中选择"指针选项"→"墨迹颜色"选项，即可修改"笔"的颜色。在退出播放状态时，系统会提示是否保留墨迹注释，可根据需要做出选择。

6. 排练计时与录制幻灯片 PowerPoint 2016 具有排练计时与录制幻灯片功能，这为演讲者准备演讲提供了很好的便利。演示文稿在正式使用前可以进行排练，将幻灯片播放的节奏预先设计好，在"幻灯片放映"选项卡"设置"组中，单击"排练计时"按钮，系统会自动记录下幻灯片之间切换的时间间隔。

在"幻灯片放映"选项卡"设置"组中，单击"录制幻灯片演示"按钮可录制演示过程及解说旁白，以备将演示文稿转换为视频或传递给他人共享。

5.3.2 演示文稿的打印

在 PowerPoint 2016 中，可以将制作好的演示文稿通过打印机打印出来。打印时，根据不同目的将演示文稿打印为不同形式。对演示文稿进行打印有很多种方法，如以"整页幻灯片"形式打印、以"备注页"形式打印、以"大纲"形式打印和以"讲义"形式打印。

在"文件"选项卡上单击"打印"命令，在右窗格（图 5–49）中进行所需的设置，其中包括设置打印份数，在"打印机属性"对话框中进行打印属性设置，在"编辑页眉和页脚"对话框中设置幻灯片、备注及讲义的页眉和页脚，设置演示文稿打印范围、打印版式、打印输出幻灯片的颜色和灰度等。设置完毕，单击"打印"按钮即可完成对演示文稿的打印。在选择打印版式时，一般选择"讲义"方式，这样可以在一页中打印多张幻灯片。

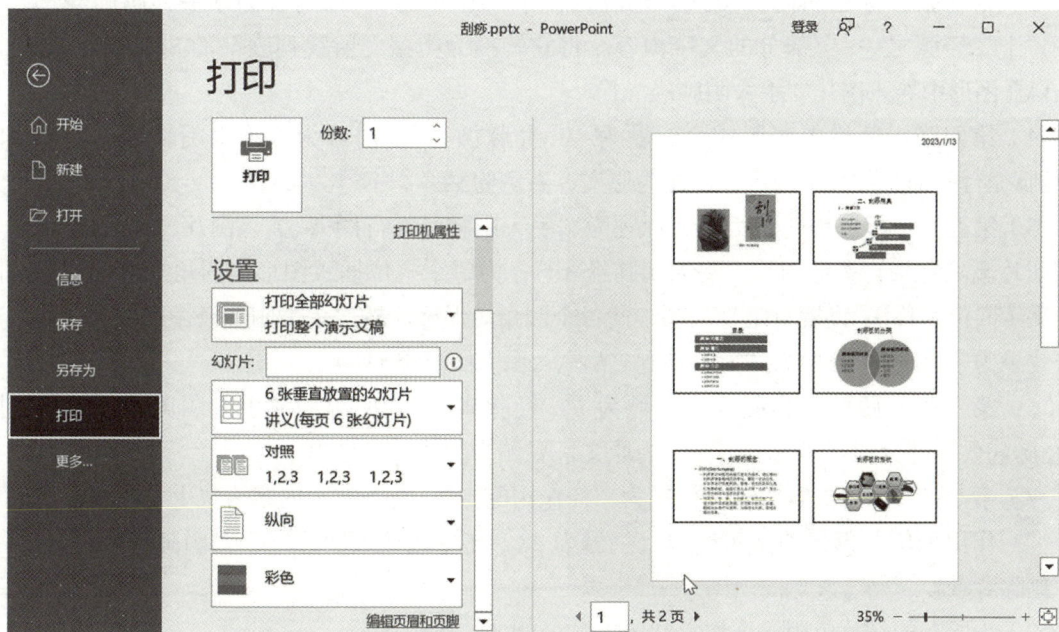

图 5-49　"演示文稿"打印对话框

5.3.3 演示文稿的导出

在"文件"选项卡上单击"导出"按钮，即可将文稿导出为所需类型。

1. 导出为自动放映文件　在"导出"区域中选择"更改文件类型"选项，在打开的"更改文件类型"窗口中双击"PowerPoint 放映（*.ppsx）"选项，创建"*.ppsx"的 PowerPoint 放映文件。

2. 导出为 PDF 或 XPS 文件　在"导出"区域中选择"创建 PDF/XPS 文档"选项，在打开的"创建 PDF/XPS 文档"窗口中单击"创建 PDF/XPS"按钮，在打开的"发布为 PDF 或 XPS"对话框中设置相关参数，单击"发布"按钮，即在指定位置处保存了一个"*.pdf"或"*.xps"的文件。

3. 导出为 CD 文件　在"导出"区域中选择"将演示文稿打包成 CD"选项，在打开的窗口中单击"打包成 CD"按钮，在"打包成 CD"对话框中进行各项打包参数设置。还可以通过"文件"选项卡中单击"共享"按钮后的与人共享、电子邮件、联机演示、发布幻灯片等方式将演示文稿共享给其他人。

实验

1. 新建 PowerPoint 文件"手太阴肺经 .pptx"，利用第 5 章实验 1 素材文件夹中的"手太阴肺经 .txt"文字资料及图片素材，参照样稿文件"手太阴肺经_样稿 .pptx"文件，按以下要求编辑一个介绍手太阴肺经的演示文稿。

（1）第一张：标题幻灯片版式。主标题为"手太阴肺经"，字体为华文新魏，字号为66。插入音频，文件名为"高山流水 .mp3"，在"音频工具"→"播放"选项卡下选择"跨幻灯片播放"，复选"循环放映，直到停止"，复选"放映时隐藏"。

（2）第二张：标题和内容版式。标题为"目录"；内容为"手太阴肺经 .txt"文件中"目录："部分的文字内容。为每个标题插入超链接，使其链接到相对应的幻灯片。

（3）第三张：标题和内容版式。标题为"十二经脉之一"；内容为"手太阴肺经 .txt"文件中"十二经脉之一："部分的文字内容。将它转换为类型"射线列表"的 SmartArt 图形，在 SmartArt 图形中导入图片"手太阴肺经 .tif"。

（4）第四张：两栏内容版式。标题为"1. 经脉循行"；内容为"手太阴肺经 .txt"文件中"1. 经脉循行"部分的文字内容，左侧为原文，右侧为翻译。字号为 20。

（5）第五张：标题和内容版式。标题为"手太阴肺经循行图"；插入图片"循行图 .tif"，并将该图片删除背景。参考图片"手太阴肺经 .tif"，为每个穴位插入图形"圆角矩形标注"，并添加文字（穴位名称）。设置自定义动画，使各个圆角矩形标注按照手太阴肺经循行顺序先后出现，动作效果为"出现"，开始为"上一动画之后"，延迟为"0.5 秒"。

（6）第六张：两栏内容版式。标题为"2. 经脉病候"；内容为"手太阴肺经 .txt"文件中"2. 经脉病候"部分的文字内容，左侧为原文，右侧为翻译。字号为 20。

（7）第七张：两栏内容版式。标题为"3. 作用配伍"；右侧文字内容为"手太阴肺经 .txt"文件中"3. 作用配伍"部分的文字内容，字号为 28。在左侧插入图片"手太阴肺经 .tif"，并将该图片删除背景。

（8）为所有幻灯片应用一个你喜欢的主题，例如"画廊"。

（9）除标题幻灯片外，在其他幻灯片中插入幻灯片编号。

（10）除标题幻灯片外，利用幻灯片母版，在其他幻灯片中设置其标题样式为：华文新魏、字号 44，内容文字字体为华文新魏。

（11）设置目录幻灯片的标题部分为向上"浮入"动画效果，内容部分为向右"擦除"动画效果。

（12）除标题幻灯片外，使用幻灯片母版为每张幻灯片添加"后退或前一项""前进或下一项"和"第一张"动作按钮，并将其链接到"上一张幻灯片""下一张幻灯片"和目录幻灯片。

（13）将制作好的演示文稿以文件名"实验一"、文件类型"演示文稿（*.pptx）"保存。

2. 新建 PowerPoint 文件"慢性乙型肝炎 .pptx"，利用第 5 章实验 2 素材文件夹中的"乙肝简介 .txt"中的文字及图片资料，参照样稿文件"慢性乙型肝炎 _ 样稿 .pptx"文件，按以下要求编辑介绍"乙型肝炎"的演示文稿。

（1）第一张：标题幻灯片版式。主标题为艺术字"慢性乙型肝炎"，字体为华文彩云，字体样式为加粗、倾斜，字号大小为 54。副标题为学号、姓名。

（2）第二张：标题和内容版式。标题为"慢性乙型肝炎简介"；内容为"乙肝简介 .txt"文件中"乙肝简介："部分的文字内容。

（3）第三张：空白版式。插入 SmartArt 图形：选择图形选项中的"垂直图片重点列表"图形，设为 3 个项目，3 个项目的图片和文本内容分别为乙肝病毒、乙肝症状、乙肝的治疗，分别添加超链接，使每一个项目连接到各自的详细介绍幻灯片。添加动作按钮"结束"，鼠标单击时，超链接到最后一张幻灯片。

（4）第四张：竖排标题与文本版式。标题为"乙肝病毒"，内容为"乙肝简介 .txt"文件中"乙肝病毒："部分的文字内容。添加"后退或前一页"动作按钮，并建立超级链接到第三张幻灯片。

（5）第五张：竖排标题与文本版式。标题为"乙肝症状"，内容为"乙肝简介.txt"文件中"乙肝症状："部分的文字内容。添加"后退或前一页"动作按钮，并建立超级链接到第三张幻灯片。

（6）第六张：竖排标题与文本版式。标题为"乙肝的治疗"，内容为"乙肝简介.txt"文件中"乙肝的治疗："部分的文字内容。添加"后退或前一页"动作按钮，并建立超级链接到第三张幻灯片。

（7）第七张：空白版式。文字内容为"谢谢观赏！"，字体设为"隶书，80号字，蓝色"。

（8）为所有幻灯片设置"画廊"的主题。

（9）把第二张幻灯片的标题设置为动画"擦除"，"效果选项"选择"自左侧"。

（10）将第四至第六张幻灯片的切换效果分别设置为"框""库"和"门"。

（11）在第六和第七张幻灯片之间插入一张空白版式的幻灯片。

（12）在第七张幻灯片上，插入"素材"文件夹中的视频文件"案例.mp4"。

（13）将制作好的演示文稿以文件名"实验二"、文件类型"演示文稿（*.pptx）"保存。

习题

一、选择题

1. 在PowerPoint 2016中，单击（　　）选项卡中的"幻灯片母版"按钮，可以进入"幻灯片母版"视图

    A. 格式　　　　　　　　B. 视图　　　　　　　　C. 工具　　　　　　　　D. 文件

2. 在PowerPoint 2016中，通过使用（　　）可以在对象之间复制动画效果

    A. 格式刷

    B. 动画刷

    C. 在"动画"选项卡的"动画"组中进行设置

    D. 在"开始"选项卡的"剪贴板"组的"粘贴选项"中进行设置

3. PowerPoint的超链接命令可以实现（　　）

    A. 中断幻灯片的放映

    B. 实现演示文稿幻灯片的移动

    C. 实现幻灯片之间的跳转

    D. 在演示文稿中插入幻灯片

4. 在（　　）视图下可对幻灯片进行插入、编辑对象的操作

    A. 普通　　　　　　　　B. 阅读　　　　　　　　C. 幻灯片浏览　　　　D. 备注页

5. 如果要终止幻灯片的放映，可直接按（　　）键

    A. Ctrl+Z　　　　　　　B. Esc　　　　　　　　C. End　　　　　　　　D. Alt+F4

6. 如果将演示文稿置于另一台没有安装PowerPoint软件的计算机上放映，那么应该对演示文稿进行（　　）

    A. 复制　　　　　　　　B. 打包　　　　　　　　C. 移动　　　　　　　　D. 打印

7. 在PowerPoint 2016中，幻灯片上可以插入（　　）多媒体信息

    A. 图片、屏幕截图、剪贴画

    B. 动画、声音和视频

    C. 形状、SmartArt 图形

    D. 以上都可以

8. (　　) 视图在演示期间可将全屏幻灯片投射到一个监视器上，同时在另一个监视器上显示包括观众看不到的备注和计时等信息的特殊的幻灯片放映视图

    A. 幻灯片视图　　　　　　B. 演示者视图　　　　　　C. 幻灯片浏览视图　　　D. 备注页视图

二、填空题

1.PowerPoint 2016 演示文稿文件的扩展名是_____。

2. 在 PowerPoint 2016 中，母版视图分为_____、讲义母版和备注母版三类。

3. 在 PowerPoint 2016 中，要让不需要的幻灯片在放映时得以隐藏，可通过单击"幻灯片放映"选项卡中"设置"组的_____按钮来进行设置。

4. 在 PowerPoint 2016 中，可以从文本或对象创建超链接，链接可以指向_____中的幻灯片、其他演示文稿中的幻灯片、网页或电子邮件地址等。

5. 主题是主题颜色、_____和主题效果三者的组合。

6. 在 PowerPoint 2016 中，单击"插入"选项卡中的"文本"组中的"幻灯片编号""页眉和页脚"和_____三个中的任何一个按钮，都可以进入"页眉和页脚"对话框。

三、简答题

1. 如何设置超链接和动作按钮？

2. 在幻灯片设计过程中，幻灯片的主题、版式及母版之间有什么区别？

3. 如何设置幻灯片的动画及切换效果？

4. 如何在所有的幻灯片中快速插入相同的图片或文字？

5. 如何在幻灯片中插入音频和视频？

6 计算机网络基础知识与应用

扫一扫，查阅本章数字资源，含PPT、音视频、图片等

随着社会的进步、经济的发展和计算机的广泛应用，以及 Internet 全球化的普及，计算机网络应用几乎遍及社会的各个领域和人类活动的方方面面。计算机网络技术已被誉为"近代最深刻的技术革命"，人们已用"网络时代"和"网络经济"等术语来描述计算机网络对社会、经济发展的影响。社会对信息、数据的分布式处理和资源共享等应用需求推动着计算机网络的迅速发展。本章重点介绍计算机网络基础与安全、Internet 的主要应用和计算机网络发展应用。

6.1 计算机网络概述

计算机网络是计算机技术与通信技术紧密结合的产物。在以网络为核心的信息时代，计算机网络无处不在，已经成为现代社会不可或缺的基础设施，在人类的政治、经济、军事和文化等领域中起着非常重要的作用，成为社会发展的重要标志之一。

6.1.1 计算机网络的形成与发展

计算机网络最早出现于 20 世纪 50 年代，是通过通信线路将远方终端资料传送给主计算机处理，形成一种简单的联机系统。其发展经历了一个从简单到复杂、由单机到多机、从低级到高级的演变过程。其主要分为面向终端的计算机网络、共享资源的计算机网络、具有标准化网络体系结构的计算机网络和因特网应用与无线网络时代四个阶段。

1. 第一阶段：面向终端的计算机网络 该阶段又称以单个计算机为中心的远程联机系统（图 6-1）。面向终端的计算机网络建于 20 世纪 50 年代初，其特点是由许多分散在不同地理位置上的终端通过通信线路连接到一台中央主计算机上。除主机具有独立的数据处理能力外，系统中所连接的终端设备均无独立处理数据的功能，只能在终端和主机之间进行通信，不同主机之间无法通信。

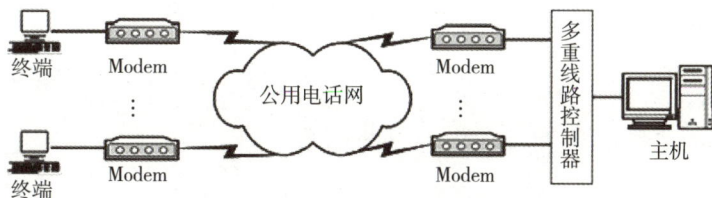

图 6-1 面向终端的计算机网络结构示意图

2. 第二阶段：共享资源的计算机网络 从 20 世纪 60 年代开始，随着计算机应用的发展，出现了多台计算机通过网络互联，共享软件、硬件与数据资源的需求。这一阶段的典型代表是美国

国防部高级研究计划局（Advanced Research Projects Agency，ARPA）开始实施的 ARPAnet，即 ARPA 网。

　　ARPA 网是计算机与计算机互连的网络，在逻辑上可分为通信子网和资源子网（图 6-2）。以负责数据传输的通信子网为中心，主机和终端都处在网络的边缘，称为资源子网，两者合一构成了以资源共享为目的的计算机通信网络。用户通过终端不仅可以共享与其直接相连的主机上的软、硬件资源，还可以通过通信子网共享网络中其他主机上的软、硬件资源。ARPA 网使用的网络概念、结构和网络设计技术为后来所引用，为现代计算机网络打下了坚实的基础。

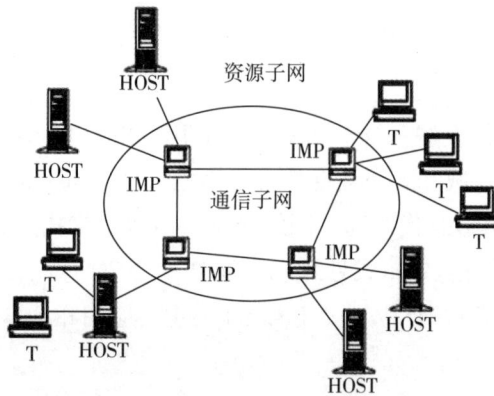

图 6-2　共享资源的计算机网络结构示意图

　　3. 第三阶段：具有标准化网络体系结构的计算机网络　20 世纪 70 年代到 80 年代，随着局域网的迅速发展，许多公司纷纷推出了自己的网络产品，其中最具有代表性的是美国的 Xerox、DEC 和 Intel 公司以 CSMA/CD 介质访问技术为基础的以太网（Ethernet）产品。由于没有统一体系结构和标准，不同厂家的网络产品难以实现互联，使得所建成的大量计算机网络变成了孤岛，不能达到资源共享与信息通信的要求。

　　1977 年，国际标准化组织（International Organization for Standardization，ISO）下属的计算机与信息处理标准化技术委员会成立了专门委员会，研究计算机网络的标准化问题。1983 年，国际标准化组织正式颁布了开放系统互联参考模型（open system interconnection/reference model，OSI/RM）。网络中的计算机之间要进行正常、有序的通信，必须遵守一定的约定，这就是协议（protocol），计算机网络的层次结构及各层协议的集合称为计算机网络体系结构。这是一个实现各种计算机互联网络体系结构标准框架，它的基本宗旨就是开放，遵循该标准的系统必须是相互开放的，能够实现互联，进而确保各厂家生产的计算机和网络产品之间的互联。虽然 OSI 标准在实施时受到诸多因素的制约，最终没有达到预期的效果，但是 OSI 提出的很多概念和技术被人们广泛应用，推动了计算机网络体系结构的标准化，形成了以标准网络体系结构和协议为特征的第三代计算机网络（图 6-3）。

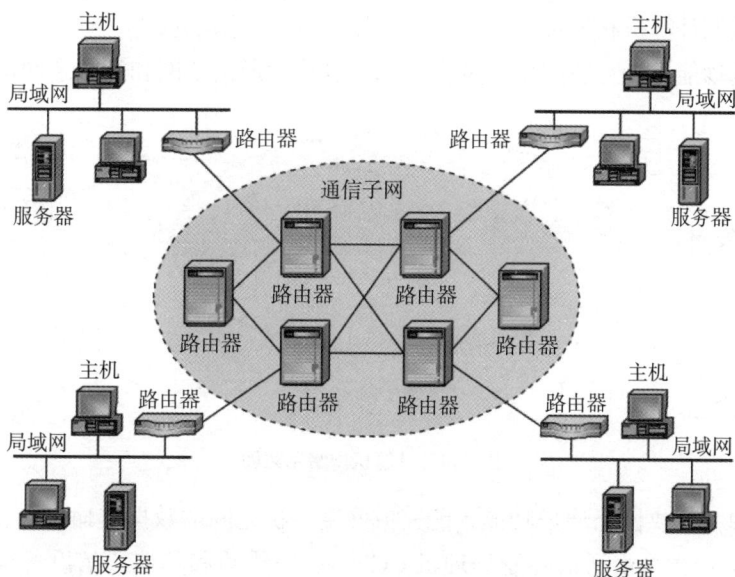

图6-3　计算机互联网络结构示意图

4. 第四阶段：因特网应用与无线网络时代　20世纪90年代，计算机网络的发展进入了互联网络时代。因特网的应用从科研机构到教育、商业领域，逐步发展到人类社会活动的各个方面，极大地改变了人们的生活方式和社会的发展进程。

美国军方ARPA网开发过程中产生了TCP/IP协议族，并于20世纪80年代初期在ARPA网正式使用。1984年ARPA网分成两部分，一部分用于军事，称为MILnet，另一部分用于民用教育和科研的ARPAnet。

1984年，美国国家科学基金会（National Science Foundation，NSF）组建NSFnet，以分布于全美各地的6个超级计算机中心为主构成主干网、区域网和校园网的三级层次结构，连接了美国100多所大学和研究所，形成了大学的主机接入校园网，校园网接入地区网，地区网接入主干网，主干网通过高速通信线路与ARPAnet连接的网络结构。接入校园网的主机通过NSFnet可以访问任何超级计算机中心的资源。NSFnet采用TCP/IP协议，成为因特网的主要组成部分。20世纪90年代，大量公司接入因特网，使网络通信量迅速增加。与此同时，许多欧美发达国家也相继建立本国的主干网，因特网逐渐成为全球性的互联网。

6.1.2 计算机网络的功能与分类

计算机网络是指把若干台地理位置不同且具有独立功能的计算机，通过通信设备和线路相互连接起来，以功能完善的网络软件实现各种数据处理设备间的信息交换、资源共享和协同工作的系统。

1. 计算机网络的含义

（1）计算机网络的核心功能是实现资源共享。共享资源包含计算机硬件、软件与数据。网络用户既可以使用本地资源，也可以通过网络访问联网的远程计算机中的资源，并且可以与网络内的其他计算机共同完成网络计算任务。

（2）互联的计算机具有完整的功能。分布在不同地点的计算机既可以联网工作，也可以独立工作。

（3）联网计算机通信必须遵循共同的网络协议。联网计算机之间需要不断交换数据，互相通信，这要求所有联网计算机在通信过程中遵守事先约定的网络协议。

2. 网络的逻辑功能 计算机网络按逻辑功能可以分为通信子网和资源子网两部分（图6-4）。

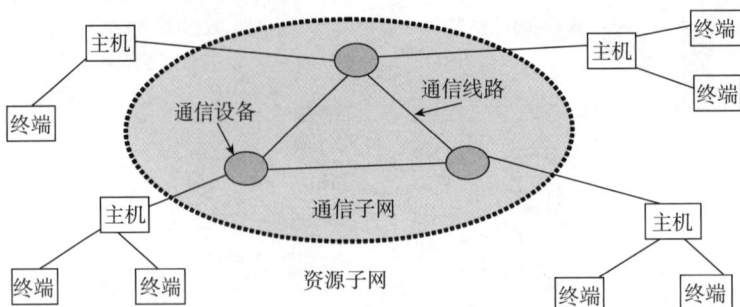

图6-4 计算机网络示意图

（1）通信子网 提供网络通信功能，能完成网络主机之间的数据传输交换、通信控制和信号变换等通信处理工作，是由通信控制处理机 CCP、通信线路和其他通信设备组成的数据通信系统。因特网的通信子网一般由路由器、交换机和通信线路组成。

（2）资源子网 处于通信子网的外围，由主机系统、终端控制器、请求服务的用户终端、通信子网的接口设备、提供共享的软件资源和数据资源（如数据库和应用程序）构成。资源子网负责全网的数据处理业务，向网络用户提供各种网络资源和网络服务。主机系统是资源子网的主要组成部分，它通过高速通信线路与通信子网的通信控制处理机相连接。

3. 计算机网络功能 计算机网络最主要的功能是资源共享和信息交换，除此之外还有负荷均衡、分布处理和提高系统安全可靠性等功能。

（1）信息交换是计算机网络基本功能之一，用以实现计算机之间各种数据信息的快捷传输。利用这一功能，地理位置分散的生产单位或业务部门可通过计算机网络连接起来进行集中控制和管理。

（2）资源共享是计算机网络的重要功能。网络中的各种资源可以相互通用，用户能在自己的位置上部分或全部使用网络中的软件、硬件和数据。

（3）分布式处理是把一项复杂的任务划分成若干个部分，由网络上各个计算机分别承担其中的一部分任务，同时作业，同时完成，这样可缩短计算时间，并提高系统的可靠性，使整个系统的性能大为增强。

（4）负荷均衡是指将网络中的工作负荷均匀地分配给网络中的各计算机系统。当网络上某台主机负载过重时，通过网络和一些应用程序的控制和管理，将任务交给网络上其他计算机去处理，充分发挥网络系统上各主机的作用。

（5）系统可靠性对于军事、金融和工业过程控制等部门的应用特别重要，计算机通过网络中的冗余部件可大大提高可靠性。例如在工作过程中，一台机器出了故障，可以使用网络中的另一台机器；网络中一条通信线路出了故障，可以取道另一条线路，从而提高了网络整体系统的可靠性。

4. 计算机网络的分类 计算机网络可从不同角度进行分类。按照网络覆盖范围分为局域网、城域网和广域网；按照拓扑结构分为总线形结构、星形结构、环形结构、树形结构、网状结构和混合结构；按交换方式分为电路交换网、报文交换网、分组交换网和混合交换网；按传输介质可分为有线网和无线网；按传输技术可分为广播式网和点对点网；按用途可分为教育网、校园网、科研网、商业网和军事网等。其中，按网络覆盖的地理范围分类和拓扑结构分类是最常用的分类方法。

（1）按地理范围分类　由于网络覆盖的地理范围不同，需采用不同的网络通信技术与服务功能。

①局域网：局域网（local area network，LAN）用于较小地理范围内的计算机、终端设备与外部设备，用高速通信线路连接成网，覆盖地理范围一般从几米到几千米，如一个实验室、一幢大楼或一所校园等。局域网技术应用广泛，技术发展迅速，是目前应用最活跃的网络技术领域。

②城域网：城域网（metropolitan area network，MAN）的覆盖范围介于局域网与广域网之间，主要是满足一个城市范围内的局域网或计算机之间的数据、语音、视频等资源的共享，目前宽带城域网是接入互联网的一个重要途径。

③广域网：广域网（wide area network，WAN）所覆盖的地理范围为几十千米到几千千米，可将一个国家、一个地区，或横跨几个洲的计算机设备或网络互相连接起来，实现资源共享。广域网的出现大大增进了信息的共享，互联网就是一个最典型的广域网。

（2）按拓扑结构分类　计算机网络的拓扑结构指网络中计算机系统（包括通信线路和节点）的几何排列形状，它反映了网络各部分的结构关系和整体结构，影响着整个网络的设计、可靠性、功能和通信费用等重要指标，并与传输介质、介质访问控制方法等密切相关。选择网络拓扑时，应考虑以下几个因素：功能强、技术成熟、费用低、灵活性好、可靠性高。

①总线结构：采用一条单根的通信线路（总线）作为公共传输通道，所有的节点都通过相应的接口直接连接到总线上，并通过总线进行数据传输（图6-5）。总线网络通常采用广播通信方式，每个节点都可在总线上收发信息，同时，发出的信息可被网络上多个节点接收，这样就会造成冲突，需要通过介质访问控制方法来分配信道，以保证一段时间内只允许一个信道来传送信息。由于单根电缆仅支持一种信道，因此连接在电缆上的计算机和其他共享设备共享电缆的所有容量。连接在总线上的主机越多，网络发送和接收数据就越慢。

总线结构的优点是结构简单、灵活，易于安装，费用低，扩展性强，共享能力强，便于广播式传输，网络响应速度快，局部站点的故障不影响整体，可靠性较高。其缺点是负荷重时性能下降迅速，如果总线出现故障，则将影响整个网络。总线结构早期主要应用在以同轴电缆的粗、细缆构建的以太网。

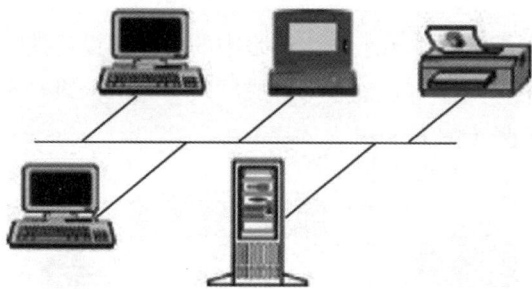

图6-5　总线结构

②星形结构：是以中央结点为中心，外围节点通过点到点链路与中央节点相连，常用的中心交换设备有交换机、集线器等（图6-6）。中央节点对设备间的通信和信息交换进行集中控制与管理，即一个节点如果向另一个节点发送数据，首先将数据发送到中央节点，然后由中央节点将数据转发到目标节点。信息的传输是通过中央节点的存储转发技术实现的，并且只能通过中央节点与其他节点通信。星形网络是局域网中最常用的拓扑结构。

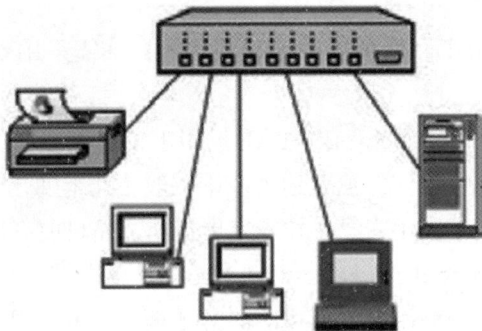

图 6-6　星形拓扑结构

星形结构的优点是结构简单，便于管理和维护，建网容易，易实现结构化布线，结构易扩充，易升级。其缺点是由于集中控制，对中央节点的依赖性较大，中央节点的可靠性决定了整个网络的可靠性，中央节点一旦出现故障，会导致全网瘫痪，并且中央节点负担重，易成为信息传输的瓶颈。

③环形结构：是由各个网络节点通过环接口首尾相连形成一个闭合环形通信线路（图 6-7）。数据在环上单向流动，每个节点按位转发所经过的信息，即数据绕着环向一个方向发送。通常采用令牌协议控制协调各个节点的数据发送。

环形结构的优点是结构简单，节省传输介质，容易管理，可以实现无冲突传输。其缺点是节点过多时影响传输效率，并且网络的可靠性对环路依赖性高。

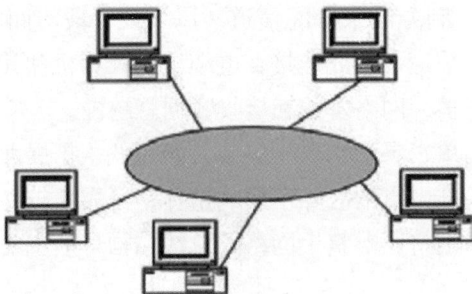

图 6-7　环形结构

④树形结构：是从星型结构派生出来的，网络中的各节点设备按一定的层次连接起来，形成一个倒置的树。树形结构中有多个中心节点，形成层次明显的分级管理结构。一般来说，越靠近树根，节点的处理能力就愈强（图 6-8）。

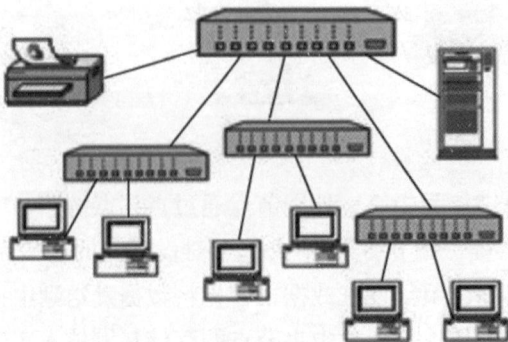

图 6-8　树形结构

树形拓扑结构的优点是连接容易，管理简单，维护方便，故障易隔离，可靠性高。其缺点是对根节点的依赖性大，一旦根节点出现故障，将导致全网瘫痪。

⑤网状结构：网状结构中各节点通过通信线路互相连接起来，形成不规则的形状，并且每个节点至少与其他两个节点相连，或者说每个节点至少有两条链路与其他节点相连（图6-9）。大型互联网一般都采用这种结构，如我国的教育科研网CERNET、Internet的主干网。

网状结构的优点是具有较高的可靠性，缺点是实现起来费用高，结构复杂，管理和维护的技术要求较高。

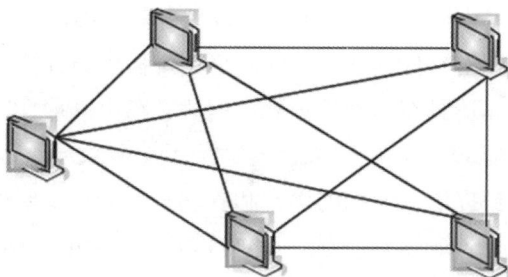

图6-9　网状结构

6.1.3 计算机网络的组成

根据应用范围、目的、规模、结构以及采用的技术不同，组成计算机网络的部件可能不同，但总的来说分为硬件和软件两大部分。网络硬件实现数据处理、数据传输和通信信道的建立；网络软件控制数据通信。软件各种功能依赖硬件去完成，二者缺一不可。计算机网络的基本组成主要有计算机系统、通信线路与通信设备、网络软件。

1.计算机系统　具有独立功能的计算机系统是计算机网络的重要组成部分，计算机网络连接的计算机可以是巨型机、大型机、小型机、工作站或微机，以及笔记本电脑或其他数据终端设备。

计算机系统是网络的基本模块，是被连接的对象。它的主要作用是负责数据信息的收集、处理、存储、传播和提供共享资源，包括硬件资源（如巨型计算机、高性能外围设备、大容量磁盘等）、软件资源（如各种软件系统、应用程序、数据库系统等）和信息资源。

2.通信线路与通信设备　计算机网络的硬件部分除了计算机本身以外，还要有用于连接这些计算机的通信线路和通信设备，即数据通信系统。通信线路分为有线通信线路和无线通信线路。有线通信线路指的是传输介质及其介质连接部件，包括光纤、同轴电缆、双绞线等；无线通信线路是指无线电、微波、红外线和卫星等。通信设备指网络连接设备、网络互联设备，包括网卡、中继器、集线器、交换机、网桥、网关和路由器等。使用通信线路和通信设备将计算机互联起来，在计算机之间建立一条物理通道以传输数据。通信线路和通信设备是连接计算机系统的桥梁，是数据传输的通道，负责控制数据的发出、传送、接收或转发。

（1）网卡（network adapter）　网卡又称为网络适配器或网络接口卡，是计算机与网络传输介质的物理接口，主要作用是接收和发送数据。网卡可以将计算机连接到网络中，实现网络中各计算机相互通信和资源共享的目的。

（2）交换机（switch）　交换机是一种新型的网络互联设备，它将传统的网络"共享"传输介质技术改变为交换式的"独占"传输介质技术，提高了网络的带宽。

（3）路由器（router） 路由器是一种在网络层提供多个独立的子网间连接服务的存储/转发设备，工作在 OSI 参考模型的物理层，路由器转发的策略称为路由选择，可根据传输费用、转接时延、网络拥塞或终点间的距离来选择最佳路径。如果要对遵守不同协议的网络进行互联，就要使用路由器。可见路由器作为不同网络之间互相连接的枢纽，构成了基于 TCP/IP 协议的因特网主体脉络，或者说，路由器构成了因特网的骨架。

（4）网关（gateway） 网关是在互连网络起到高层协议转换的作用。换句话说，如果两个网络不仅网络协议不一样，而且硬件和数据结构也大相径庭，那么就要用网关来转换。

3. 网络软件 网络软件是一种在网络环境下使用和运行或者控制和管理网络工作的计算机软件。网络软件系统包括网络操作系统、网络通信协议软件和网络应用软件等。

（1）网络操作系统 是网络软件的核心，向网络用户提供与计算机网络的交互界面。其除了具有操作系统的基本功能外，还具有与硬件独立、网桥/路由联接、支持多用户、网络管理、安全和存取控制等特征。

网络操作系统为网上用户提供了便利的操作和管理平台。它主要可分为两类：一类是客户机/服务器（client/server）模式网络操作系统，比如 UNIX、Linux、Novell 的 Netware、Microsoft 的 Windows NT（Server 2003）、IBM 的 OS/2；另一类是端对端对等方式的网络操作系统，如 Microsoft 的 Windows 9X 和 Windows For Workgroup。这两类网络操作系统各有特点。

（2）网络通信协议软件 协议是指通信双方必须共同遵守的约定和通信规则，如 TCP/IP 协议、NetBEUI 协议、IPX/SPX 协议。通信的双方必须遵守相同的协议，才能正确地交换信息，就像人们谈话要用同一种语言一样，可见协议在计算机网络通信中至关重要。一般说来，协议的实现是由软件和硬件分别或配合完成的。

（3）网络应用软件 是建构在网络操作系统之上的应用程序，扩展了网络操作系统的功能。不同的网络应用软件可满足用户在不同情况下的需求。例如，网络数据库系统提供大容量数据的检索和管理，网络函件系统让用户在网络内相互发送电子函件等。每一种扩展的网络服务，都需要相应的网络应用程序。

6.2 Internet 基础与应用

6.2.1 Internet 概述

Internet 即因特网，又称为国际互联网，本意指相互连接而形成的网络，现在多指全球范围内的计算机互联网。

互联网是基于一定的通信协议（TCP/IP 协议）建立的国际信息网络，是"万网之网"，即"计算机网络的网络"。接入 Internet 的主机必须用唯一的 IP 地址标识，为了便于记忆，还可以通过域名系统为主机用字符命名，又称为域名。

从本质上讲，Internet 是一个使世界上不同类型的计算机能够交换各类数据的媒介；从广义上讲，Internet 是遍布全球的联络各个计算机平台的总网络，是成千上万信息资源的总称，是一个全球性的巨大资源库。因特网就像在计算机与计算机之间架起的一条条高速公路，各种信息在上面快速地传递，这种高速公路网遍及世界各地，形成了蜘蛛网一样的网状结构，使得人们能够在全球范围内交换各种信息，它的应用和普及极大地改变了人们的工作和生活方式。

1. Internet 的起源与发展

（1）Internet 的产生与发展 Internet 最早起源于美国的 ARPAnet。1969 年，美国国防部成立的高级研究计划管理局 ARPA 计划建立一个名为 ARPAnet 的计算机网络，以实现异地不同计算机之间的军事通信服务。

随着接入计算机数量的逐渐增多和应用的需要，1983 年，ARPAnet 分裂为新的民用网络 ARPAnet 和专为军事服务的 MILnet。ARPAnet 实际上是一个网际（internetwork），被当时的研究人员简称为 Internet，同时，研究人员用 Internet 特指为研究而建立的网络原型，这一称呼被沿袭至今。

1986 年，美国国家科学基金会 NSF 建立了 NSFnet，取代 ARPAnet 成为 Internet 的主干网，并将 Internet 向全世界开放，为 Internet 的推广做出了巨大贡献。

进入 20 世纪 90 年代，人们发现了 Internet 所蕴藏的巨大商业价值。从此，Internet 不仅用于教育和科研，而且开始进入商业领域，为大众提供各种方便、快捷的信息服务。Internet 的商业化带来了其发展史上一个新的飞跃。

当 Internet 成为现代商业运营中的一个极其重要的工具后，也为其自身的发展、壮大注入了更大的活力。其内容包罗万象，无所不有。人们可以方便地使用 Internet 所提供的一系列服务，如收发电子邮件、检索信息资料、下载软件、发布产品信息、网上购物等。正是由于 Internet 所提供的服务丰富多彩，吸引了越来越多的人走进 Internet 世界。

（2）Internet 在中国的发展 1987 年，中国科学院高能物理研究所通过国际网络线路接入 Internet，揭开了国人使用 Internet 的序幕。

Internet 在中国的发展历程大概分为三个阶段：第一阶段为 1987 至 1993 年，我国一些科研部门通过 Internet 建立电子邮件系统，并在小范围内为国内少数重点高校和科研机构提供电子邮件服务。第二阶段为 1994 至 1996 年，1994 年，我国正式向 Internet 注册，作为第 81 个成员正式进入 Internet，建立了代表中国的最高层域名（CN）服务器。自此，我国互联网建设全面展开。第三阶段为 1997 年至今，是快速增长阶段。1997 年年底，我国已建成中国科技网（CSTNET）、中国教育和科研计算机网（CERNET）、中国公用计算机互联网（ChinaNET）和中国金桥信息网（ChinaGBN）四大骨干网联入国际互联网，从而开通了 Internet 的全功能服务。我国四大骨干网的基本情况如下。

①中国科技网：中国科技网（Chinese Science and Technology Network，CSTNET）是在中国国家计算机与网络设施 NCFC（常称为"中关村教育研究示范网络"）和中国科学院网 CASNET 的基础上建设和发展起来的覆盖全国范围的大型计算机网络，是我国最早建设并获国家承认的具有国际信道出口的中国四大互联网络之一。它主要是为中国科学院在全国的研究所和其他相关研究机构提供科学数据库和超级计算资源。它建于 1989 年，并于 1994 年首次实现了我国与国际互联网的直接连接，同时在国内管理和运行中国顶级域名 CN。

②中国教育和科研计算机网：中国教育和科研计算机网（Chinese Education and Research Network，CERNET）是由国家投资建设、教育部负责管理的全国教育与学术性计算机网络。1994 年，在教育部主持下，由清华大学、北京大学、北京邮电大学等十几所大学共同建设了该项目。该项目的目标是建设一个全国性的教育科研基础设施，把全国大部分高校连接起来，实现资源共享。它是全国最大的公益性网络。

目前，CERENT 已经有 28 条国际和地区性信道，总带宽达到 10G。与 CERNET 联网的大学、中小学等教育和科研单位达 2000 多家（其中高等学校 1600 所以上），联网主机约 120 万台，用户超过 2000 万人。

CERNET 还是中国开展下一代互联网研究的试验网络，它以现有的网络设施和技术力量为依托，建立了全国规模的 IPv6 试验网。1998 年，CERNET 正式参加下一代 IP 协议（IPv6）试验网 6BONE，同年 11 月成为其骨干网络成员。CERNET 是全国第一个实现与国际下一代高速网 Internet2 互联的网络。

③中国公用计算机互联网：中国公用计算机互联网（ChinaNET）是中国最大的 Internet 服务提供商（ISP）。它是由原邮电部（现为工业和信息化部）投资建设的公共计算机互联网，现由中国电信经营和管理，于 1995 年正式向公众提供业务。它是中国第一个商业化的计算机互联网，旨在为国内广大用户提供 Internet 服务，推进信息产业的发展。

ChinaNET 由骨干网和接入网组成。骨干网是 ChinaNET 的主要信息通路，连接各直辖市和省会网络接点，骨干网已覆盖全国各省市、自治区，包括 8 个地区网络中心和 31 个省市网络分中心。接入网是由各省内建设的网络节点形成的网络。

④中国金桥信息网：中国金桥信息网（ChinaGBN）简称金桥网，是国家公用经济信息通信网，是国民经济信息化基础设施，由吉通通信有限责任公司负责建设、运营和管理。

金桥工程是"九五"期间国家重点项目。ChinaGBN 以卫星传输为基础，实行"天地一网"，即天上卫星网和地面光纤网互联互通、互为备用，覆盖全国各省市和自治区，实行国际联网，建立了全程全网的技术和运营体制。ChinaGBN 提供数据、语音、图像传输业务和各种增值业务、多媒体通信业务，是国内技术先进、智能化程度较高的计算机通信网络。

2. Internet 的接入方式　提供 Internet 接入、访问和信息业务的公司和商业机构称为互联网服务提供商（internet service provider，ISP）。根据提供服务的不同，可进一步分为互联网接入提供商（internet access provider，IAP）和互联网内容提供商（internet content provider，ICP）。其中，IAP 为用户提供 Internet 的接入服务，ICP 向广大用户综合提供互联网信息业务和增值业务等内容服务。

ISP 是众多企业和个人用户接入 Internet 的桥梁和驿站。用户须通过 ISP 提供的某种服务器才能接入 Internet。根据用户采用的设备、线路或通信网络不同，可分为多种不同的 Internet 接入方式。

（1）拨号接入　拨号接入方式是我国家庭使用最广泛且连接最为简单的一种 Internet 连接方式。用户需要使用调制解调器（Modem）拨号而与 ISP 的主机连接，自动获得 ISP 动态分配的地址，通过电话线接入 Internet。

目前，常见的拨号接入方式主要有 PSTN 拨号接入、数字电话 ISDN 接入和 ADSL 接入。

①PSTN 接入：PSTN（published switched telephone network，公用电话交换网）技术是利用 PSTN 通过调制解调器拨号实现用户接入的方式。PSTN 入网方式如图 6-10 所示。其中，Modem 的 RS-232 接口连接计算机的串口 Com1 或 Com2；RJ-11 接口连接电话线，将用户端计算机接入 PSTN 模拟电话网络，通过 ISP 系统最后接入 Internet 网络。

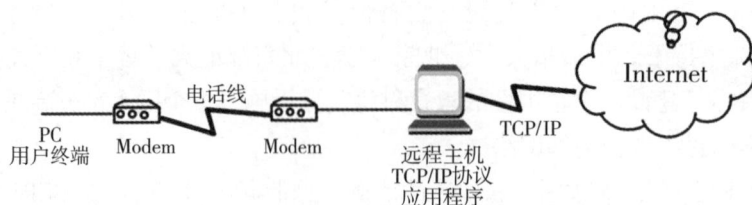

图 6-10　PSTN 接入方式

②数字电话 ISDN 接入：ISDN（integrated service digital network）接入技术即综合业务数字网，

俗称"一线通"。它采用数字传输和数字交换技术，将电话、传真、数据、图像等多种业务综合在一个统一的数字网络中进行传输和处理。

ISDN入网方式如图6-11所示。ISDN为终端适配器，其RS-232接口连接用户端计算机的串口Com1或Com2，S/T接口连接网络终端NT1，NT1为ISDN适配器提供接口和接入方式，其U接口连接ISDN数字电话网络，最后通过ISP接入Internet网络。

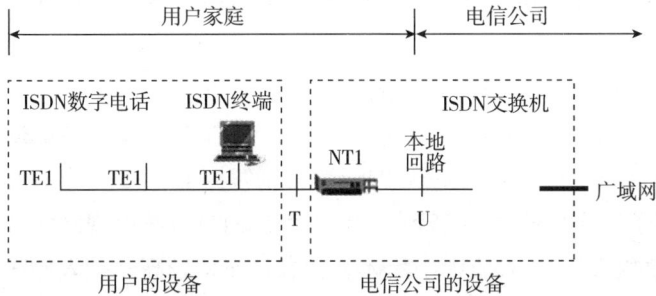

图6-11　数字电话ISDN接入方式

③ADSL接入：ADSL（asymmetrical digital subscriber line），即非对称数字用户环路，是一种能够通过普通电话线提供宽带数据业务的技术。所谓非对称主要体现在上行速率（640kbps～1Mbps）和下行速率（1Mbps～8Mbps）的非对称性上。其有效的传输距离在3～5km。

ADSL接入Internet有虚拟拨号和专线接入两种方式。虚拟拨号方式接入Internet时需要输入用户名与密码，与原有的Modem和ISDN接入相同，但ADSL连接的并不是具体的接入号码如163，而是所谓的虚拟专网VPN的ADSL接入的IP地址。采用专线接入的用户只要开机即可接入Internet。其典型的Internet接入方案如图6-12所示，其中局域网通过交换机连接到路由器，再通过ADSL Modem连接到电话网络，最后通过ISP接入Internet。在ADSL接入方式中，每个用户都有单独的一条线路与ADSL中心端相连，它的结构可以看作是星形结构，数据传输带宽是由每一个用户独享的。

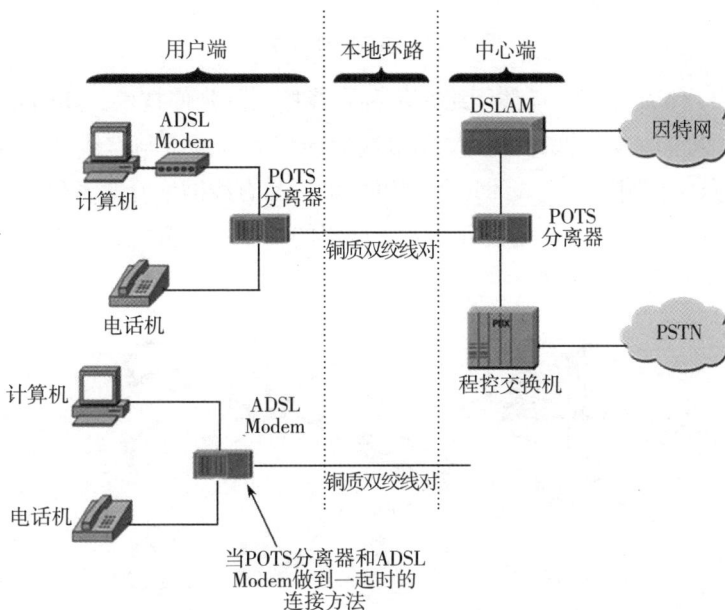

图6-12　ADSL专线接入

（2）专线接入　在企业级用户中主要采用的是专线接入方式。常用方式是 DDN、Cable-Modem 接入等。专线接入的速率比拨号接入的速率要大得多，一般从 64kbps ～ 10Mbps。

①DDN 接入：DDN（digital data network）即数字数据网，是一种利用数字信道传输数据信号的数据传输网，适用于网络的实时连接，是点对点的连接方式。其通信传输速率可根据用户需要在 N×64kbps（N=1 ～ 32）之间进行选择。其主干网传输媒介有光缆、数字微波、卫星信道以及用户端可用的普通电话电缆和双绞线。DDN 将数字通信技术、计算机技术、光纤通信技术及数字交叉连接技术有机地结合在一起，提供了高速度、高质量的通信环境，可以向用户提供点对点、多点对多点透明传输的数据专线出租电路。

用户选择入网方式有两种：用 DTU 接入、选 V.24 或 V.35 接口用 Modem 接入。

②Cable-Modem 接入：Cable-Modem 即线缆调制解调器，是一种基于有线电视网络铜线资源的接入方式。其具有专线上网的连接特点，允许用户通过有线电视网实现高速接入互联网，适用于拥有有线电视网的家庭、个人或中小团体。特点是速率较高，接入方式便利（通过有线电缆传输数据，不需要布线），可实现各类视频服务、高速下载等。缺点在于基于有线电视网络的架构是属于网络资源分享型的，当用户激增时，速率就会下降且不稳定，扩展性不够。

（3）局域网（LAN）接入　局域网用户可根据需求选择拨号连接和专线连接这两种 Internet 接入方式。单机通过局域网直接访问 Internet 的原理及过程很简单。用户 PC 内安装好专用的网络适配器，使用专用的网线（如光纤、双绞线等）连接到集线器或网络交换机上，再通过路由器与远程的 Internet 连接，即在物理上实现了与 Internet 的连接（图 6-13）。硬件连好之后，再根据 PC 操作系统平台，安装与网络适配器相应的软件驱动程序，并进行正确的配置，即可访问网络资源。

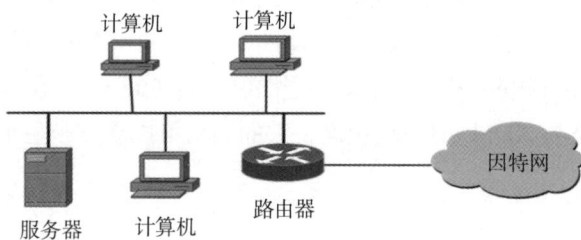

图 6-13　局域网接入方式

（4）无线网接入（WLAN）　无线网络是一种有线接入的延伸技术，如图 6-14 所示，使用无线射频（RF）技术越空收发数据，减少使用电线连接。无线网络与有线网络的用途类似，最大的不同在于传输媒介，利用无线电技术取代网线，可以和有线网络互为备份。在公共开放的场所或者企业内部，无线网络一般会作为已存在有线网络的一个补充方式，装有无线网卡的计算机可以通过无线手段方便地接入互联网。

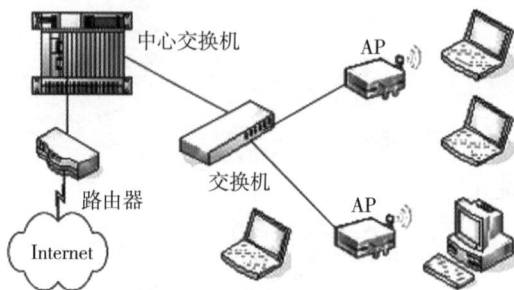

图 6-14　无线局域网的组成

3. Internet 的地址与域名系统　无论是从使用 Internet 的角度还是从运行 Internet 的角度看，IP 地址和域名都是十分重要的概念。为了实现 Internet 上计算机之间的通信，每台计算机都必须有一个地址，就像每部电话要有一个电话号码一样，而且每个地址必须是唯一的。Internet 中有两种主要的地址识别系统，即 IP 地址和域名系统。

（1）IP 地址

1）IP 地址的概念：在 Internet 上有成千上万台主机，为了区分这些主机，人们给每台主机都分配了一个专门的"编号"作为标识，这个标识就是 IP 地址。IP 地址是 IP 协议提供的一种统一格式的地址，为 Internet 上的每个网络和每台主机分配一个网络地址，每个 IP 地址在 Internet 上是唯一的，是运行 TCP/IP 的唯一标识。换句话说，在互联网上的每一台主机都有一个唯一的 IP 地址。

2）IP 地址的结构：目前使用的 IP 版本是 IPv4（IP 第 4 版本），它规定了 IP 地址长度为 32 位。IP 地址是一个 32 位二进制数（4 个字节）地址。为了便于理解，通常用 4 组十进制数来表示，即将每个字节用其等效的十进制数字表示，各组之间用圆点"."分隔开。由于每组十进制数对应 8 位二进制数，所以每组十进制数的取值范围是 0 ～ 255，全 0 和全 1 系统另有用途，因此每段取值 1 ～ 254。这种表示 IP 地址的方法称为"点分十进制法"。

例如，IP 地址（二进制）11010010　00100110　01100000　00000001

IP 地址（十进制）　　　　210.　　　38.　　　96.　　　1

IP 地址是 Internet 主机的一种数字型标识，是层次性的地址，由网络地址（network）和主机地址（host）两部分组成。网络地址表示某一个网络的地址。处于同一网络内的各主机，其网络地址部分是相同的。主机地址部分则表示了该网络中的某个具体节点，如工作站、服务站、路由器或其他 TCP/IP 设备等。

3）IP 地址的分类：由于基于 IP 地址的网络大小各不相同，根据网络地址的范围，IP 地址通常分为 A、B、C、D、E 五类，前三类由各国互联网信息中心在全球范围内统一分配，后两类为特殊地址。每类网络中 IP 地址的结构即网络标识长度和主机标识长度都有所不同。其中 A 类地址的最高位为"0"，是大型网络，B 类地址的高两位为"10"，是中型网络，C 类地址的高三位为"110"，是小型网络，D 类地址为组播（multicast）地址，E 类是保留的实验性地址，如图 6-15 所示。

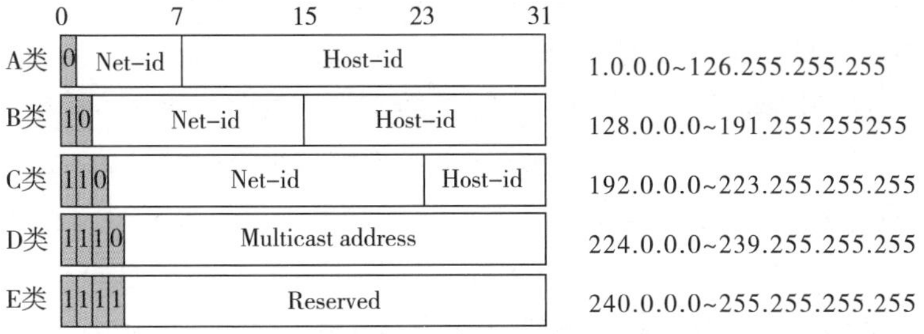

图 6-15　IP 地址分类

A 类地址：网络地址空间占 7 位，主机地址由 24 位组成，一个 A 类网络可以提供（$2^{24}-2$）个主机地址，可供使用的网络地址有 126（2^7-2）个。其中，由于网络地址全 0 的 IP 地址是保留地址，意思是"本网络"，而网络号 127（即 01111111）保留为本机软件回路测试（loopback test）之用。A 类地址适用于拥有大量主机的大型网络。

B 类地址：网络地址空间占 14 位，允许 2^{14} 个不同的 B 类网络。主机地址由 16 位组成，每个 B 类网络可以提供（$2^{16}-2$）约 65000 个主机地址，一般用于中等规模的网络，例如大公司和大机构。

　　C 类地址：网络地址空间占 21 位，总共可有约 200 万个 C 类网络，但主机号由 8 位组成，每个 C 类网络只提供 254（$2^{8}-2$）个节点地址，所以 C 类地址一般用在小型网络中。

　　D 类地址：被多播组用来从特定的应用程序或服务器提供的服务中接收数据。

　　E 类地址：是一个试验性的地址类。

　　对于分类 IP 地址，只要根据第一个十进制数的值，便可以判断出所属网络的等级，进而可以得知其网络地址和主机地址。例如：某主机的 IP 地址为 193.2.1.12，我们从第一个数字 "193" 便可以判断属于 C 类地址，因此，该 IP 地址的前 24 位 "193.2.1." 为网络地址，最后 8 位 "12" 为主机地址。

　　4）IP 地址的分配：在分类 IP 地址的实际应用时，以下 IP 地址具有特殊的含义和用途，在分配 IP 地址时需要特别注意。

　　①网络地址：主机地址全 0 用来表示所在的网络地址，例如 C 类地址 193.2.1.0，表示所在的网络地址。

　　②广播地址：主机地址全 1 为广播地址，代表网络中的所有设备。例如一个 C 类网络的地址 193.2.1.0，若网络中某主机发送数据包的目的地址是 193.2.1.255，即表示这是对 193.2.1.0 这个网络的广播包，该网络的所有设备均会接收此信息包。

　　③环回地址：以 127 开头的 IP 地址是环回地址（loopback），用于测试本地主机的网络连通性。例如：当 IP 数据包的目的地址是 127.0.0.1，网络接口设备不会把它发送到实体网络上，而是送给系统的 loopback 驱动程序来处理，因此我们可以通过执行命令 Ping 127.0.0.1 来判断本机的网络配置与网卡的通信是否正常。

　　（2）域名系统　IP 地址用 4 组十进制数字来表示，不便于人们记忆和使用，为此，Internet 引入了一种字符型的主机命名机制——域名系统（domain name system，DNS），用来表示主机的地址。当用户访问网络中的某个主机时，只需按名访问，不需关心它的 IP 地址。也就是说，域名系统允许用户名使用更为人性化的字符标识而不是 IP 地址来访问 Internet 上的主机，即用英文字母给 Internet 上的主机取名字。例如访问百度，我们只需在浏览器的地址栏中输入其域名 "www.baidu.com" 便可链接，而非输入其抽象的 IP 地址，记忆域名比记忆 16 位数字容易很多。

　　一个完整的域名由 "主机名" 和 "域名" 组成，要把计算机接入互联网，必须获得唯一的 IP 地址和对应的域名。域名系统是层次型的结构，为方便书写及记忆，域名由小数点分隔的几组字符组成。每个字符串被称为一个子域，子域个数不定。域名常用 3～4 个子域，位于最右边的子域级别最高，称为顶级域；越往左，子域级别越低，表示范围越具体，位于最左边的子域就是 Internet 上主机的名字。每一级的域名都由英文字母和数字组成（不超过 63 个字符，并且字母不区分大小写），完整的域名不超过 255 个字符。典型的域名表示："计算机主机名 . 机构名 . 网络名 . 顶级域名"。例如，有一台主机的域名为 www.ccucm.edu.cn，其中，"www" 表示这台主机名；"ccucm" 表示机构名，指长春中医药大学；"edu" 表示网络名，指教科网（教育机构）；"cn" 表示国家名，指中国。

　　顶级域名目前采用两种划分方式：以机构或行业领域作为顶级域名；以国家和地区作为顶级域名。常见的顶级域名如表 6-1 和表 6-2 所示。

表 6–1　行业领域的顶级域名

域名	类型	全称
Com	商业机构	commercial organization
Edu	教育机构	educational institution
Gov	政府机构	Government
Int	国际性机构	international organization
Mil	军队	Military
Net	网络机构	networking organization
Org	非营利机构	non–profit organization

表 6–2　部分国家和地区的顶级域名

域名	国家和地区	域名	国家和地区
au	澳大利亚	in	印度
br	巴西	it	意大利
ca	加拿大	jp	日本
cn	中国	kr	韩国
ge	德国	sg	新加坡
fr	法国	tw	中国台湾
hk	中国香港	uk	英国

顶级域名由 Internet 网络中心负责管理。在国别顶级域名下的二级域名由各个国家自行确定。我国顶级域名"cn"由 CNNIC 负责管理，在 cn 下可由经国家认证的域名注册服务机构注册二级域名。我国将二级域名按照行业类别或者行政区域划分。行业类别大致分为 .com（商业机构）、.edu（教育机构）、.gov（政府机构）、.net（网络服务机构）、.ac（科研机构）等；行政区域二级域名用于各省、自治区、直辖市，共 34 个，采用省市名的简称，如 bj 为北京市，jl 为吉林省，cc 为长春市等。自 2003 年始，在我国国家顶级域名 cn 下也可以直接申请注册二级域名，由 CNNIC 负责管理。可见，Internet 域名是逐层、逐级由大到小地划分的，这样既提高了域名解析的效率，也保证了主机域名的唯一性。

Internet 上的 IP 地址是唯一的，一个 IP 地址对应着唯一的主机。相应地，给定一个域名地址也能找到唯一对应的 IP 地址。这就是域名和 IP 地址之间的一对一的关系。有时用一台计算机提供多个服务，如既作为 WWW 服务器又作为邮件服务器，这时计算机的 IP 地址仍然是唯一的，但可以根据计算机所提供的多个服务器给予不同的域名，这时 IP 地址与域名间可能是一对多的关系。域名系统 DNS 是 TCP/IP 协议中应用层的服务，IP 地址是 Internet 上唯一的、通用的地址格式，所以当以域名方式访问某台远程主机时，域名系统首先将域名"翻译"成对应的 IP 地址，通过 IP 地址与该主机联系，并且以后的所有通信都将使用该 IP 地址。

4. 子网掩码　子网掩码是一个 32 位的二进制数，若它的某位为 1，表示该位所对应 IP 地址中的一位是网络地址部分中的一位；若某位为 0，表示它对应 IP 地址中的一位是主机地址部分中的一位。通过子网掩码与 IP 地址的逻辑"与"运算，可分离出网络地址。如果一个网络没有划分子网，子网掩码的网络号全为 1，主机号各位全为 0，这样得到的子网掩码为默认子网掩码。A 类网络的默认子网掩码为 255.0.0.0，B 类网络的默认子网掩码为 255.255.0.0，C 类网络的默认子网掩码为 255.255.255.0。

6.2.2 Internet 应用

1. WWW 应用 WWW 是环球网（World Wide Web）的缩写，其核心技术是 Web 技术，是一个基于超文本（hypertext）方式的 Internet 信息查询工具。WWW 将 Internet 中不同地点的所有相关信息组成一套"超文本"文档，为用户提供一种友好的信息查询接口，让用户方便且操作简单地对 Internet 中的所有资源进行访问。

全世界有许多 Web 站点，每个 Web 站点都可以通过超链接与其他 Web 站点链接起来，任何人都可以设计自己的主页，放在 Web 站点上，再在主页上产生链接，与其他人的主页或其他 Web 站点链接，编织了一张巨大的环球信息网。

WWW 可以说是当今世界最大的电子资料世界，甚至可以把 WWW 当成 Internet 的同义词。利用 WWW，人们在 Internet 上实现信息的获取与发布，如电子邮件（E-mail）、文件传输服务（FTP）、远程登录（remote login）、即时通信（网络聊天）、BBS（bulletin board system）和论坛、搜索引擎（search engines）、电子商务（electronic commerce）、博客和微博（Blog and Micro Blog）、社交网站（social network site，SNS）。

（1）WWW 的工作方式 Web 系统采用客户服务器（client/server，C/S）模式。客户端是访问服务器的工具，主要是各类 Web 浏览器（browser）；服务器是存放网页形式信息资源的软件和硬件。用户通过客户端浏览器向 Web 服务器发出请求，Web 服务器根据客户端的请求内容将相应的网页发送给客户端浏览器；浏览器在接收到该页面后对其进行解释翻译，最终将超媒体形式的网页内容呈现给用户，用户可以通过网页中的超链接访问相应的 Web 服务器中的网页。

Internet 用户使用 Web 服务，必须要通过客户端软件 Web 浏览器。Web 浏览器种类繁多，目前 WWW 环境中使用最多的是微软公司的 Internet Explorer（简称 IE）。IE 一般集成在 Windows 系统中，浏览器界面主要包含如下选项。

①菜单栏：列有 IE 浏览器界面的所有命令。

②地址栏：显示当前地址。单击右端的下箭头可显示曾经访问的网址地址，可从中选择需要的网址，无须重新输入。

③标准按钮栏：包含用于 IE 浏览器窗口操作的按钮。

④链接栏：包含事先设置好的网址。单击其中某个网址，可打开对应的网页。

⑤网页区：显示当前网页的内容。网络上有许多超链接，指向某个热链接时，鼠标变为手型，单击该链接，可打开一个新的页面。

⑥浏览器栏：包含历史记录、收藏夹、搜索等浏览工具，使用户方便快捷地访问搜索引擎和常用 Web 站点。当显示浏览器栏时，当前窗口被分成左右两个窗格。

⑦状态栏：其内容是动态的，左边为当前主页的网址。

此外，Internet 选项是 IE 浏览器常用的功能设置。Internet 选项设置包括常规、安全设置、隐私、内容、连接、程序和高级设置。

（2）WWW 的关键技术 支持 Web 服务的 3 个主要关键技术是超文本传输协议（hyper text transfer protocol，HTTP）、超文本标记语言（hyper text markup language，HTML）和统一资源定

位器（uniform resource locator，URL）。

①超文本传输协议（HTTP）：打开网页需要在 IE 浏览器的地址栏输入网页的网址，如淘宝网的网址是 http://www.taobao.com。系统默认用户使用的协议是 HTTP，即超文本传输协议。HTTP 是 Web 服务的应用层协议，负责超文本文档在浏览器与 Web 服务器之间传输。该协议是系统默认的协议，允许用户输入时省略，而系统自动加上，如用户登录淘宝网可以直接在地址栏输入 www.taobao.com 而省略 http:// 部分。此外，每种访问协议都有一个默认的网络端口号，HTTP 协议的默认网络端口号是 80。若使用默认端口号，在 URL 中可以省略。

②超文本标记语言（HTML）：超文本是超级文本的简称，是一种电子文档，是一种全局性的信息结构。它将文档中的不同部分通过关键字建立链接，使信息得以用交互方式搜索。超文本允许从当前阅读位置直接切换到超文本链接所指向的对象。利用超文本技术，可以在文本的任何位置建立大量的链接，这种超文本中的链接称为超链接（hyperlink）。

超文本通常使用超文本标记语言（HTML）书写。HTML 给常规的文档增加标记，使一个文档可以链接到另一个文档，并且可以将不同媒体类型结合在一起。

③统一资源定位器（URL）：众所周知，在 PC 机中查找某个文件需要指明路径。同样，在 WWW 中浏览 Web 也应该有一种机制保证准确定位，这就是所谓的统一资源定位器（uniform resource locator，URL），也就是大家俗称的网址或 URL 地址。Web 上所能访问的资源都有一个唯一的 URL，通过 URL 可以访问 Internet 上任何一台主机及主机上的文件夹和文件。

URL 的一般格式为：＜访问协议：//＞＜主机 IP 地址或 www. 域名＞［：端口号］/［资源在主机上的路径名］

以上格式中，＜＞表示必选项，［　］表示可选项。

（3）信息浏览与搜索引擎　互联网常用的两种信息查询方法为浏览与搜索。

1）信息浏览：我们可以经常在网站上浏览新闻，查阅和搜集相关信息。在信息浏览过程中，常用到 IE 浏览器的一些功能，如收藏夹的使用、保存网页和图片等。

要记住互联网上每一个感兴趣网站的 URL 是很困难的，因此，IE 浏览器提供了收藏夹的功能。收藏夹以文件夹的形式保存了用户收藏的网址。

①添加收藏夹：当用户浏览到自己感兴趣的网站，可以点击"收藏夹"→"添加到收藏夹"，打开"添加收藏夹"对话框。填写"名称"，选择"创建位置"，这里在选定的文件夹下，也可以"新建文件夹"，这样可以实现按需分类保存。

②整理收藏夹：若收藏夹内容比较杂乱，可以整理收藏夹。"收藏夹"→"整理收藏夹"，打开了"整理收藏夹"对话框，进行"新建文件夹""移动""重命名"和"删除"操作。

③保存网页和图片：用户在浏览网页中发现自己感兴趣的网页或图片等资料，可以通过 IE 保存到指定的文件夹，供以后调阅。

保存网页：当用户浏览到想保存的网页，执行"文件"→"另存为"命令，弹出"保存网页"对话框，在"保存在"下拉框中选择保存的位置，在"文件名"下拉框输入保存的文件名，在"保存类型"下拉框选择保存网页的类型，在"编码"下拉框选择编码类型。

保存图片：对网页中感兴趣的图片，可以将鼠标移动到图片上，右键单击，在出现的快捷菜单中选择"图片另存为"，在"保存图片"对话框中选择图片保存的位置，输入文件名，选择图片保存类型。

2）搜索引擎：搜索引擎是 Internet 上的一个 Web 站点，它的主要任务是在 Internet 中主动搜索其他 Web 站点中的信息并对其自动索引，其索引内容存储在可供查询的大型数据库中。当用户利用关键字查询时，该 Web 站点会告诉用户包含该关键字信息的所有网址，并提供通向该网址的链接。因为这些 Web 站点提供全面的信息查询和良好的速度，就像发动机一样强劲有力，所以人们就把这些 Web 站点称为搜索引擎。

①常用的中文搜索引擎：百度（www.baidu.com）、新浪（search.sina.com.cn）、搜狐（www.sohu.com.cn）、必应（cn.bing.com）、搜狗（www.sogou.com）、网易有道（www.youdao.com）。

②搜索引擎的使用：在 IE 浏览器地址栏中输入某一搜索引擎的网址，就可进入其搜索界面，在其搜索界面的输入框中输入需要搜索的内容，单击其相关搜索按钮即可。常见的搜索方法有目录搜索和关键字搜索。

用户在输入搜索关键字时，可以直接输入关键字，也可使用 and、or、not 和通用符号"*"或"？"（有些搜索引擎不完全支持）。例如，在搜索框中输入"计算机 and 论文"，将返回包含计算机也包含论文的网站信息；在搜索框中输入"显示器 *"，除了搜索"显示器"外，还根据搜索引擎的分词技术搜索与显示相关的信息。

2. 文献检索　文献检索就是从众多的文献中迅速、准确地查找符合研究需要的文献的过程。文献检索是利用文献获取知识、信息的基本手段。掌握文献检索技能是现代学习、科研的要求，不仅是知识更新的必要手段，而且有助于了解、掌握某一研究领域进展动态，对于拓展思路，继承和借鉴前人的成果，提高研究水平起到极其重要的作用。

（1）文献检索（information retrieval）　文献检索是以文献原文为查找对象的一种检索，是根据学习和工作的需要获取文献的过程。文献是记录知识的一切载体。

按照出版形式和内容划分，文献的类型有图书、期刊、报纸、科技报告、政府出版物、会议文献、学位论文、专利文献、标准文献、产品样本、其他零散资料。以电子载体呈现的文献称为数字文献，按照数字文献的内容和表现形式可分为数据库、电子图书、电子期刊、电子报纸等。

文献检索的方式主要分为普通检索、高级检索和专业检索三种。

①普通检索：普通检索是一种最简单直接的初级检索方式，包含检索词直接检索、数据库检索和文献分类检索三种常用的方式。检索词直接检索有两种方式：一种是基于 Internet 的文献检索工具——搜索引擎，另一种是在数据库中输入检索词进行直接检索。

②高级检索：高级检索是一种比普通检索复杂一些的检索方式。高级检索的特有功能是多项双词逻辑组合检索、双词频控制。多项双词逻辑组合检索中，多项是指可选择多个检索项；双词是指一个检索项中可输入两个检索词（在两个输入框中输入），每个检索项中的两个词之间可进行五种组合，即并且、或者、不包含、同句、同段，每个检索项中的两个检索词可分别使用词频、最近词、扩展词；逻辑是指每一检索项之间可使用逻辑与、逻辑或、逻辑非进行项间组合。

③专业检索：专业检索比高级检索功能更强大，但需要检索人员根据系统的检索语法编制检索式进行检索，适用于熟练掌握检索技术的专业人员。

（2）数字文献检索技术　数字文献的检索技术主要包括布尔逻辑检索、截词检索、位置算符检索、字段检索（限定检索）等。其中，布尔逻辑检索是计算机信息检索的基本技术之一。

布尔逻辑检索指采用布尔逻辑表达式来表达用户的检索要求，并通过一定的算法和实现手段进行检索的过程。布尔逻辑表达式是采用布尔运算符来连接运算检索词，以及表示运算优先级的括号组成的一种表达检索要求的算式，简称提问逻辑式。布尔逻辑表达式的原理与检索方法取自布尔代数与集合运算。常用的布尔逻辑运算符有三种，分别是逻辑与"and"、逻辑或"or"、逻辑非"not"。

①逻辑与"and"运算符：也可用"*"表示，用来组配不同概念的检索词，是一种概念相交

和限定关系的组配。例如"A and B"或"A＊B"，其含义是检出的信息中必须同时含有"A"和"B"两个检索词。其基本作用是对检索范围加以限定，逐步缩小检索范围，提高检索结果的查准率。例如，检索计算机在图书馆中应用方面的文献，其提问式可写成"计算机 and 图书馆"或"计算机＊图书馆"。

②逻辑或"or"运算符：也可用"＋"表示，是用来组配具有同义或同族概念的检索词。例如"A or B"或"A＋B"，其含义是数据库记录中任何一条记录，只要含有"A"或"B"中任何一个检索词即为命中的文献。其基本作用是扩大检索范围，增加命中文献量，提高文献的查全率。如"微机＋电脑＋PC机""微机 or 电脑 or PC机"，会检索出包含微机、电脑、PC机任意一个关键词的全部文献。

③逻辑非"not"运算符：也可用"–"表示，是排除含有某些词的记录，其逻辑提问表达式为"A not B"或"A – B"，即检出的记录中只能含有"not"运算符前的检索词A，但不能同时含有"not"后的检索词B。其基本作用是缩小检索范围，但并不一定能提高检索的准确性，一般只起到减少文献输出量的作用，在联机检索中可降低检索费用，例如"计算机 not 微机"。

◆注意：由于"not"运算符有排除相关文献的可能，因此在实际检索中应慎重使用。优先级运算（ ）>not>and>or。

3. 文件传输　文件传输协议（file transfer protocol，FTP）是互联网最常用的应用之一，专门用于网络上文件的传输。通过FTP可以在两台计算机间传送文件，可以对远程计算机进行查看、上传、下载文件，新建、删除、改变文件目录等操作。

FTP系统由服务器、FTP服务软件和客户端软件组成（图6–16）。

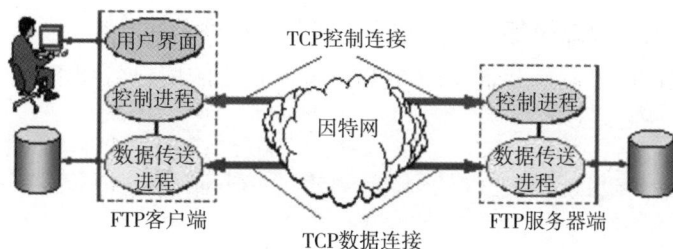

图6–16　FTP工作原理

客户端访问FTP服务器一般需要事先注册，账号密码认证通过才能访问FTP服务器资源。另一种FTP服务器采用匿名（anonymous FTP）登录，只要输入FTP服务器地址，任何用户不要账号就可以登录FTP服务器，使用相应资源。默认情况下，匿名用户的用户名是"anonymous"，或不需账户登录FTP服务器。

FTP客户端软件分为浏览器和专用工具。大多数最新的网页浏览器和文件管理器都能和FTP服务器建立连接，只要权限许可，用户通过FTP就可以远程操控文件，如同操控本地文件一样便利。浏览器登录功能通过给定一个FTP的URL实现。另一种是通过客户端FTP工具软件进行登录，常用软件有Cute FTP、Flash FTP等，其针对FTP服务器原理，提供了连接FTP服务器配置功能，可以设置连接FTP服务器的IP地址、账号、密码以及传输性能等，并且具有断点续传、多线程传输等功能，可以提高传输速率和效率。

4. 电子邮件　电子邮件（electronic mail，简称E–mail）是一种用电子手段提供信息交换的通信方式，是Internet上使用最广泛的服务之一。通过一台联网的计算机运行相应的电子邮件系统，用户可以高效（几秒钟之内可以发送到世界上任何指定的目的地）、价廉（不管发送到哪里，都只需负担网费）地与世界各地的网络用户联系。电子邮件可以是文字、图像、声音等多种形式。同时，用户可以得到大量免费的新闻、专题邮件，并轻松地实现信息搜索。

E-mail 是一种采用简单邮件传送协议（simple mail transfer protocol，SMTP）的电子式邮件服务系统。

（1）电子邮件系统　通常由三个部分组成，即用户代理、邮件服务器和收发邮件协议。

①用户代理：用户代理就是邮件系统安装在客户端的软件，如 Outlook Express、Foxmail 等，这种邮件客户端软件具有较强的收发邮件、管理邮件通信簿和已收邮件的功能；另一种是在各种互联网浏览器上登录邮件服务器网站收发邮件。

②邮件服务器：邮件服务器是由服务器硬件和邮件服务器协议等软件组成。邮件服务器的功能是发送和接收邮件。邮件服务器存储了大量接收到的邮件，因此要求具有较大的硬盘存储容量。当邮件用户较多时，服务器需要具有较高的运算和处理速度，可将接收邮件服务器与发送邮件服务器分别配置在两台或多台不同的服务器上，以便减轻服务器的负担。邮件服务器需要 24 小时连续工作，并要有较完善的数据备份和安全措施，确保数据安全。

③收发邮件协议：邮件服务器需要安装发送邮件协议和接收邮件协议。通常发送邮件协议采用简单邮件传输协议 SMTP，因为 SMTP 仅可传送 7 位 ASCII 码，若需要传送声音、图像、视频等不同类型的数据，需要采用因特网邮件扩充协议（multipurpose internet mail extensions，MIME）。MIME 邮件可同时传送多种类型的数据，适用于多媒体通信环境。

（2）电子邮件的传递　电子邮件服务器按照客户/服务器模式工作，由代理服务程序（服务方）和用户代理程序（客户方）两个基本程序协同工作完成邮件的传递。收发电子邮件有两种方式。

①浏览器方式：大多数邮箱都支持浏览器方式收发信件，并且都提供一个友好的管理界面，只要在提供免费邮箱的网站登录界面（图 6-17）输入自己的用户名和密码，就可以收发信件并进行邮件的管理。

图 6-17　163 网易免费邮箱

②通过客户端安装的专用邮箱方式：此类邮箱管理软件有 Outlook Express（图 6-18）、Foxmail 等。专用的邮件收发工具都是基于 POP3（post office protocol-version 3，邮局协议版本 3）和 SMTP 协议的，因此使用其收发邮件时需要进行相应的设置。

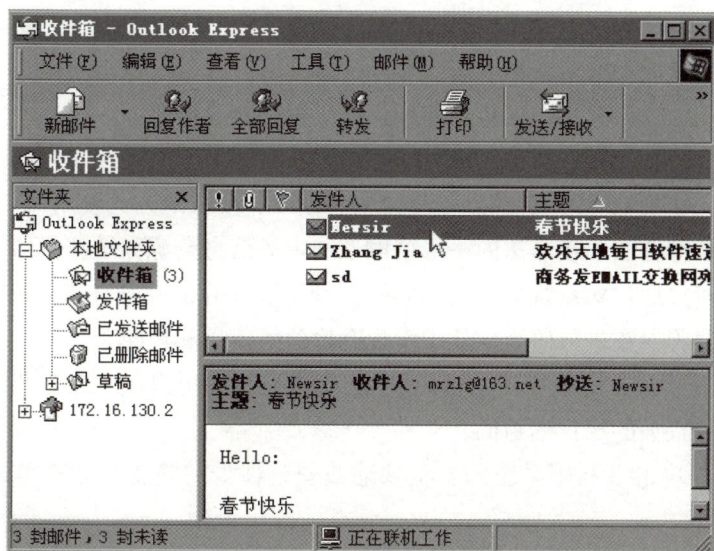

图 6–18 Outlook Express

6.3 信息安全基础

21 世纪是信息的社会，信息在国民经济建设、社会发展、国防和科学研究等领域的作用日益重要。信息已经不仅仅是一种十分重要的公用资源和商业资源，更是一种重要的战略资源。信息安全已经成为整个国家安全的重要组成部分，成为影响国家全面发展和长远利益的重大问题。

互联网是对全世界都开放的网络，任何单位或个人都可以在网上方便地传输和获取各种信息。互联网具有开放性、共享性、国际性的特点，对计算机网络安全提出了挑战。2013 年 6 月，美国中央情报局前职员爱德华·斯诺登曝光美国国家安全局的"棱镜"计划，使得各国更加重视计算机网络和信息安全问题。

6.3.1 信息安全概述

1. 信息安全的概念　信息安全（information security）的目的是保护信息的保密性、完整性、可用性、可控性和不可否认性等，包括攻（攻击）、防（防范）、测（检测）、控（控制）、管（管理）、评（评估）等多方面的基础理论和实施技术。

（1）保密性（confidentiality）　防止非授权用户访问，保证信息为授权者使用，不泄漏给未经授权者。

（2）完整性（integrity）　保证信息从真实的发信者传送到真实的收信者手中，传送过程中没有被他人添加、删除、修改和替换。

（3）可用性（availability）　保证信息和信息系统随时为授权者提供服务，而不会出现非授权者可滥用，却对授权者拒绝服务的情况。

（4）可控性（controllability）　保证管理者对信息和信息系统实施安全监控和管理，防止非法利用信息和信息系统。

（5）不可否认性（non–repudiation）　信息的行为人要为自己的信息行为负责，提供保证社会依法管理需要的公证、仲裁信息证据。

信息安全是一门涉及计算机科学、网络技术、通信技术、密码技术、信息安全技术、应用数学、数论、信息论等多种学科的综合性学科。

2. 信息安全面临的威胁　信息安全面临的威胁根据性质不同主要概括为以下几个方面。

（1）信息泄露　被保护的信息被泄露给非授权者。

（2）信息的完整性受到破坏　信息被非授权地进行增删、修改。

（3）拒绝服务　信息使用者对信息或其他资源进行合法访问时被无端拒绝。

（4）非法使用（非授权访问）　信息被非授权者或以非授权的方式使用。

（5）窃听　用各种合法的或非法的手段窃取系统中的信息资源和敏感信息。

（6）业务流分析　通过对系统进行长期监听，利用统计分析方法对通信频度、通信的信息流向、通信总量的变化等参数进行研究，从中发现有价值的信息和规律。

（7）假冒　通过欺骗通信系统（或用户），从而达到非法用户冒充成为合法用户，或者特权小的用户冒充成为特权大的用户的目的。

（8）旁路控制　攻击者利用系统的安全缺陷或安全性上的脆弱之处获得未经授权的权利或特权。

（9）授权侵犯　被授权以某一目的使用某一系统或资源的某个人，却将此权限用于其他非授权的目的，也称作"内部攻击"。

（10）内部泄露　一个授权的人为了某种利益，或由于粗心，将信息泄露给一个非授权的人。

（11）计算机病毒　这是一种在计算机系统运行过程中能够实现传染和侵害功能的程序，行为类似病毒。

3. 信息安全保护技术

（1）密码理论与技术　密码理论与技术主要包括两个部分：一是基于数学的密码理论与技术，包括公钥密码、分组密码、序列密码、认证码、数字签名、Hash 函数、身份识别、密钥管理和 PKI 技术等；二是基于非数学的密码理论与技术，包括信息隐形、量子密码和基于生物特征的识别理论与技术。

（2）安全协议理论与技术　安全协议的研究主要包括安全协议的安全性分析方法研究和各种实用安全协议的设计与分析研究两方面内容。安全协议的安全性分析主要有两类，一是攻击检验方法，二是形式化分析方法，形式化分析方法是安全协议研究中最关键的研究问题之一。

（3）安全体系结构理论与技术　安全体系结构理论与技术主要包括安全体系模型的建立及其形式化描述与分析，安全策略和机制的研究，检验和评估系统安全性的科学方法和准则的建立，符合这些模型、策略和准则的系统的研制。

（4）信息对抗理论与技术　信息对抗理论与技术主要包括黑客防范体系、信息伪装理论与技术、信息分析与监控、入侵检测原理与技术、反击方法、应急响应系统、计算机病毒、人工免疫系统在反病毒和抗入侵系统中的应用等。

6.3.2 计算机病毒及防范

1. 计算机病毒的概念和特征　"病毒"一词来源于生物学。"计算机病毒"最早是由美国计算机病毒研究专家 Fred Cohen 博士正式提出的，因为计算机病毒与生物病毒在很多方面有相似之处。Fred Cohen 博士对计算机病毒的定义："病毒是一种靠修改其他程序来插入或进行自身复制，从而感染其他程序的一段程序。"这一定义被普遍接受。

计算机病毒具有传染性、隐蔽性、潜伏性、破坏性等特征。

2. 计算机病毒的分类

（1）按照计算机病毒攻击的系统分类　分为攻击 DOS 系统的病毒、攻击 Windows 系统的病毒、攻击 UNIX 系统的病毒、攻击 OS/2 系统的病毒。

（2）按照计算机病毒攻击的机型分类 分为攻击微型计算机的病毒、攻击服务器的病毒、攻击工作站的病毒、攻击大中型计算机的病毒。

（3）按照计算机病毒的连接方式分类 计算机病毒本身必须有一个攻击对象才能实现对计算机系统的攻击。计算机病毒所攻击的对象是计算机系统可执行的部分，由此可分为源码型病毒、嵌入型病毒、外壳型病毒、操作系统型病毒。

国际上对计算机病毒命名的一般惯例为前缀＋病毒名＋后缀。前缀表示该病毒发作的操作平台或者病毒的类型，而 DOS 下的病毒一般是没有前缀的；病毒名为该病毒的名称及其家族；后缀一般可以不要，只是用以区别某病毒家族中各病毒的不同，可以为字母或者数字，以说明此病毒的大小。

3. 计算机病毒的结构 计算机病毒主要由潜伏机制、传染机制和表现机制构成。若某程序被定义为计算机病毒，只有传染机制的存在是强制性的，而潜伏机制和表现机制是非强制性的。

（1）潜伏机制 潜伏机制的功能包括初始化、隐藏和捕捉。潜伏机制模块随着感染的宿主程序被执行进入内存，首先初始化其运行环境，使病毒相对独立于宿主程序，为传染机制做好准备；然后利用各种可能的隐藏方式，躲避各种检测，欺骗系统，将自己隐藏起来；最后，不停地捕捉感染目标交给传染机制，不停地捕捉触发条件交给表现机制。

（2）传染机制 传染机制的功能包括判断和感染。传染机制先是通过感染标记来判断候选感染目标是否已被感染。感染标记是计算机系统可以识别的特定字符或字符串。一旦发现作为候选感染目标的宿主程序中没有感染标记就对其进行感染，也就是将病毒代码和感染标记放入宿主程序之中。早期有些病毒是重复感染型的，它不做感染检查，也没有感染标记，因此这种病毒可以再次感染。

（3）表现机制 表现机制的功能包括判断和表现。表现机制首先对触发条件进行判断，然后根据不同的条件决定什么时候表现，如何表现。表现内容有多种多样，然而不管是炫耀、玩笑、恶作剧，还是故意破坏，或轻或重都具有破坏性。表现机制反映了病毒设计者的意图，是病毒间差异最大的部分。潜伏机制和传染机制是为表现机制服务的。

4. 计算机病毒的防治措施 计算机病毒带来的危害严重影响着人们的工作和生活，威胁着社会秩序的稳定和安全。全球对计算机病毒防治的关注和重视不断提高，病毒防治技术也随之迅速发展，与病毒制造技术展开了竞赛。

计算机病毒的防治要从防毒、查毒、解毒三方面来进行。信息系统对于计算机病毒的实际防治能力和效果也要从这三方面来评判。

防毒是指根据系统特性，采取相应的系统安全措施预防病毒侵入计算机。查毒是指对于确定的环境，能够准确地报出病毒名称，该环境包括内存、文件、引导区（含主引导区）、网络等。解毒是指根据不同类型病毒对感染对象的修改，并按照病毒的感染特性所进行的恢复，该恢复过程不能破坏未被病毒修改的内容。感染对象包括内存、引导区（含主引导区）、可执行文件、文档文件、网络等。

6.3.3 网络安全

1. 网络安全的概念和内容 从本质上来讲，网络安全就是网络上的信息安全，它涉及的领域相当广泛，因为在目前的公用通信网络中存在着各种各样的安全漏洞和威胁。从广义来说，凡是涉及网络上信息的保密性、完整性、可用性、真实性和可控性的相关技术和理论，都是网络安全的研究领域。

（1）网络安全的概念　网络安全是指通过各种计算机、网络、密码技术和信息安全技术，保护在公用通信网络中传输、交换和存储的信息的机密性、完整性和真实性，并对信息的传播及内容具有控制能力。网络安全的结构层次包括物理安全、安全控制和安全服务。

网络安全在不同的环境和应用下会有不同的解释。

①运行系统安全：即保证信息处理和传输系统的安全，包括计算机系统机房环境的保护，法律、政策的保护，计算机结构设计上的安全性考虑，硬件系统的可靠安全运行，计算机操作系统和应用软件的安全，数据库系统的安全，电磁信息泄露的防护等。它侧重于保证系统正常运行，避免因为系统的崩溃和损坏而对系统存储、处理和传输的信息造成破坏和损失，避免由于电磁泄漏而产生信息泄露，干扰他人（或受他人干扰）。其本质是保护系统的合法操作和正常运行。

②网络系统信息的安全：包括用户口令鉴别、用户存取权限控制、数据存取权限和方式的控制、安全审计、安全问题跟踪、计算机病毒防治、数据加密等。

③网络信息传播的安全：即信息传播后果的安全，包括信息的过滤、不良信息的过滤等。它侧重于防止和控制非法、有害的信息进行传播后的后果，避免公用通信网络上大量自由传输的信息失控。其本质是维护道德、法律或国家利益。

④网络信息内容的安全：即狭义的"信息安全"。它侧重于保护信息的保密性、真实性和完整性，避免攻击者利用系统的安全漏洞进行窃听、冒充、诈骗等损害合法用户的行为。其本质是保护用户的利益和隐私。

显而易见，网络安全的本质是在信息的安全期内保证其在网络上流动时或者静态存放时不被非授权用户非法访问，而授权用户可以访问。显然，网络安全、信息安全和系统安全的研究领域是相互交叉和紧密相连的。

（2）网络安全的内容　网络安全的内容大致上包括网络实体安全、软件安全、网络中的数据安全和网络安全管理四个方面。

①网络实体安全：指诸如计算机机房的物理条件、物理环境及设施的安全，计算机硬件、附属设备及网络传输线路的安装及配置等。

②软件安全：指诸如保护网络系统不被非法侵入，系统软件与应用软件不被非法复制、不受病毒的侵害等。

③网络中的数据安全：指诸如保护网络信息数据的安全、数据库系统的安全，保护其不被非法存取，保证其完整、一致等。

④网络安全管理：指诸如运行时突发事件的安全处理等，包括采取计算机安全技术、建立安全管理制度、开展安全审计、进行风险分析等内容。

2. 网络安全的基本措施　在通信网络安全领域中，保护计算机网络安全的基本措施如下。

（1）改进、完善网络运行环境，系统要尽量与公网隔离，要有相应的安全链接措施。

（2）不同的工作范围的网络既要采用安全路由器、保密网关等相互隔离，又要在正常需要时保证互通。

（3）为了提供网络安全服务，各相应的环节应根据需要配置可单独评价的加密、数字签名、访问控制、数据完整性、业务流填充、路由控制、公证、鉴别审计等安全机制，并有相应的安全管理。

（4）远程客户访问中的应用服务要由鉴别服务器严格执行鉴别过程和访问控制。

（5）网络和网络安全部件要进行相应的安全测试。

（6）在相应的网络层次和级别上设立密钥管理中心、访问控制中心、安全鉴别服务器、授权服务器等，负责访问控制以及密钥、证书等安全材料的产生、更换、配置和销毁等相应的安全管理活动。

（7）信息传递系统要具有抗侦听、抗截获能力，能对抗传输信息的篡改、删除、插入、重放、选取明文密码破译等主动攻击和被动攻击，保护信息的紧密性，保证信息和系统的完整性。

（8）涉及保密的信息在传输过程中，在保密装置以外不以明文形式出现。

（9）针对堵塞网络系统和用户应用系统的技术设计漏洞，及时安装各种安全补丁程序，不给入侵者以可乘的机会。

（10）定期查杀病毒，并对下载的软件和文档加以安全控制。应制定和实施一系列的安全管理制度，加强安全意识培训和安全性训练。

3. 网络安全的常用技术　解决网络信息安全问题的主要途径是利用密码技术和网络访问控制技术。密码技术主要用于隐蔽传输信息、认证用户身份等。网络访问控制技术用于对系统进行安全保护，抵抗各种外来攻击。用于解决网络安全问题的常用技术如下。

（1）访问控制技术　在计算机的安全防御措施中，访问控制是极其重要的一环。访问控制是对进入系统的控制，目的是保证资源受控、合法地使用。用户只能根据自己的权限大小来访问系统资源，不得越权访问。

访问控制技术就是为了限制访问主体对访问客体的访问权限，如能访问系统的何种资源，以及如何使用这些资源，阻止未经允许的用户有意或无意地获取数据。访问控制的手段包括用户识别代码、口令、登录控制、资源授权（如用户配置文件、资源配置文件和控制列表）、授权核查、日志和审计。

根据访问控制的策略不同，访问控制一般分为自主访问控制、强制访问控制和基于角色的访问控制。

①自主访问控制：所谓自主访问控制，又称任意访问控制（discretionary access control，DAC），是指根据主题身份、主题所属组的身份或者二者的结合，对客体访问进行限制的一种方法。自主访问控制是访问控制措施中最常用的一种方法。这种访问控制方法允许用户自主地在系统中规定谁可以存取它的资源实体，即用户（包括用户程序和用户进程）可选择同其他用户一起共享某个文件。

自主访问控制的缺陷主要有两点：一是在基于DAC的系统中，主体拥有者对访问的控制有一定权力，负责设置访问权限，但是信息在移动的过程中，其访问权限关系会被改变。二是自主访问控制很容易受到特洛伊木马的攻击。

②强制访问控制：强制访问控制（mandatory access control，MAC）是根据客体中信息的敏感标记和访问敏感信息的主体的访问等级对客体访问实行限制的一种方法。它主要用于保护那些处理特别敏感数据（如保密数据）的系统。在强制访问控制中，用户的权限和客体的安全属性都是固定的，由系统决定一个用户对某个客体能否进行访问。

强制访问控制机制的特点主要有两个：一是强制性，这是它的突出特点，除了系统管理员外，任何主体、客体都不能直接或间接地改变它们的安全属性。二是限制性，系统通过比较主体和客体的安全属性来决定主体能否以其希望的模式访问一个客体。

③基于角色的访问控制：基于角色的访问控制（role-based access control，RBAC）的核心思想是将访问许可权分配给一定的角色，用户通过饰演不同的角色获得角色所拥有的访问许可权。

角色是指一个或一群用户在组织内可执行的操作的集合。RBAC从控制主体的角度出发，根据管理中相对稳定的职权和责任来划分角色，通过给用户分配合适的角色，与访问权限相联系。角色成为访问控制中访问主体和受控客体之间的一座桥梁，如图 6-19 所示。

图 6-19　基于角色的访问控制

（2）身份认证技术　身份认证（identification and authentication，I&A）即用户的身份识别与验证，是计算机安全的重要组成部分。它是大多数访问控制的基础，也是建立用户审计能力的基础。识别是用户向系统提供声明身份的方法，验证是建立这种声明有效性的手段。身份认证的方式可以分为以下三类。

①基于用户知道什么的身份认证（what you know）：普通的身份认证形式是用户标识（ID）和口令（password）的组合，用户输入 ID 和 password，系统将其与之前为该 ID 存储的口令进行比较，如果匹配就可以得到授权并获得访问权。这种方法的系统安全依赖于口令的保密性，一般的口令比较容易被偷窃。

②基于用户拥有什么的身份认证（what you have）：智能卡认证是基于"what you have"的方法，通过智能卡硬件不可复制来保证用户身份不会被仿冒。智能卡是由一个或多个集成电路芯片组成的设备，可以安全地存储密钥、证书和用户数据等敏感信息，防止硬件级别的篡改。智能卡芯片在很多应用中可以独立完成加密、解密、身份认证、数字签名等对安全较为敏感的计算任务，从而能够提高应用系统抗病毒攻击的能力，防止敏感信息的泄露。

一些认证系统中组合了以上认证机制，在认证过程中至少提供两个认证因素，如"智能卡 + 密码"，即双因素身份认证。例如利用银行的自动柜员机（ATM）取款，用户取款时必须先插入所持银行卡（what you have），然后输入密码（what you know），才能提取其账户中的款项。目前常用的基于"what you have"的方法还有 U-key、手机短信密码、动态口令牌等。

③基于用户是谁的身份认证（who you are）：基于用户是谁的身份认证是依靠用户独有的识别特征来确认的。这种机制采用的是生物识别技术，可识别的生物特征：一是生理特征，如指纹、视网膜、脸型、掌纹等；二是行为特征，如声纹、手写签名等。生物特征与人体是唯一绑定的，防伪性好，不易伪造或被盗，安全性好，多用于控制访问极为重要的场合。

（3）数据加密　数据加密的基本过程包括对称为明文的可读信息进行处理，形成称为密文或密码的代码形式。该过程的逆过程称为解密，即将该编码信息转化为其原来的形式的过程。加密在网络上的作用就是防止有价值信息在网络上被拦截和窃取，基于加密技术的身份认证就是用来确定用户是否是真实的。

加密算法通常是公开的，一般把受保护的原始信息称为明文，编码后的称为密文。尽管大家都知道使用的加密方法，但是对密文进行解码必须要有正确的密钥，而密钥是保密的。基于密钥的算法通常有两类：对称算法和公用密钥算法。对称算法有时也叫传统密码算法，就是加密密钥能够从解密密钥中推导出来，反过来也成立；公用密钥算法也叫非对称算法，用作加密的密钥不同于用作解密的密钥，而且解密密钥不能根据加密密钥计算出来。

（4）数字签名和数字证书　数字签名（digital signature）以电子形式存在于数据信息之中，或作为其附件或逻辑上与之有联系的数据，可用于辨别数据签署人的身份，并表明签署人对数据信息中包含的信息的认可。数字签名是非对称密钥加密技术与数字摘要技术的应用。

数字签名是只有信息的发送者才能产生的别人无法伪造的一段数字串，这段数字串同时也是对信息的发送者发送信息真实性的一个有效证明。数字签名和手写签名类似，满足以下条件。

①签名是可以被确认的，即接收方可以确认或证实签名确实是由发送方签名的。

②签名是不可伪造的，即接收方和第三方都不能伪造签名。

③签名不可重用，即签名是消息（文件）的一部分，不能把签名移到其他消息（文件）上。

④签名是不可抵赖的，即发送方不能否认他所签发的消息。

⑤第三方可以确认收发双方之间的消息传送，但不能篡改消息。

数字证书（digital certificate）是在因特网上用来标志和证明网络通信双方身份的数字信息文件。数字证书是一种权威性的电子文档，由权威、公正的第三方机构即证书授权中心签发。

数字证书采用公钥体制，即利用一对互相匹配的密钥进行加密、解密。每个用户自己设定一把特定的仅为本人所知的私有密钥（私钥），用它进行解密和签名；同时设定一把公共密钥（公钥）并由本人公开，为一组用户所共享，用于加密和验证签名。当发送一份保密文件时，发送方使用接收方的公钥对数据加密，而接收方使用自己的私钥解密，这样信息就可以安全无误地到达目的地了。通过数字手段保证加密过程是一个不可逆过程，即只有用私有密钥才能解密。在公开密钥密码体制中，常用的一种是 RSA 体制。

数字证书绑定了公钥及其持有者的真实身份，它类似于现实生活中的居民身份证，所不同的是数字证书不再是纸质的证照，而是一段含有证书持有者身份信息并经过认证中心审核签发的电子数据，可以更加方便灵活地运用在电子商务和电子政务中。在电子交易的各个环节，交易的各方都需验证对方数字证书的有效性，从而解决相互间的信任问题。

（5）防火墙技术　防火墙（firewall）作为网络防护的第一道防线，由软件和硬件设备组合而成，在内部网和外部网之间、专用网与公共网之间的界面上构造保护屏障。

防火墙是由管理员为保护自己的网络免遭外界非授权访问但又允许与因特网连接而发展起来的。从网际的角度，防火墙可以看成是安装在两个网络之间的一道栅栏，是用来阻挡外部不安全因素影响的内部网络屏障，其目的是防止外部网络用户未经授权的访问。防火墙一般分为以下几种：包过滤型防火墙、应用级网关型防火墙、电路级网关型防火墙、状态检测型防火墙和自适应代理型防火墙。

防火墙是由硬件和软件组成的，放置在两个网络之间，一般具有以下性质：所有进出网络的通信流都应通过防火墙；所有穿过防火墙的通信流都必须有安全策略和计划的确认和授权；防火墙本身不会影响信息的流通。

所有来自因特网的传输信息和从内部网络发出的信息都必须穿过防火墙（图 6-20）。防火墙能确保如电子邮件、文件传输、远程登录或在特定的系统间信息交换的安全。

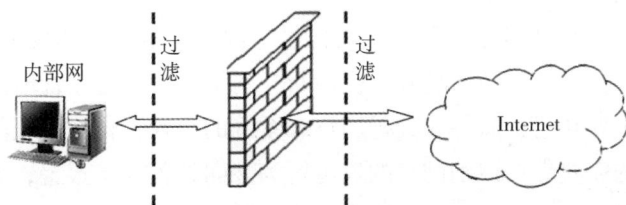

图 6-20　防火墙示意图

防火墙的基本功能如下。

①防火墙能够强化安全策略。防火墙是为了防止不良现象发生的"警察"，它执行站点的安全策略，仅容许"许可的"和符合规则的请求通过。

②防火墙能有效地记录因特网上的活动。因为所有进出的信息都必须通过防火墙，所以防火墙记录着被保护的网络和外部网络之间进行的所有事件。它能记录下这些访问并做日志记录，同时也能提供网络使用情况的统计数据。

③防火墙能限制暴露用户点。防火墙能够用来隔开网络中一个网段与另一个网段，这样就能够有效控制影响一个网段的问题通过整个网络传播。

④防火墙是一个安全策略的检查站。所有进出网络的信息都必须通过防火墙，防火墙便成为一个安全检查点，使可疑的访问被拒绝。

但是防火墙也是有缺点的，它的缺点主要表现在以下几个方面。

①防火墙不能防范恶意的知情者。防火墙可以防止外来非法用户的入侵，但如果入侵者已经在防火墙内部，就无能为力了。例如，内部用户不通过网络连接发送，而是通过复制到磁盘的方式偷窃数据，破坏硬件和软件或者修改程序。

②防火墙不能防范不通过它的连接。防火墙能够有效地防止通过它进行传输信息，然而不能防止不通过它而传输的信息。例如，如果站点允许对防火墙后面的内部系统进行拨号访问，那么防火墙就没有办法阻止入侵者进行拨号入侵。

③防火墙不能防备全部的威胁。一个好的防火墙设计方案可以防备一些新的、已知的威胁，但是不能自动防御所有信息的威胁。

④防火墙不能防范病毒。防火墙不能消除网络上 PC 机的病毒。虽然许多防火墙扫描所有通过的信息，以决定是否允许它通过内部网络，但是扫描是针对源、目标地址和端口号的，而不扫描数据的确切内容，再加上现在的病毒种类繁多，有些病毒是隐藏在数据中的，不易被发现。

（6）入侵检测技术

①入侵检测：所谓入侵检测就是对入侵行为的发觉，通过对计算机网络或计算机系统中若干关键点收集信息并对其进行分析，从中发现网络或系统中是否存在违反安全策略的行为和被攻击的迹象，同时做出响应。入侵检测的一般过程如图 6-21 所示。

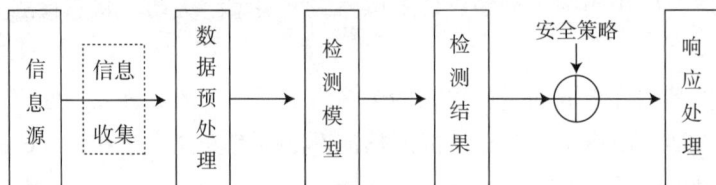

图 6-21　入侵检测的一般过程

进行入侵检测的软件与硬件的组合就是入侵检测系统（intrusion detection system，IDS）。入侵检测系统作为动态安全防御技术的应用实例，是防火墙之后的第二道安全防线。入侵检测在不影响网络性能的情况下对网络进行检测，从而提供对内部攻击、外部攻击和误操作的实时保护。入侵检测系统在发现入侵后及时做出响应，包括断开网络连接、通知管理员、产生检测报告等。

入侵检测系统的主要功能：监测并分析用户和系统的活动；核查系统配置和漏洞；评估系统关键资源和数据文件的完整性；识别已知的攻击行为并向相关人士报警；统计分析异常行为；操作系统的审计跟踪管理，并识别违反安全策略的用户活动。

②入侵检测系统的分类：按照入侵检测系统的数据来源，可将其分为基于主机的入侵检测系统（HIDS）、基于网络的入侵检测系统（NIDS）和分布式的入侵检测系统。按照入侵检测系统采用的检测方法，可将其分为基于行为的入侵检测系统、基于模型的入侵检测系统和采用两种混合检测的入侵检测系统。按照入侵检测的时间，可将其分为实时入侵检测系统和事后入侵检测

系统。

6.3.4 计算机安全法规

计算机技术的快速发展对经济的发展和社会的进步产生着重大影响，但也产生了许多问题，主要有隐私问题、犯罪问题、正确性问题、产权问题、存取权问题等。信息道德作为信息安全管理的一种手段，与信息政策、信息法律有密切的关系，它们从不同角度实现对信息及信息行为的规范和管理。信息道德以其巨大的约束力在潜移默化中规范人们的信息行为，信息政策和信息法律的制定和实施是以信息道德为基础的，在自觉、自发的道德约束无法涉及的领域，以法制手段调节信息活动，确保信息政策和信息法律能够充分发挥作用。

1992年，计算机道德标准联盟合并为计算机道德标准协会（CEI）。该协会主要关注信息技术的发展中的接口、道德标准和公司公共政策。该协会制定了计算机道德标准十项戒律：①你不能使用计算机伤害其他人。②你不能干涉其他人的计算机工作。③你不能在其他人的计算机文件中巡视。④你不能使用计算机进行偷窃。⑤你不能使用计算机作伪证。⑥你不能拷贝和使用你没有购买的专利软件。⑦你不能在没有授权或适当补偿的情况下使用其他人的计算机资源。⑧你不能盗用其他人的智力产品。⑨你应该考虑到你正在为系统设计所编写程序的社会后果。⑩你应该以确保体谅和尊重你的同事的方式使用计算机。

计算机犯罪（computer crime）是指行为人通过计算机操作所实施的危害计算机信息系统安全以及其他严重危害社会的并应当处以刑罚的行为。计算机犯罪产生于20世纪60年代，随着计算机的普及和计算机技术的发展，21世纪的计算机犯罪已十分猖獗。

计算机犯罪常用的主要方法：①以合法的手段作为掩护，查询、查看未被授权访问的文件。②利用技术手段非法侵入计算机信息系统，破坏或窃取系统中的重要数据或文件。③修改程序文件，破坏系统功能，导致系统瘫痪。④在数据输入或传输的过程中干扰系统，非法修改数据内容。⑤未经计算机软件著作权人授权，复制、发行他人的软件作品，侵犯其知识产权。⑥利用技术手段制作、传播计算机病毒或者有害信息。

1990年以来，我国已经颁布相当数量的信息安全方面的法律规范，形成了三大体系的保障：一是基本法律体系，如《宪法》第40条，《刑法》第285、286、287条等；二是政策法规体系，强化对信息系统安全保护的力度，如《中华人民共和国计算机信息系统安全保护条例》《中华人民共和国网络安全法》等；三是强制性技术标准体系，如《计算机信息系统安全保护等级划分准则》《计算机场地安全要求》等。与信息安全相关的一些法律法规还有《计算机软件保护条例》《关于维护互联网安全的决定》《计算机信息网络国际联网出入口信道管理办法》《计算机信息网络国际联网安全保护管理办法》《计算机信息系统国际联网保密管理规定》《中华人民共和国计算机信息网络国际联网管理暂行规定》《中国互联网络域名注册暂行管理办法》《计算机软件著作权登记办法》《中国公用计算机互联网国际联网管理办法》《计算机病毒防治管理办法》等。

6.4 计算机网络发展与应用

6.4.1 移动5G网络通信技术

移动通信延续着每十年一代技术的发展规律，历经1G、2G、3G、4G的发展。每一次代际跃迁、每一次技术进步都极大地促进了产业升级和经济社会发展。从1G到2G，实现了模拟通信到数字通信的过渡，移动通信走进了千家万户；从2G到3G、4G，实现了语音业务到数据业务的转变，传输速率成百倍提升，促进了移动互联网应用的普及和繁荣。当前，移动网络已融入社会生活的方方面面，深刻改变了人们的沟通、交流乃至整个生活方式。4G 网络造就了繁荣的互联网经济，解决了人与人随时随地通信的问题。

第五代移动通信技术（5th generation mobile communication technology，简称 5G）作为一种新型移动通信网络，不仅要解决人与人通信，为用户提供增强现实、虚拟现实、超高清（3D）视频等更加身临其境的极致业务体验，更要解决人与物、物与物通信问题，满足移动医疗、车联网、智能家居、工业控制、环境监测等物联网应用需求，成为支撑经济社会数字化、网络化、智能化转型的关键基础设施。

第五代移动通信技术的特点如下。

（1）频谱利用率高　在 5G 中，高频段的频谱资源将被应用得更为广泛。但是在目前科技水平条件下，由于会受到高频段无线电波的穿透能力影响，高频段频谱资源的利用效率还是会受到某种程度的限制，但这不会影响光载无线组网、有线与无线宽带技术的融合等技术的普遍应用。

（2）通信系统性能有很大提高　传统的通信系统理念是将信息编译码、点点之间的物理层面传输等技术作为核心目标。5G 的不同之处在于，它将更加广泛的多点、多天线、多用户、多小区的相互协作、相互组网作为研究突破的重点，以大幅度提高通信系统的性能。

（3）设计理念先进　在通信业务中占据主导地位的是室内通信业务的应用。5G 系统的优先设计目标定位在室内无线网络的覆盖性能及其业务支撑能力上，这将改变传统移动通信系统的设计理念。

（4）能耗和运营成本降低　5G 无线网络的"软"配置设计是未来研究、探索的重要方向。网络资源可以根据动态的业务流量变化而实时调整，由此可以有效降低能耗和网络资源运营成本。

（5）更加注重用户的体验　网络的传输时延、吞吐速率，对虚拟现实及交互式游戏等新兴业务的支撑能力等将是判断 5G 系统性能的一系列关键性指标。

6.4.2 无线网络 Wi-Fi 技术

"Wi-Fi"是由"wireless"（无线电）和"fidelity"（保真度）两个单词组成。

1. Wi-Fi 的定义　Wi-Fi 是一种能够将个人电脑、手持设备（如 Pad、手机）等终端以无线方式互相连接的技术。Wi-Fi 是一个无线网络通信技术的品牌，由 Wi-Fi 联盟（Wi-Fi Alliance）所持有。其目的是改善基于 IEEE 802.11 标准的无线网络产品之间的互通性。使用 IEEE 802.11 系列协议的局域网就称为 Wi-Fi，甚至把 Wi-Fi 等同于无线网络（Wi-Fi 是无线局域网中的一大部分）。

Wi-Fi 原先在无线局域网的范畴指"无线相容性认证"，实质上是一种商业认证，同时也是一种无线联网技术。以前通过网线连接电脑，2010 年开始使用无线电波来联网。常见方式是使用无线路由器。无线路由器电波覆盖的有效范围内都可以采用 Wi-Fi 连接方式进行联网。如果无线路由器连接了一条上网线路，它就被称为"热点"。

Wi-Fi 最大的优势在于不需要布线，非常适合移动办公用户的需求。

2. Wi-Fi 的发展历程　Wi-Fi 技术由澳洲政府的研究机构 CSIRO 在 20 世纪 90 年代发明并于 1996 年在美国成功申请了专利。在 1999 年 IEEE 官方定义 802.11 标准的时候，IEEE 选择并认定 CSIRO 发明的无线网技术是当时世界上最好的无线网技术。CSIRO 的无线网技术标准成为 2010 年 Wi-Fi 的核心技术标准。

IEEE 曾请求澳洲政府放弃其 Wi-Fi 专利，让世界免费使用这一技术，但遭到拒绝。此后，世界上几乎所有使用 Wi-Fi 技术的电子设备均需支付 Wi-Fi 专利使用费。2010 年，全球每天估计有 30 亿台电子设备使用 Wi-Fi 技术，而到 2013 年底，在 CSIRO 的无线网专利过期之后，这个数字增加到 50 亿。

Wi-Fi 被澳洲媒体誉为澳洲有史以来最重要的科技发明，其发明人 John O'Sullivan 被澳洲媒体称为"Wi-Fi 之父"，并获得了澳洲国家最高科学奖，以及欧洲专利局颁发的 2012 年欧洲发明家大奖。

3. Wi-Fi 的组建　一般架设无线网络的基本配备就是无线网卡及一台 AP（access point，一般译为"无线访问接入点"或"桥接器"），如此便能以无线模式配合有线架构来分享网络资源，架设费用和复杂程度远低于传统的有线网络。如果只是几台电脑的对等网，也可不要 AP，只需要每台电脑配备无线网卡。对于家庭用户，一般只需购买无线路由器，对其进行适当的设置后即可组建一个无线网络，享受 Wi-Fi 服务。

4. Wi-Fi 的应用　Wi-Fi 的频段在世界范围内无须任何电信运营执照，因此 WLAN 无线设备提供了一个世界范围内可以使用的、费用极其低廉且数据带宽极高的无线空中接口。有了 Wi-Fi 的支持，用户可以在其覆盖区域内方便快速地打长途电话（包括国际长途）、浏览网页、收发电子邮件、下载音乐、传递数码照片等，无须担心速度慢和花费高的问题。

Wi-Fi 在掌上设备应用越来越广泛。与早前使用的蓝牙技术不同，Wi-Fi 具有更大的覆盖范围和更高的传输速率，因此 Wi-Fi 手机成为 2010 年后移动通信界的时尚潮流。

2010 年，Wi-Fi 的覆盖范围在国内越来越广泛，如高级宾馆、豪华住宅区、飞机场，甚至咖啡厅、地铁等区域都有 Wi-Fi 接口。

6.4.3 物联网

1. 物联网的概念　物联网是指通过射频识别（RFID）、红外感应器、全球定位系统、激光扫描器等信息传感设备，按约定的协议，把任何物品与互联网相连接，进行信息交换和通信，以实现智能化识别、定位、跟踪、监控和管理的一种网络（图 6-22）。

物联网的概念包含两层含义：第一，物联网的核心和基础仍然是互联网，是在互联网基础上延伸和扩展的网络；第二，其用户端延伸和扩展到任何物品与物品之间，进行信息交换和通信。

图 6-22　物联网示意图

2. 物联网的特点

（1）学科综合性强　物联网是连接数字世界和物理世界的桥梁，通过互联网、云计算和应用，使信息的产生、获取、传输、存储、处理形成有机的全过程。物联网技术涉及计算机、半导体、网络、通信、光学、微机械、化学、生物、航天、医学、农业等众多学科领域，发展物联网将对相关学科的发展起到积极的推动作用。

（2）产业链条长 一方面，发展物联网将加快信息材料、器件、软件等的创新速度，使信息产业迎来新一轮的发展高潮，大大拓展信息产业发展空间。另一方面，发展物联网将推动传感器、芯片、设备制造、软件、系统集成、网络运营以及内容提供和服务等诸多产业发展。

（3）渗透范围广 物联网将物理基础设施和IT基础设施整合为一体，将使全球信息化进程发生重要转折，即从"数字化"阶段向"智能化"阶段迈进。物联网将大大加快信息化进程，拓展信息化领域，其各种应用将快速渗透到经济、社会、安全等各个方面，并极大提高社会生产效率。

3. 物联网的功能 物联网除了具备"无处不在的连接和在线服务"这一基础功能外，还具备以下十项功能。

（1）在线监测 在线监测是物联网最基本的功能，物联网业务一般以集中监测为主，以控制为辅。

（2）定位追溯 定位追溯一般基于传感器、移动终端、工业系统、楼控系统、家庭智能设施、视频监控系统等全球卫星导航系统和无线通信技术，或只依赖于无线通信技术的定位，如基于移动基站的定位、RTLS（实时定位系统）等。

（3）报警联动 报警联动主要提供事件报警和提示，有时还会提供基于工作流或规则引擎的联动功能。

（4）指挥调度 指挥调度是基于时间排程和事件响应规则的指挥、调度和派遣功能。

（5）预案管理 预案管理即基于预先设定的规章或法规对事物产生的事件进行处置。

（6）安全隐私 由于物联网所有权属性和隐私保护的重要性，物联网系统必须提供相应的安全保障机制。

（7）远程维保 这是物联网技术能够提供或提升的服务，主要适用于企业产品售后联网服务。

（8）在线升级 这是保证物联网系统本身能够正常运行的手段，也是企业产品售后自动服务的手段之一。

（9）领导桌面 领导桌面主要指商业智能系统个性化门户，能够提供经过多层过滤提炼的实时资讯，让主管人员对全局一目了然。

（10）统计决策 统计决策是指基于对联网信息的数据挖掘和统计分析，提供决策支持和统计报表功能。

4. 物联网与传统互联网的区别

（1）定义的区别 互联网是由广域网、局域网及单机按照一定的通信协议组成的国际计算机网络，是指将两台及两台以上的计算机终端、客户端、服务端通过计算机信息技术的手段互相连接的网络系统。用户可以与千里之外的朋友相互发送邮件，共同完成一项工作，共同娱乐等。

物联网是通过各种信息传感设备与技术，如传感器、射频识别技术（RFID）、全球定位系统、红外感应器、激光扫描器、气体感应器等，实时采集任何需要监控、连接、互动的物体或过程，采集其声、光、热、电、力学、化学、生物、位置等各种信息，与互联网结合形成的一个巨大网络。其目的是实现物与物、物与人的互连，方便识别、管理和控制。

（2）联网方式的区别 互联网，其英文名称为Internet，是电脑互连的网络，联网的设备主要有电脑、手机、掌上电脑、电视机顶盒等。

物联网，其英文名称是 internet of things，即"物物相连的网络"。人们既可以把它看作是传统互联网的自然延伸，也可以把它看作是一种新型网络。其用户端延伸和扩展到物品与物品、物品与人之间的相互连接，这与互联网是"电脑互连的网络"有所区别。

（3）联网特征的区别　虽然物联网是建立在互联网基础之上的，但却有很多互联网没有的特点。

①终端多样化：人们开发物联网技术，就是希望借助它将我们身边的所有东西都连接起来，小到手表、钥匙以及各种家电，大到汽车、房屋、桥梁、道路，甚至有生命的东西（包括人和动植物）。网络的规模和终端的多样性显然要远大于现在的互联网。

②感知自动化：物联网在各种物体上植入微型感应芯片，依靠 RFID 实现物与物之间"有感受、有知觉"。例如，洗衣机可以"知晓"衣服对水温和洗涤方式的要求；人们出门时物联网会提示是否忘记带公文包；人们还可以了解孩子一天中去过什么地方，接触过什么人，吃过什么东西等。现在，我们坐公交时所用的公交卡刷卡系统、高速公路上的不停车收费系统就是采用了 RFID 的物联网。借助 RFID 这种特殊"语言"，人和物体、物体和物体之间可以进行"对话"与"交流"。

③智能化：物联网通过感应芯片和 RFID 时时刻刻地获取人和物体的最新特征、位置、状态等信息。利用这些信息，人们可以开发出更高级的软件系统，使网络变得能和人一样"聪明睿智"，不仅可以眼观六路、耳听八方，还会思考、联想。

5. 我国物联网的发展状况　全新的物联网将给经济与社会带来巨大的变化。物联网被认为是未来网络技术发展的新亮点，它将催生一个庞大的新兴产业。物联网被称为继计算机、互联网之后，世界信息产业的第三次浪潮。

对我国而言，物联网发展还具有特别的战略意义。互联网诞生于美国，多年来，美国一直引领着互联网的发展，中国的互联网发展相对被动。而面对着新兴的物联网，我国与其他国家都处于同一起跑线上，这无疑为我国摆脱发达国家在网络技术上的垄断提供了一次良机。事实上，我国的科研机构早在 1999 年就提出了"感应网络"的概念，比国外提出"物联网"概念早了五六年，现在我国在某些感应技术方面也处于世界领先水平。因此，在未来的物联网浪潮之中，我国完全有可能也有潜力站在世界之巅。

物联网的发展对推动我国经济发展方式转变也有着重要作用。它既可以形成物联网相关的各种高新产业，也为传统互联网的发展开拓了新的空间。同时，物联网可以提升我国传统制造业的水平。

当前，我国许多领域积极开展了物联网的应用探索与试点，在电网、交通、物流、智能家居、节能环保、工业自动控制、医疗卫生、精细农牧业、金融服务业、公共安全等领域取得了初步进展。

（1）工业领域　物联网可以应用于供应链管理、生产过程工艺优化、设备监控管理以及能耗控制等各个环节，目前在钢铁、石化、汽车制造业有一定应用，此外在矿井安全领域的应用也有试点。

（2）金融服务领域　在"金卡工程"、二代身份证等政府项目推动下，我国已成为继美国、英国之后的全球第三大 RFID 应用市场，应用水平逐步提升。电子不停车收费系统（ETC）、电子 ID 以及移动支付等应用将带动物联网在金融服务领域朝纵深方向发展。

（3）电网领域　2009 年，国家电网公布了智能电网发展计划，智能变电站、配网自动化、智能用电、智能调度、风光储能等示范工程先后启动。

（4）交通领域　物联网在铁路系统应用较早并取得一定成效，在城市交通、公路交通、水运领域的应用逐步开展，其中视频监控应用最为广泛，智能车路控制、信息采集和融合等应用尚在发展中。

（5）物流领域　RFID、全球定位、无线传感等物联网关键技术在物流各个环节都有所应用。

（6）农业领域　在农作物灌溉、生产环境监测以及农产品流通和追溯方面，物联网技术已逐步应用；在医疗卫生领域，我国已启动血液管理、医疗废物电子监控、远程医疗等应用；在节能环保领域，在生态环境监测方面进行了试验示范；在公共安全领域，在平安城市、安全生产和重要设施防入侵方面进行了探索；在民生领域，智能家居已经在一线重点城市逐步应用，主要集中在家电控制、节能等方面。

目前，我国已形成基本齐全的物联网产业体系，部分领域已形成一定市场规模，网络通信相关技术和产业支持能力与国外差距相对较小，传感器、RFID等感知端制造产业、高端软件与集成服务与国外差距相对较大。仪器仪表、嵌入式系统、软件与集成服务等产业虽已有较大规模，但真正与物联网相关的设备和服务尚在起步阶段。

6.4.4 云计算

1. 云计算的发展历程　1983年，太阳电脑提出"网络是电脑"。

2006年3月，亚马逊推出弹性计算云服务。

2006年8月9日，Google首席执行官埃里克·施密特在搜索引擎大会首次提出"云计算"（cloud computing）的概念。Google"云端计算"源于Google工程师克里斯托弗·比希利亚所做的"Google 101"项目。

2007年10月，Google与IBM开始在美国大学校园推广云计算计划，希望能降低分布式计算技术在学术研究方面的成本，并为大学提供相关的软硬件设备及技术支持（包括数百台个人电脑及BladeCenter与System X服务器，这些计算平台将提供1600个处理器，支持包括Linux、Xen、Hadoop等开放源代码平台），学生可以通过网络开发各项以大规模计算为基础的研究计划。

2008年1月30日，Google宣布在中国台湾地区启动"云计算学术计划"，与台湾大学、台湾交通大学等学校合作，将这种先进的大规模、快速计算技术推广到校园。

2008年2月1日，IBM宣布在中国无锡太湖新城科教产业园建立全球第一个云计算中心。

2008年7月29日，雅虎、惠普和英特尔宣布一项涵盖美国、德国和新加坡的联合研究计划，推出云计算研究测试床，推进云计算。该计划创建了6个数据中心作为研究试验平台，每个数据中心配置1400至4000个处理器。

2008年8月3日，美国专利商标局网站信息显示，戴尔正在申请"云计算"（Cloud Computing）商标，此举旨在加强对这一未来可能重塑技术架构的术语的控制权。

2010年3月5日，Novell与云安全联盟（CSA）共同宣布一项供应商中立计划，名为"可信任云计算计划（Trusted Cloud Initiative）"。

2010年7月，美国国家航空航天局和包括Rackspace、AMD、Intel、戴尔等支持厂商共同宣布"OpenStack"开放源代码计划。微软在2010年10月表示支持OpenStack与Windows Server 2008 R2的集成，而Ubuntu已把OpenStack加至11.04版本中。

2011年2月，思科系统正式加入OpenStack，重点研制OpenStack的网络服务。

2. 云计算的概念　云计算是继大型计算机到客户端－服务器的大转变之后的又一种巨变。

云计算（cloud computing）是网格计算（grid computing）、分布式计算（distributed

computing）、并行计算（parallel computing）、效用计算（utility computing）、网络存储（network storage technologies）、虚拟化（virtualization）、负载均衡（load balance）等传统计算机和网络技术发展融合的产物。

（1）网格计算　由一群松散耦合的计算机组成的一个超级虚拟计算机，常用来执行一些大型任务。

（2）效用计算　IT资源的一种打包和计费方式，比如按照计算、存储分别计量费用，像传统的电力等公共设施一样。

（3）自主计算　具有自我管理功能的计算机系统。

云计算是一种基于互联网的计算方式，通过这种方式，共享的软硬件资源和信息可以按需提供给计算机和其他设备。云计算也是基于互联网相关服务的增加、使用和交付模式，通常通过互联网提供动态易扩展且经常是虚拟化的资源。云是网络、互联网的一种比喻。云计算服务可以通过浏览器等软件或者其他Web服务来访问，而软件和数据都存储在服务器上。软件和数据可存储在数据中心（图6-23）。

图6-23　云计算示意图

狭义云计算指IT基础设施的交付和使用模式，通过网络以按需、易扩展的方式获得所需资源；广义云计算指服务的交付和使用模式，通过网络以按需、易扩展的方式获得所需服务。

云计算是世界各大搜索引擎及浏览器数据收集、处理的核心计算方式。

3. 云计算的特点

（1）超大规模　"云"具有相当的规模，如Google云计算已经拥有100多万台服务器，IBM、微软、Yahoo等的"云"均拥有几十万台服务器。

（2）虚拟化　云计算支持用户在任意位置、使用各种终端获取应用服务。所请求的资源来自"云"，而不是固定的有形实体。应用在"云"中某处运行，但实际上用户无须了解，也不用关心应用运行的具体位置。

（3）高可靠性　"云"使用了数据多副本容错、计算节点同构可互换等措施来保障服务的高可靠性，使用云计算比使用本地计算机可靠。

（4）通用性　云计算不针对特定的应用，在"云"的支撑下可以构造出千变万化的应用，同一个"云"可以同时支撑不同的应用运行。

（5）高可扩展性　"云"的规模可以动态伸缩，满足应用和用户规模增长的需要。

（6）按需服务　"云"是一个庞大的资源池，用户可以按需购买。服务者提供一组资源支撑，资源组中的任何一个物理资源对于服务来讲应该是抽象的、可替换的；同一份资源被不同的客户或服务共享，而非隔离的、孤立的。用户使用云服务就像使用自来水、电、煤气。

（7）低成本　由于"云"的特殊容错措施，可以采用极其廉价的节点来构成云。"云"的自动化集中式管理使大量企业无须负担日益高昂的数据中心管理成本。"云"的通用性使资源的利用率较传统系统大幅提升，有效降低了服务的运行维护成本。

（8）资源使用计量　在共享的基础上，服务提供者可通过计量去判定每个服务的实际资源消耗，用于成本核算或计费。

4. 我国云计算的发展现状　我国高度重视云计算产业发展。《国务院关于加快培育和发展战略性新兴产业的决定》（国发〔2010〕32号）把促进云计算研发和示范应用作为发展新一代信息技术的重要任务。目前，我国云计算、物联网产业发展呈良好态势。

（1）物联网产业链和产业体系初步形成，云计算由概念走向实战。随着云计算、物联网技术的更加成熟，云计算、物联网创新应用将成为促进信息网络产业发展的"发动机"，市场规模呈指数级增长，爆发新一轮的信息消费热潮。

（2）电子政务云进入实践应用阶段。2010年10月，国家发改委与工业和信息化部印发了《关于做好云计算服务创新发展试点示范工作的通知》，确定首先在北京、上海、深圳、杭州、无锡5个城市开展云计算服务创新发展试点示范工作；确立了陕西、福建和海南作为基于云计算的电子政务公共平台顶层设计试点。2012年，福建省政务外网云计算平台、天津滨海新区电子政务云中心、镇江"云神"云平台、成都市政府云计算中心等电子政务云工程相继进入实体运作阶段。面向公共服务的电子政务云项目也不断涌现。北京市东城区建立了针对特殊人群的云计算电子政务系统和社区服务网，无锡推出了基于云计算的"感知民生"电子政务民生应用项目，福建省建设了面向社保、医疗等的"民生服务云"，扬州市搭建了"12345"政府服务热线云平台。

（3）消费电子与云计算融合发展。当前，消费电子市场正在加速与云计算产业融合。以国内三大电信运营商为主导的电信增值服务，以苹果iPhone手机为代表的云手机应用，以电视机厂商为主导的云电视应用等不仅推动了消费电子市场快速发展，也成为率先落地的云计算应用，为促进云计算产业发展发挥了良好的示范作用。

6.4.5 元宇宙

元宇宙（Metaverse）是人类运用数字技术构建的，由现实世界映射或超越现实世界，可与现实世界交互的虚拟世界，具备新型社会体系的数字生活空间。

元宇宙本身并不是新技术，而是集成了一大批现有技术，包括5G、云计算、人工智能、虚拟现实、区块链、数字货币、物联网、人机交互等。

1. 元宇宙的发展历程　"元宇宙"一词诞生于1992年的科幻小说《雪崩》。小说中提到"Metaverse"（元宇宙）和"Avatar"（化身）两个概念。人们在"Metaverse"里可以拥有自己的虚拟替身，这个虚拟的世界就叫作"元宇宙"。小说描绘了一个庞大的虚拟现实世界，在这里，人们用数字化身来控制，并相互竞争以提高自己的地位。

2020年，人类社会到达虚拟化的临界点。一方面疫情加速了社会虚拟化，在新冠疫情防控措施下，全社会上网时长大幅增长，"宅经济"快速发展；另一方面，线上生活由原先短时期的例外状态成为常态，由现实世界的补充变成了与现实世界的平行世界，人类现实生活开始大规模向虚拟世界迁移，人类成为现实与数字的"两栖物种"。

2021年被计算机网络通信行业视为元宇宙的元年。

2022年5月31日，由中国外文局（中国国际传播集团）下属中国互联网新闻中心（中国网）和当代中国与世界研究院共同发起的"元宇宙国际传播实验室"宣布成立。

2022年9月15日，北京理工大学推出"挑战杯·元宇宙"大型沉浸式数字交互空间。它包含北京理工大学良乡校区数字校园、千余参赛者构筑的"挑战杯"世界和万人在线的"挑战杯"

舞台等虚拟场景。这是国内元宇宙技术在教育领域的第一次大规模应用。

2. 元宇宙的特征及属性　元宇宙的三大特征为"与现实世界平行""反作用于现实世界""多种高技术综合"。

元宇宙本质上是对现实世界的虚拟化、数字化过程，需要对内容生产、经济系统、用户体验以及实体世界内容等进行大量改造。但元宇宙的发展是循序渐进的，是在共享的基础设施、标准及协议的支撑下，由众多工具、平台不断融合、进化而最终成形。

元宇宙基于扩展现实技术提供沉浸式体验，基于数字孪生技术生成现实世界的镜像，基于区块链技术搭建经济体系，将虚拟世界与现实世界在经济系统、社交系统、身份系统上密切融合，并且允许每个用户进行内容生产和世界编辑。

3. 元宇宙的核心技术　元宇宙主要有以下几项核心技术。

（1）扩展现实技术，包括 VR（虚拟现实）和 AR（增强现实）。扩展现实技术可以提供沉浸式的体验，可以解决手机解决不了的问题。

（2）数字孪生，能够把现实世界镜像到虚拟世界里面去。这也意味着在元宇宙里面，我们可以看到很多自己的虚拟分身。

（3）用区块链来搭建经济体系。随着元宇宙进一步发展，对整个现实社会的模拟程度加强，我们在元宇宙当中可能不仅是在花钱，还有可能赚钱，这样在虚拟世界里同样形成了一套经济体系。

4. 元宇宙引发的变化　元宇宙将给我们的生活和社会经济发展带来五个方面的变化。

（1）从技术创新和协作方式上，进一步提高社会生产效率。

（2）催生出一系列新技术、新业态、新模式，促进传统产业变革。

（3）推动文创产业跨界衍生，极大刺激信息消费。

（4）重构工作生活方式，大量工作和生活将在虚拟世界发生。

（5）推动智慧城市建设，创新社会治理模式。

5. 元宇宙的行业应用

（1）在工业方面的应用　制造业长期以来一直拥有物理设施"数字孪生"的概念。制造是一个极其复杂的过程，通过虚拟空间来运行工厂生产过程的模拟，公司经理可以识别和分析如何更高效、更安全地完成工作，而无须对更改进行物理测试。有了工业元宇宙，工程师可以非常方便地进入工业虚拟元件的内部观察。

（2）在旅游方面的应用　元宇宙拓展了时空，我们可以在本地虚实相融的空间中看到远方，获得趣味性和沉浸感，将允许人们使用 VR 设备在不离开家的情况下"环游"世界。

（3）在教育方面的应用　通过教育元宇宙，我们可以直接把太阳虚拟化在我们的元宇宙上，学生可以直接看到太阳的情况，同时允许学生调整观察太阳的距离，以获得太阳视觉效果的变化。

（4）在游戏领域的应用　有一部分人认为元宇宙就等同于电子游戏和虚拟世界，有专家对此表达出不同的看法。元宇宙不能简单等同于电子游戏，也不能等同于虚拟世界。它是创造性游玩，开放式探索，与现实连通。

（5）在房地产方面的应用　在元宇宙中，每一块地都被赋予了独一无二且不可复制的 NFT（非同质化代币），并以此来区分每个地块和每笔交易，开发商和用户可以在平台上的一级 / 二级市场进行购买 / 出售。

（6）在汽车方面的应用　日产汽车和丰田汽车已开始利用基于虚拟现实技术的元宇宙。日产汽车在虚拟空间里再现了东京银座的实体展厅，用于企业宣传和商品营销。丰田汽车设置了虚拟办公室，用于召开车辆开发会议和员工日常交流。引入虚拟空间的动向扩大到了日本的大型汽车企业。

元宇宙仍是一个不断演变的概念，不同参与者也会不断丰富它的含义。元宇宙产业发展存在资本操纵、舆论泡沫、隐私风险、伦理风险、立法监管空白等十大风险。元宇宙的技术生态和内容生态都尚未成熟。无论是变革新机遇，还是资本的概念炒作，我们对元宇宙和行业的融合有许多想象，但美好的愿景仍需以理性判断风险和稳步推进技术发展为基础。

习题

一、选择题

1. 计算机网络最显著的特征是（　　　）

　A. 运算速度快　　　　B. 运算精度高　　　　C. 存储容量大　　　　D. 资源共享

2. 以下不是计算机网络主要功能的是（　　　）

　A. 信息交换　　　　B. 资源共享　　　　C. 分布式处理　　　　D. 并发性

3. 按照网络分布和覆盖的地理范围，可将计算机网络分为（　　　）

　A. 局域网和互联网　　　B. 广域网和局域网

　C. 广域网和互联网　　　D. Internet 网和城域网

4. LAN 是（　　　）英文的缩写

　A. 城域网　　　　B. 网络操作系统　　　　C. 局域网　　　　D. 广域网

5. 一个学校组建的计算机网络属于（　　　）

　A. 城域网　　　　B. 局域网

　C. 内部管理网　　　D. 学校公共信息网

6. 当网络中任何一个工作站发生故障时，都有可能导致整个网络停止工作，这种网络的拓扑结构为（　　　）

　A. 星形　　　　B. 环形　　　　C. 总线　　　　D. 树形

7. （　　　）不是计算机网络常用的基本拓扑结构

　A. 星形结构　　　　B. 分布式结构　　　　C. 总线结构　　　　D. 环形结构

8. 局域网最大传输距离为（　　　）

　A. 几百米—几公里　　　B. 几十公里　　　　C. 几百公里　　　　D. 几千公里

9. 建立一个计算机网络需要有网络硬件设备和（　　　）

　A. 体系结构　　　　B. 资源子网　　　　C. 网络操作系统　　　　D. 传输介质

10. 国际标准化组织提出的七层网络模型被称为开放系统互连参考模型（　　　）

　A. OSI　　　　B. ISO　　　　C. OSI／RM　　　　D. TCP／IP

11. 为了指导计算机网络的互联、互通和互操作，ISO 颁布了 OSI 参考模型，其基本结构分为（　　　）

　A. 6 层　　　　B. 5 层　　　　C. 7 层　　　　D. 4 层

12. 网卡的主要功能不包括（　　　）

　A. 网络互联　　　　B. 将计算机连接到通信介质上

　C. 实现数据传输　　　D. 进行电信号匹配

13. 进行网络互联，当总线网的网段已超过最大距离时，可用（　　　）来延伸

A. 路由器   B. 中继器   C. 网桥   D. 网关

14.Internet 上许多不同的复杂网络和许多不同类型的计算机互相通信的基础是（   ）

A. ADSL   B. Modem   C. 双绞线   D. TCP / IP

15.电子邮件地址的一般格式为（   ）

A. 用户名 @ 域名   B. 域名 @ 用户名

C.IP 地址 @ 用户名   D. 域名 @IP 地址

16.数字签名技术是公开密钥算法的一个典型的应用，在发送端，它是采用（   ）措施对要发送的信息进行数字签名

A. 发送者的公钥   B. 发送者的私钥

C. 接收者的公钥   D. 接收者的私钥

二、填空题

1.计算机网络按作用范围（距离）可分为_____、_____和_____。

2.计算机网络是计算机技术与_____结合的产物。

3.在 Internet 中每一个主机或路由器至少有一个全球唯一的地址，该地址称_____。

4._____是一组计算机指令或者程序代码，能自我复制，通常嵌入在计算机程序中，能够破坏计算机功能或者毁坏数据，影响计算机的使用。

5.对称加密算法又称传统密码算法，或单密钥算法，其采用了对称密码编码技术，其特点是_____。

三、简答题

1.简述计算机网络的组成及各部分的作用。

2.计算机病毒有哪些特点？如何防治？

3.数字签名的特点有哪些？其技术基础是什么？

主要参考书目

［1］刘师少.大学计算机基础教程.北京：中国中医药出版社，2016.

［2］蹇旭，罗南超.大学计算机基础.成都：电子科技大学出版社，2019.

［3］戴晶晶，胡成松.大学计算机基础.成都：电子科技大学出版社，2020.

［4］杨文静，唐玮嘉，侯俊松.大学计算机基础.北京：北京理工大学出版社，2019.

［5］郑建标.办公软件高级应用实验指导.杭州：浙江大学出版社，2019.

［6］余婕.Office 2016高效办公.北京：电子工业出版社，2017.

［7］曹晓松.Office 2016电脑办公入门与进阶.北京：清华大学出版社，2018.

［8］沈睿，冯晓霞.计算机科学基础实验指导.3版.北京：电子工业出版社，2017.

［9］汪海涛，涂传唐，于本成.计算机网络基础与应用.成都：电子科技大学出版社，2020.

［10］王海晖，葛杰，何小平.计算机网络安全.上海：上海交通大学出版社，2019.

［11］罗刘敏.计算机网络基础.北京：北京理工大学出版社，2018.

［12］李建刚，李强.计算机应用基础案例教程.成都：电子科技大学出版社，2019.

［13］蒋加伏，沈岳.大学计算机.北京：北京邮电大学出版社，2017.

［14］张晓芳，王志海，张磊.大学计算机基础.北京：北京邮电大学出版社，2017.

［15］教育部考试中心.全国计算机等级考试二级教程——MS Office高级应用与设计.北京：高等教育出版社，2021.

全国中医药行业高等教育"十四五"规划教材

全国高等中医药院校规划教材（第十一版）

教材目录

注：凡标☆号者为"核心示范教材"。

（一）中医学类专业

序号	书 名	主 编		主编所在单位	
1	中国医学史	郭宏伟	徐江雁	黑龙江中医药大学	河南中医药大学
2	医古文	王育林	李亚军	北京中医药大学	陕西中医药大学
3	大学语文	黄作阵		北京中医药大学	
4	中医基础理论☆	郑洪新	杨 柱	辽宁中医药大学	贵州中医药大学
5	中医诊断学☆	李灿东	方朝义	福建中医药大学	河北中医药大学
6	中药学☆	钟赣生	杨柏灿	北京中医药大学	上海中医药大学
7	方剂学☆	李 冀	左铮云	黑龙江中医药大学	江西中医药大学
8	内经选读☆	翟双庆	黎敬波	北京中医药大学	广州中医药大学
9	伤寒论选读☆	王庆国	周春祥	北京中医药大学	南京中医药大学
10	金匮要略☆	范永升	姜德友	浙江中医药大学	黑龙江中医药大学
11	温病学☆	谷晓红	马 健	北京中医药大学	南京中医药大学
12	中医内科学☆	吴勉华	石 岩	南京中医药大学	辽宁中医药大学
13	中医外科学☆	陈红风		上海中医药大学	
14	中医妇科学☆	冯晓玲	张婷婷	黑龙江中医药大学	上海中医药大学
15	中医儿科学☆	赵 霞	李新民	南京中医药大学	天津中医药大学
16	中医骨伤科学☆	黄桂成	王拥军	南京中医药大学	上海中医药大学
17	中医眼科学	彭清华		湖南中医药大学	
18	中医耳鼻咽喉科学	刘 蓬		广州中医药大学	
19	中医急诊学☆	刘清泉	方邦江	首都医科大学	上海中医药大学
20	中医各家学说☆	尚 力	戴 铭	上海中医药大学	广西中医药大学
21	针灸学☆	梁繁荣	王 华	成都中医药大学	湖北中医药大学
22	推拿学☆	房 敏	王金贵	上海中医药大学	天津中医药大学
23	中医养生学	马烈光	章德林	成都中医药大学	江西中医药大学
24	中医药膳学	谢梦洲	朱天民	湖南中医药大学	成都中医药大学
25	中医食疗学	施洪飞	方 泓	南京中医药大学	上海中医药大学
26	中医气功学	章文春	魏玉龙	江西中医药大学	北京中医药大学
27	细胞生物学	赵宗江	高碧珍	北京中医药大学	福建中医药大学

序号	书 名	主 编		主编所在单位	
28	人体解剖学	邵水金		上海中医药大学	
29	组织学与胚胎学	周忠光	汪 涛	黑龙江中医药大学	天津中医药大学
30	生物化学	唐炳华		北京中医药大学	
31	生理学	赵铁建	朱大诚	广西中医药大学	江西中医药大学
32	病理学	刘春英	高维娟	辽宁中医药大学	河北中医药大学
33	免疫学基础与病原生物学	袁嘉丽	刘永琦	云南中医药大学	甘肃中医药大学
34	预防医学	史周华		山东中医药大学	
35	药理学	张硕峰	方晓艳	北京中医药大学	河南中医药大学
36	诊断学	詹华奎		成都中医药大学	
37	医学影像学	侯 键	许茂盛	成都中医药大学	浙江中医药大学
38	内科学	潘 涛	戴爱国	南京中医药大学	湖南中医药大学
39	外科学	谢建兴		广州中医药大学	
40	中西医文献检索	林丹红	孙 玲	福建中医药大学	湖北中医药大学
41	中医疫病学	张伯礼	吕文亮	天津中医药大学	湖北中医药大学
42	中医文化学	张其成	臧守虎	北京中医药大学	山东中医药大学
43	中医文献学	陈仁寿	宋咏梅	南京中医药大学	山东中医药大学
44	医学伦理学	崔瑞兰	赵 丽	山东中医药大学	北京中医药大学
45	医学生物学	詹秀琴	许 勇	南京中医药大学	成都中医药大学
46	中医全科医学概论	郭 栋	严小军	山东中医药大学	江西中医药大学
47	卫生统计学	魏高文	徐 刚	湖南中医药大学	江西中医药大学
48	中医老年病学	王 飞	张学智	成都中医药大学	北京大学医学部
49	医学遗传学	赵丕文	卫爱武	北京中医药大学	河南中医药大学
50	针刀医学	郭长青		北京中医药大学	
51	腧穴解剖学	邵水金		上海中医药大学	
52	神经解剖学	孙红梅	申国明	北京中医药大学	安徽中医药大学
53	医学免疫学	高永翔	刘永琦	成都中医药大学	甘肃中医药大学
54	神经定位诊断学	王东岩		黑龙江中医药大学	
55	中医运气学	苏 颖		长春中医药大学	
56	实验动物学	苗明三	王春田	河南中医药大学	辽宁中医药大学
57	中医医案学	姜德友	方祝元	黑龙江中医药大学	南京中医药大学
58	分子生物学	唐炳华	郑晓珂	北京中医药大学	河南中医药大学

（二）针灸推拿学专业

序号	书 名	主 编		主编所在单位	
59	局部解剖学	姜国华	李义凯	黑龙江中医药大学	南方医科大学
60	经络腧穴学☆	沈雪勇	刘存志	上海中医药大学	北京中医药大学
61	刺法灸法学☆	王富春	岳增辉	长春中医药大学	湖南中医药大学
62	针灸治疗学☆	高树中	冀来喜	山东中医药大学	山西中医药大学
63	各家针灸学说	高希言	王 威	河南中医药大学	辽宁中医药大学
64	针灸医籍选读	常小荣	张建斌	湖南中医药大学	南京中医药大学
65	实验针灸学	郭 义		天津中医药大学	

序号	书 名	主 编		主编所在单位	
66	推拿手法学☆	周运峰		河南中医药大学	
67	推拿功法学☆	吕立江		浙江中医药大学	
68	推拿治疗学☆	井夫杰	杨永刚	山东中医药大学	长春中医药大学
69	小儿推拿学	刘明军	邰先桃	长春中医药大学	云南中医药大学

（三）中西医临床医学专业

序号	书 名	主 编		主编所在单位	
70	中外医学史	王振国	徐建云	山东中医药大学	南京中医药大学
71	中西医结合内科学	陈志强	杨文明	河北中医药大学	安徽中医药大学
72	中西医结合外科学	何清湖		湖南中医药大学	
73	中西医结合妇产科学	杜惠兰		河北中医药大学	
74	中西医结合儿科学	王雪峰	郑 健	辽宁中医药大学	福建中医药大学
75	中西医结合骨伤科学	詹红生	刘 军	上海中医药大学	广州中医药大学
76	中西医结合眼科学	段俊国	毕宏生	成都中医药大学	山东中医药大学
77	中西医结合耳鼻咽喉科学	张勤修	陈文勇	成都中医药大学	广州中医药大学
78	中西医结合口腔科学	谭 劲		湖南中医药大学	
79	中药学	周祯祥	吴庆光	湖北中医药大学	广州中医药大学
80	中医基础理论	战丽彬	章文春	辽宁中医药大学	江西中医药大学
81	针灸推拿学	梁繁荣	刘明军	成都中医药大学	长春中医药大学
82	方剂学	李 冀	季旭明	黑龙江中医药大学	浙江中医药大学
83	医学心理学	李光英	张 斌	长春中医药大学	湖南中医药大学
84	中西医结合皮肤性病学	李 斌	陈达灿	上海中医药大学	广州中医药大学
85	诊断学	詹华奎	刘 潜	成都中医药大学	江西中医药大学
86	系统解剖学	武煜明	李新华	云南中医药大学	湖南中医药大学
87	生物化学	施 红	贾连群	福建中医药大学	辽宁中医药大学
88	中西医结合急救医学	方邦江	刘清泉	上海中医药大学	首都医科大学
89	中西医结合肛肠病学	何永恒		湖南中医药大学	
90	生理学	朱大诚	徐 颖	江西中医药大学	上海中医药大学
91	病理学	刘春英	姜希娟	辽宁中医药大学	天津中医药大学
92	中西医结合肿瘤学	程海波	贾立群	南京中医药大学	北京中医药大学
93	中西医结合传染病学	李素云	孙克伟	河南中医药大学	湖南中医药大学

（四）中药学类专业

序号	书 名	主 编		主编所在单位	
94	中医学基础	陈 晶	程海波	黑龙江中医药大学	南京中医药大学
95	高等数学	李秀昌	邵建华	长春中医药大学	上海中医药大学
96	中医药统计学	何 雁		江西中医药大学	
97	物理学	章新友	侯俊玲	江西中医药大学	北京中医药大学
98	无机化学	杨怀霞	吴培云	河南中医药大学	安徽中医药大学
99	有机化学	林 辉		广州中医药大学	
100	分析化学（上）（化学分析）	张 凌		江西中医药大学	

序号	书　名	主　编		主编所在单位	
101	分析化学（下）（仪器分析）	王淑美		广东药科大学	
102	物理化学	刘　雄	王颖莉	甘肃中医药大学	山西中医药大学
103	临床中药学☆	周祯祥	唐德才	湖北中医药大学	南京中医药大学
104	方剂学	贾　波	许二平	成都中医药大学	河南中医药大学
105	中药药剂学☆	杨　明		江西中医药大学	
106	中药鉴定学☆	康廷国	闫永红	辽宁中医药大学	北京中医药大学
107	中药药理学☆	彭　成		成都中医药大学	
108	中药拉丁语	李　峰	马　琳	山东中医药大学	天津中医药大学
109	药用植物学☆	刘春生	谷　巍	北京中医药大学	南京中医药大学
110	中药炮制学☆	钟凌云		江西中医药大学	
111	中药分析学☆	梁生旺	张　彤	广东药科大学	上海中医药大学
112	中药化学☆	匡海学	冯卫生	黑龙江中医药大学	河南中医药大学
113	中药制药工程原理与设备	周长征		山东中医药大学	
114	药事管理学☆	刘红宁		江西中医药大学	
115	本草典籍选读	彭代银	陈仁寿	安徽中医药大学	南京中医药大学
116	中药制药分离工程	朱卫丰		江西中医药大学	
117	中药制药设备与车间设计	李　正		天津中医药大学	
118	药用植物栽培学	张永清		山东中医药大学	
119	中药资源学	马云桐		成都中医药大学	
120	中药产品与开发	孟宪生		辽宁中医药大学	
121	中药加工与炮制学	王秋红		广东药科大学	
122	人体形态学	武煜明	游言文	云南中医药大学	河南中医药大学
123	生理学基础	于远望		陕西中医药大学	
124	病理学基础	王　谦		北京中医药大学	
125	解剖生理学	李新华	于远望	湖南中医药大学	陕西中医药大学
126	微生物学与免疫学	袁嘉丽	刘永琦	云南中医药大学	甘肃中医药大学
127	线性代数	李秀昌		长春中医药大学	
128	中药新药研发学	张永萍	王利胜	贵州中医药大学	广州中医药大学
129	中药安全与合理应用导论	张　冰		北京中医药大学	
130	中药商品学	闫永红	蒋桂华	北京中医药大学	成都中医药大学

（五）药学类专业

序号	书　名	主　编		主编所在单位	
131	药用高分子材料学	刘　文		贵州医科大学	
132	中成药学	张金莲	陈　军	江西中医药大学	南京中医药大学
133	制药工艺学	王　沛	赵　鹏	长春中医药大学	陕西中医药大学
134	生物药剂学与药物动力学	龚慕辛	贺福元	首都医科大学	湖南中医药大学
135	生药学	王喜军	陈随清	黑龙江中医药大学	河南中医药大学
136	药学文献检索	章新友	黄必胜	江西中医药大学	湖北中医药大学
137	天然药物化学	邱　峰	廖尚高	天津中医药大学	贵州医科大学
138	药物合成反应	李念光	方　方	南京中医药大学	安徽中医药大学

序号	书 名	主 编		主编所在单位	
139	分子生药学	刘春生	袁 媛	北京中医药大学	中国中医科学院
140	药用辅料学	王世宇	关志宇	成都中医药大学	江西中医药大学
141	物理药剂学	吴 清		北京中医药大学	
142	药剂学	李范珠	冯年平	浙江中医药大学	上海中医药大学
143	药物分析	俞 捷	姚卫峰	云南中医药大学	南京中医药大学

（六）护理学专业

序号	书 名	主 编		主编所在单位	
144	中医护理学基础	徐桂华	胡 慧	南京中医药大学	湖北中医药大学
145	护理学导论	穆 欣	马小琴	黑龙江中医药大学	浙江中医药大学
146	护理学基础	杨巧菊		河南中医药大学	
147	护理专业英语	刘红霞	刘 娅	北京中医药大学	湖北中医药大学
148	护理美学	余雨枫		成都中医药大学	
149	健康评估	阚丽君	张玉芳	黑龙江中医药大学	山东中医药大学
150	护理心理学	郝玉芳		北京中医药大学	
151	护理伦理学	崔瑞兰		山东中医药大学	
152	内科护理学	陈 燕	孙志岭	湖南中医药大学	南京中医药大学
153	外科护理学	陆静波	蔡恩丽	上海中医药大学	云南中医药大学
154	妇产科护理学	冯 进	王丽芹	湖南中医药大学	黑龙江中医药大学
155	儿科护理学	肖洪玲	陈偶英	安徽中医药大学	湖南中医药大学
156	五官科护理学	喻京生		湖南中医药大学	
157	老年护理学	王 燕	高 静	天津中医药大学	成都中医药大学
158	急救护理学	吕 静	卢根娣	长春中医药大学	上海中医药大学
159	康复护理学	陈锦秀	汤继芹	福建中医药大学	山东中医药大学
160	社区护理学	沈翠珍	王诗源	浙江中医药大学	山东中医药大学
161	中医临床护理学	裘秀月	刘建军	浙江中医药大学	江西中医药大学
162	护理管理学	全小明	柏亚妹	广州中医药大学	南京中医药大学
163	医学营养学	聂 宏	李艳玲	黑龙江中医药大学	天津中医药大学
164	安宁疗护	邸淑珍	陆静波	河北中医药大学	上海中医药大学
165	护理健康教育	王 芳		成都中医药大学	
166	护理教育学	聂 宏	杨巧菊	黑龙江中医药大学	河南中医药大学

（七）公共课

序号	书 名	主 编		主编所在单位	
167	中医学概论	储全根	胡志希	安徽中医药大学	湖南中医药大学
168	传统体育	吴志坤	邵玉萍	上海中医药大学	湖北中医药大学
169	科研思路与方法	刘 涛	商洪才	南京中医药大学	北京中医药大学
170	大学生职业发展规划	石作荣	李 玮	山东中医药大学	北京中医药大学
171	大学计算机基础教程	叶 青		江西中医药大学	
172	大学生就业指导	曹世奎	张光霁	长春中医药大学	浙江中医药大学

序号	书　名	主　编		主编所在单位	
173	医患沟通技能	王自润	殷　越	大同大学	黑龙江中医药大学
174	基础医学概论	刘黎青	朱大诚	山东中医药大学	江西中医药大学
175	国学经典导读	胡　真	王明强	湖北中医药大学	南京中医药大学
176	临床医学概论	潘　涛	付　滨	南京中医药大学	天津中医药大学
177	Visual Basic 程序设计教程	闫朝升	曹　慧	黑龙江中医药大学	山东中医药大学
178	SPSS 统计分析教程	刘仁权		北京中医药大学	
179	医学图形图像处理	章新友	孟昭鹏	江西中医药大学	天津中医药大学
180	医药数据库系统原理与应用	杜建强	胡孔法	江西中医药大学	南京中医药大学
181	医药数据管理与可视化分析	马星光		北京中医药大学	
182	中医药统计学与软件应用	史周华	何　雁	山东中医药大学	江西中医药大学

（八）中医骨伤科学专业

序号	书　名	主　编		主编所在单位	
183	中医骨伤科学基础	李　楠	李　刚	福建中医药大学	山东中医药大学
184	骨伤解剖学	侯德才	姜国华	辽宁中医药大学	黑龙江中医药大学
185	骨伤影像学	栾金红	郭会利	黑龙江中医药大学	河南中医药大学洛阳平乐正骨学院
186	中医正骨学	冷向阳	马　勇	长春中医药大学	南京中医药大学
187	中医筋伤学	周红海	于　栋	广西中医药大学	北京中医药大学
188	中医骨病学	徐展望	郑福增	山东中医药大学	河南中医药大学
189	创伤急救学	毕荣修	李无阴	山东中医药大学	河南中医药大学洛阳平乐正骨学院
190	骨伤手术学	童培建	曾意荣	浙江中医药大学	广州中医药大学

（九）中医养生学专业

序号	书　名	主　编		主编所在单位	
191	中医养生文献学	蒋力生	王　平	江西中医药大学	湖北中医药大学
192	中医治未病学概论	陈涤平		南京中医药大学	
193	中医饮食养生学	方　泓		上海中医药大学	
194	中医养生方法技术学	顾一煌	王金贵	南京中医药大学	天津中医药大学
195	中医养生学导论	马烈光	樊　旭	成都中医药大学	辽宁中医药大学
196	中医运动养生学	章文春	邬建卫	江西中医药大学	成都中医药大学

（十）管理学类专业

序号	书　名	主　编		主编所在单位	
197	卫生法学	田　侃	冯秀云	南京中医药大学	山东中医药大学
198	社会医学	王素珍	杨　义	江西中医药大学	成都中医药大学
199	管理学基础	徐爱军		南京中医药大学	
200	卫生经济学	陈永成	欧阳静	江西中医药大学	陕西中医药大学
201	医院管理学	王志伟	翟理祥	北京中医药大学	广东药科大学
202	医药人力资源管理	曹世奎		长春中医药大学	
203	公共关系学	关晓光		黑龙江中医药大学	

序号	书名	主编		主编所在单位	
204	卫生管理学	乔学斌	王长青	南京中医药大学	南京医科大学
205	管理心理学	刘鲁蓉	曾 智	成都中医药大学	南京中医药大学
206	医药商品学	徐 晶		辽宁中医药大学	

（十一）康复医学类专业

序号	书名	主编		主编所在单位	
207	中医康复学	王瑞辉	冯晓东	陕西中医药大学	河南中医药大学
208	康复评定学	张 泓	陶 静	湖南中医药大学	福建中医药大学
209	临床康复学	朱路文	公维军	黑龙江中医药大学	首都医科大学
210	康复医学导论	唐 强	严兴科	黑龙江中医药大学	甘肃中医药大学
211	言语治疗学	汤继芹		山东中医药大学	
212	康复医学	张 宏	苏友新	上海中医药大学	福建中医药大学
213	运动医学	潘华山	王 艳	广东潮州卫生健康职业学院	黑龙江中医药大学
214	作业治疗学	胡 军	艾 坤	上海中医药大学	湖南中医药大学
215	物理治疗学	金荣疆	王 磊	成都中医药大学	南京中医药大学